U0166234

太阳能建筑一体化技术应用

（光伏光热部分）

海　涛　莫海量　王　钧　编著
陈子乾　李畸勇　主审

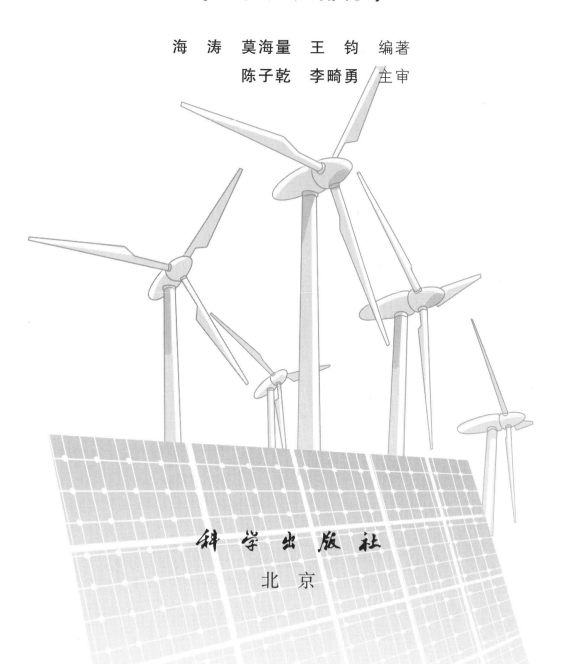

科学出版社
北　京

内 容 简 介

　　本书主要介绍太阳能建筑一体化相关应用技术，包括太阳能建筑一体化相关技术工作原理、光伏并网发电系统、太阳能建筑一体化之屋顶光伏应用、太阳能建筑一体化之光伏幕墙应用、太阳能光伏建筑一体化设计原则与案例、太阳能光热及建筑一体化应用、光伏光热建筑综合利用研究与示范、太阳能分布式光伏电站部分案例、光伏光热系统Polysun设计软件的使用、Ecotect操作指南及实践教程。

　　本书可供太阳能建筑一体化应用相关专业本科生和研究生阅读，也可作为相关技术人员的参考用书。

图书在版编目（CIP）数据

太阳能建筑一体化技术应用. 光伏光热部分/海涛，莫海量，王钧编著.
—北京：科学出版社，2024.1
　ISBN　978-7-03-077039-4

　Ⅰ.①太⋯　Ⅱ.①海⋯　②莫⋯　③王⋯　Ⅲ.①太阳能建筑–建筑设计
Ⅳ.①TU18

中国版本图书馆CIP数据核字（2023）第222046号

责任编辑：杨　凯/责任制作：周　密　魏　谨
责任印制：肖　兴/封面设计：张　凌
北京东方科龙图文有限公司　制作

科 学 出 版 社 出版
北京东黄城根北街16号
邮政编码：100717
http://www.sciencep.com

天津市新科印刷有限公司　印刷
科学出版社发行　各地新华书店经销
*

2024年1月第　一　版　　　开本：787×1092　1/16
2024年1月第一次印刷　　　印张：18 1/2
字数：311 000

定价：58.00元
（如有印装质量问题，我社负责调换）

《太阳能建筑一体化技术应用》
（光伏光热部分）
专家委员会名单

主　任　海　涛　莫海量　王　钧

副主任　张镱议　林　宇　海蓝天

委　员（排名不分先后）

广西大学：李畸勇　上官雅婷　张天娇　刘昱麟　招兴业　古旻琦
　　　　　程沛源　范攀龙

华蓝设计（集团）有限公司：陈　玉　刘红娟　江宏华　劳　杰　吕　华
　　　　　陈海儿　黄克宁　郭桂福　黄　帆　赵得宝　朱尹祥　李三奇
　　　　　尹锦艳　仲　勇

广西太阳能协会：吕　强　林广宙　蒋海平　陈子乾

广西申能达智能技术有限公司：陈　静　李佳晟

广西通信规划设计咨询有限公司：陆代泽

广西拓瑞能源有限公司：吴文伟

广东华蓝能源开发有限公司：曾小华　萧琮凯

广西海佩智能科技有限公司：林开平

广西电网电力调度控制中心：陈明媛

南方电网电力科技股份有限公司：葛思扬

晶科能源股份有限公司：钟　坤

广西英利源盛建设工程有限公司：李春浩

厦门象屿新能源有限责任公司：施　锋

珈伟新能源股份有限公司：蒙卓韩

比亚迪股份有限公司：陈昌贵

前　言

建筑能耗是各行业中的耗能大户，我国建筑运行阶段耗能接近社会总能耗的 30%，如何有效地降低建筑能耗是目前人们关注的焦点之一。太阳能以其清洁、用之不竭的特性引起人们的高度关注，太阳能光伏光热建筑一体化将成为最普及的建筑可再生能源利用形式之一。当前，我国高等教育正面临新时期的发展需求，培养应用型技术人才是工科教育的一个重要教学目标。本书综述了太阳能利用的主要理论知识和应用技术，简要阐述了太阳能建筑一体化综合设计的原则和方法，以满足在应用能力培养实施过程中对教材的同步需求。全书共 11 章，1 ~ 2 章介绍太阳能研究应用背景、太阳能组件及特性；3 ~ 6 章介绍光伏并网发电系统、太阳能建筑一体化之屋顶光伏应用、太阳能建筑一体化之光伏幕墙应用、太阳能光伏建筑一体化设计原则与案例；7 ~ 9 章描述太阳能光伏光热及建筑一体化应用、光伏光热建筑综合利用研究与示范、太阳能分布式光伏电站部分案例；10 ~ 11 章介绍 Polysun 软件和 Ecotect 软件的使用。

本书突出知识的应用性，可作为太阳能应用专业的本、专科教材，也可作为硕士研究生及从事相关工程技术人员的参考书。本书系统描述太阳能一体化和太阳能构件应用的基本知识及相关软件，介绍国内外太阳能光伏光热应用的发展趋势，以及我国在太阳能光伏光热利用方面的进展和优势。本书面向工程实践，含有众多详细案例，每章开头有内容提要，结尾有习题，便于教学和自学。

本书的撰写工作开始于 2021 年 2 月，由广西大学电气工程学院海涛教授、华蓝设计（集团）有限公司莫海量教授级高级工程师、王钧高级工程师任专家委员会主任，广西大学电气工程学院博士生导师张镱议教授、华蓝设计（集团）有限公司林宇教授级高级工程师、广西申能达智能技术有限公司海蓝天任专家委员会副主任。广西大学陈子乾教授、李畸勇博士担任本书的主审。参与本书撰写工作的还有广西通信规划设计咨询有限公司陆代泽，广西大学上官雅婷、张天娇、刘昱麟、招兴业、古旻琦，华蓝设计（集团）有限公司陈玉、刘红娟、劳杰、吕华、陈海儿、黄克宁、郭桂福、黄帆、江宏华、赵得宝、朱尹祥、李三奇、尹锦艳、仲勇，广东华蓝能源开发有限公司曾小华，广西海佩智能科技有限公司林开平，阳升能源公司林广宙等。海涛负责全书编写和统稿工作。

广西大学电气学院程沛源、范攀龙、王秋晨、林阳、杨嘉芃，广西拓瑞能源有限公司吴文伟，广西申能达智能技术有限公司陈静、李佳晟，广西电网电力调度控制中心陈明媛，比亚迪股份有限公司陈昌贵，晶科能源股份有限公司钟坤、厦门象屿新能源有限责任公司施锋等人为本书的撰写做了很多工作，广西太阳能协会、云南省绿色能源协会、常州亚玛顿股份有限公司对编撰此书也给予了大力支持和帮助，在此对他们的辛勤工作表示感谢。

本书出版获得广西重点研发计划项目"广西建筑光伏减碳关键技术研发与应用示范"（桂科 AB22035037），以及 2023 年广西大学优质教材倍增计划的经费资助。

由于时间紧迫，编者水平有限，书中谬误之处在所难免，恳请读者批评指正。

E-mail：haitao5913 @ 163.com

编　者

2023 年 9 月

目　录

第 10 章　光伏光热系统 Polysun 设计软件的使用 ······ 234

第1章 绪 论

1.1 能源危机

人类进入 21 世纪，世界经济飞速发展，对能源的需求与日俱增。与此同时，传统化石能源的加速枯竭以及为了获得这些能源所造成的环境污染，使得人类面临着越来越严重的能源危机，人类自身的生存环境受到相当严重的破坏，人类的可持续发展面临着严峻的挑战。

1.1.1 世界能源形势

随着世界人口的增长，社会经济水平的提高，以及全球工业化的快速发展，人类对能源的需求日益增长，当今世界主要使用的能源依旧是石油、煤炭、天然气等化石燃料。这些化石燃料不可再生，且资源有限。根据国际能源机构的预测，世界能源的需求量至少增长一倍。而石油，天然气资源将在 2050 年前被耗尽的看法也已逐渐被公认。能源需求的不断增长和能源储量的日益枯竭形成了鲜明的对比。世界正面临着能源供不应求的严峻挑战。

化石燃料中煤的储量相对充足，可以满足 150 ～ 200 年的需求，但煤在燃烧过程中会产生很多有害气体，对环境造成严重污染，制约了社会的可持续性发展。核能在使用过程中可以实现碳零排放，且生产成本较低，被认为是理想的未来能源，但其安全性受到人们质疑，核废料的处理也是一大难题。风力发电、潮汐发电虽然是可再生能源，但会受到地域和气候等因素的限制。而太阳能作为一种可持续能源，逐渐引起了全世界社会的关注。

太阳能取之不尽，用之不竭，是可再生能源。太阳能作为可再生能源的同时，更是一种清洁能源，太阳能是由光子直接转化成电，不会产生有害气体，可以大大减少对环境的污染。太阳能虽然仍存在着占地面积大、效率较低等问题，但其潜力巨大，近年来各国政府为了实现低碳目标，纷纷对太阳能利用加大了研发力度，太阳能产业得到了快速的发展，太阳能发电、光伏电池和材料、光伏建筑一体化、太阳能车辆等都是当下的热门课题。

2022 年，新增可再生能源以太阳能和风能为主，加起来约占 2022 年所有可再生能源净新增量的 90%，如图 1.1（a）所示。据 IEA 预测，至 2027 年风能和太阳能发电装机的总比例将进一步上升至 37%，如图 1.1（b）所示。

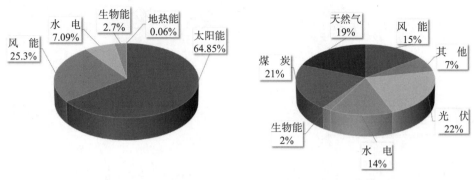

(a) 2022年全球新增可再生能源 　　　(b) 2027年全球新能源装机占比预测

图 1.1 （来源：International Energy Agency）

截至 2022 年底，全球可再生能源装机达 3372GW，较 2021 年增加 295GW，同比增长 9.6%，占新增发电量的 83%。如图 1.2 所示，风能和太阳能发电量创历史新高，占全球发电量的 12%，比 2021 年增加 2%。

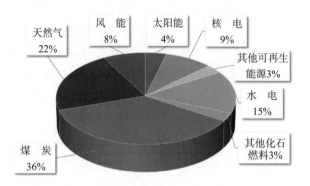

图 1.2 截至 2022 年底全球电力结构占比（来源：2023 中国光伏储能国际大会）

在目前的全球市场中，美国和西欧等发达国家使用新能源发电的占比较高，而中国、印度等发展中国家仍是以煤炭发电为主，对于煤炭资源的依赖性很高，如图 1.3 所示。随着我国制定的"双碳"目标期限的临近，我国迫切需要降低化石能源的消耗比重。因此，对于新能源的需求将会大幅度增加，新能源行业将迎来发展良机。

1.1.2 我国能源形势

我国可开发能源总储量约占世界总量的 10.7%，但由于我国人口众多，所以人均能源占有量低于世界人均值，而且已经探明的常规能源剩余储量（煤炭、石油、天然气等）及可开采年限十分有限，如表 1.1 所示。

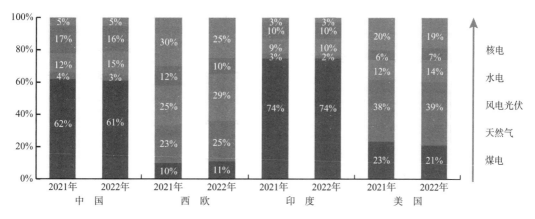

图 1.3　全球主要市场各类能源发电占比
（来源：S&P Global Commodity Insights）

表 1.1　我国剩余资源探明储量及可开发年限（来自自然资源部）

资源种类	煤　炭	石　油	天然气	水资源
探明储量	1622.9 亿 t	36.9 亿 t	63392.7 亿 m³	31605.2 亿 m³
可开采年限	54 ~ 81 年	15 ~ 20 年	28 ~ 58 年	38 ~ 104 年

2020 年，我国一次能源产量达到 40.8 亿 t 标准煤，同比增长 6.2%。原煤产量占一次能源产量的 67.6%，原油、天然气产量占一次能源产量的比重较小，分别为 6.8%、6.0%。一次电力及其他能源产量占一次能源产量的 19.6%。我国一年的能源需求为 25 亿 ~ 35 亿 t 标准煤。我国能源的潜在危机比世界总的形势更为严峻，我国的发展面临着能源瓶颈的制约和环境污染、生态破坏的威胁，中国要满足急速增长的能源需求，唯一现实的可能就是选择可再生能源作为能源供应的基础。

我国的太阳能资源十分丰富，中国陆地每年接收的太阳辐射总量为 3300 ~ 8400MJ/m²，相当于燃烧 2.4×10^4 亿 t 标准煤所释放的能量。依据中国划分太阳能光照条件的标准，在不同等级的五类地区中，前三类地区占中国国土面积的 2/3 以上，年日照时数超过 2000h，年太阳辐射总量在 5000MJ/m² 以上。其中，西藏、青海、新疆、甘肃、宁夏、内蒙古等地区的太阳辐射总量和日照时数较高，属太阳能资源丰富地区。除四川盆地、贵州省太阳能资源稍差外，中国东部、南部及东北等地区均属于太阳能资源较丰富和中等区，如表 1.2 所示。

表 1.2　我国不同类别地区的年太阳辐射总量（单位：MJ/m²）（中国气象局）

地区类别	一类地区	二类地区	三类地区	四类地区
年辐射总量	> 6700	5400 ~ 6700	4200 ~ 5400	< 4200

主要地区	宁夏北、甘肃西、新疆东南、青海西、西藏西等	北京、天津、山西北、内蒙古及宁夏南、甘肃中东、青海东、新疆南	山东、河南、山西南、新疆北、吉林、辽宁、云南、陕西北、湖南、广西等	四川、贵州、重庆

1.2 碳达峰碳中和与太阳能建筑一体化

1.2.1 碳达峰碳中和

2020 年 9 月 22 日，我国向国际社会作出了"碳达峰[1]、碳中和[2]"的郑重承诺，力争 2030 年前实现碳达峰，2060 年前实现碳中和。实现碳达峰、碳中和是我国向世界作出的庄严承诺，也是一场广泛而深刻的经济社会变革，绝不是轻轻松松就能实现的。

碳排放受经济发展、产业结构、能源使用、技术水平等诸多因素影响，而我国化石能源消费占一次能源消费的 84%，产生的碳排放约为每年 98 亿 t，占全社会碳排放总量的近 90%。想要解决碳排放问题，关键是需要减少能源碳排放，究其根源是转变能源发展方式，加快推进清洁替代和电能替代，彻底摆脱化石能源依赖，从源头上消除碳排放。清洁替代是指在能源生产环节以清洁能源替代化石能源发电，加快形成清洁能源为主的能源供应体系；电能替代是指在能源消费环节以电代煤、以电代油、以电代气、以电代柴，用的是清洁发电，加快形成电为中心的能源消费体系，让能源使用更绿色、更高效。

1.2.2 推广太阳能建筑一体化的必要性

建筑领域是我国能源消耗和碳排放的重要领域。近年来，我国城镇化进程加快，带动建筑业持续发展。城乡建筑面积不断增加，人们生活水平不断提高，导致建筑能耗呈现持续增长态势，如图 1.4 所示。《中国建筑能耗研究报告 2020》指出，我国建筑全生命周期能耗总量占全国能源消费总量的 46.5%，碳排放总量占全国碳排放总量的 51.2%。近十年来，我国碳排放量和建筑运行能耗年均增速为 5% 和 5.6%。在取暖、炊事等方面仍然依赖于化石能源，给自然资源和生态环境带来了巨大的压力。

---

1) "碳达峰"是指在某一个时点，二氧化碳的排放不再增长达到峰值，之后逐步回落。
2) "碳中和"是指在一定时间内，通过植树造林、节能减排等途径，抵消自身所产生的二氧化碳排放量，实现二氧化碳"零排放"。

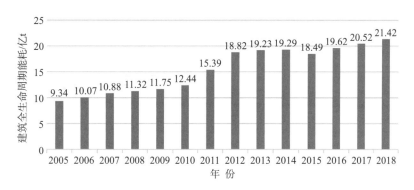

图 1.4 建筑全生命周期能耗变化趋势（来源：2023 中国光伏储能国际大会）

为了实现建筑领域的"双碳"目标，"十四五"期末，建筑运行碳排放量年均增速应小于 1.5%，建筑运行能耗年均增速应小于 2.2%。要实现这一目标，必须在建筑中大力推广使用可再生能源，以及节能环保技术，走可持续的建筑能源之路。太阳能建筑从单体向城市街区等区域单元发展成为必然趋势，推广太阳能建筑一体化，是我国实现建筑节能减排目标的现实需要。

目前，光伏光热组件在建筑物上的应用大多是在屋顶铺设太阳能光伏组件或集热器（图 1.5），这种铺设形式存在着诸多问题，例如，光伏光热组件占据面积大、成本高、回收周期长，增加建筑物的负荷并造成安全隐患。针对组件直接铺设于建筑物上的不足，将太阳能利用的相关组件以建筑材料的形式呈现，使其成为建筑不可分割的一部分，这便是太阳能建筑一体化（图 1.6）。这种形式的系统不仅可以利用照射到建筑物表面的太阳能，还能取代原始的建筑材料，从而降低项目的建设费用。相信在不久的将来，发展太阳能建筑一体化技术，必将成为我国在建筑领域实施可持续发展战略的重要方式。

图 1.5 一体化程度低的光热屋顶

图 1.6 太阳能建筑一体化

1.3 太阳能建筑一体化概述

太阳能建筑一体化，就是在建筑从一开始设计的时候，就要将太阳能系统包含的所有内容作为建筑不可或缺的设计元素加以考虑，巧妙地将太阳能系统的各个部件融入建筑设计的相关专业内容中，使太阳能系统成为建筑组成不可分割的一部分，而不是让太阳能成为建筑的附加构件。

主动式太阳能建筑对太阳能的利用有两种形式：太阳能光伏发电系统和太阳能光热转换系统，太阳能光伏发电系统在建筑上的外露部分主要是单（多）晶电池板，太阳能光热转换系统在建筑的外露部分主要是太阳能集热板、集热管、管道。由于太阳能光热、光电转换构件均已实现模块化，并且可与储能设备分离运行，因此采光部件与建筑的结合方式也更加灵活多样，其可以安装在建筑屋顶、坡屋面、外墙面、廊庭、阳台栏板、女儿墙、披檐、廊架等不同部位，使太阳能组件完全融入建筑体系之中并与周围环境和谐统一（图1.7）。

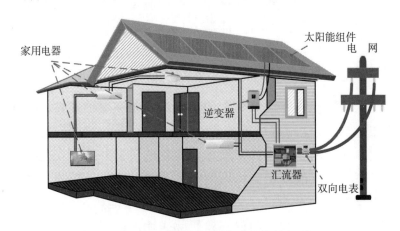

图1.7 光伏建筑一体化建筑结构框图

科学、合理、巧妙的建筑设计对太阳能建筑来说尤为重要。使太阳能设备成为建筑的一个有机组成部分可以为建筑增光添彩，否则无序乱装将会影响建筑形象甚至有碍城市景观。好的太阳能建筑能体现出一种理性的美、科学的美、未来的美。

1.3.1 太阳能建筑一体化的定义

太阳能建筑一体化不是简单地将太阳能与建筑"相加"，而是通过建筑的建造技术与太阳能利用技术的集成，整合出一个崭新的现代化节能建筑。简而言之，太阳能建筑一体化就是太阳能与建筑的结合应用。太阳能建筑一体化可以分为光伏建筑一体化、光热建筑一体化、光伏光热建筑一体化。

1．光伏建筑一体化

光伏建筑一体化主要是在建筑外表面安装太阳能电池，或者是利用光伏电池和建筑外表面材料一体化来实现太阳能发电，实现建筑与光伏的完美结合。光伏建筑一体化技术在保证发电效率的同时，也要兼顾建筑功能、造型、室内舒适度等多方面的要求。相较于将太阳能光伏方阵安装在建筑维护结构外表面来提供电力的传统形式而言，将光电板作为建筑建造的直接材料，与建筑艺术形式及内部空间创造融合起来，是目前光伏建筑一体化发展的新趋势。

2．光热建筑一体化

光热技术应用最广泛的产物是太阳能热水器。太阳能光热转化比光电转化技术更为成熟、应用更广，例如，太阳能热水器、被动式太阳房等。与建筑有效结合且最普遍的应用是太阳能热水系统。还可利用光热技术发电，因其技术优势，发电成本与传统发电相比较低，且在无光照时仍可持续发电几个小时。太阳能热水系统在太阳能资源丰富地区的使用效率高，供应成本较低，所以在建筑设计和制定政策时要因地制宜。

3．光伏光热建筑一体化

太阳能电池在吸收太阳能发电的同时，自身温度也会不断升高。光伏转化效率会随着温度的上升而下降，其温度每升高10℃，光电转换效率将会下降5%左右。提高光伏电池的转化效率，降低电池板的受热温度，将空气或液态工质对电池板进行循环冷却，实现在光伏电池输出电能的同时对外供给热能，即为太阳能光伏光热（PV/T）一体化。该技术不仅可以提高光伏电池的转化效率，而且还可以利用电池板收集的热能，提高太阳能的综合利用效率，减少系统的占地面积，降低使用成本。光伏光热建筑一体化系统主要分为水冷却型 PV/T 系统、空气冷却型 PV/T 系统、热管型 PV/T 系统、PA-SAHP 系统（将太阳能电池和热泵热水器联合起来形成的 PV/T 系统）等。太阳能光伏光热建筑结构示意图如图 1.8 所示。

太阳能光伏光热建筑一体化是近年来应用太阳能发电的一种新概念，这种集光伏发电、冷却技术、余热利用为一体的光伏光热一体化系统拥有诸多优点，它有很好的光热光电收益、明显的节能效果和较长的使用寿命，因此，有着广阔的应用前景。一些国家将光伏光热系统应用于建筑中，在提供电力的同时还提供生活热水或供暖，从而实现了光伏光热建筑一体化。

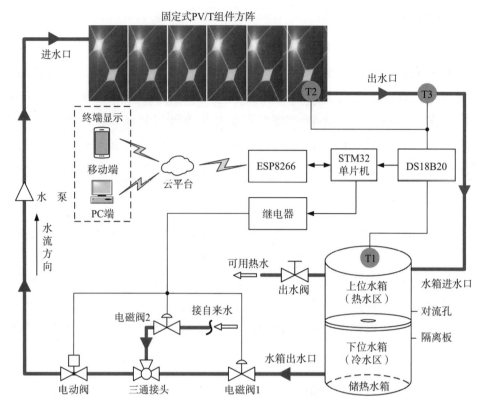

图 1.8 太阳能光伏光热建筑结构示意图

1.3.2 太阳能建筑一体化的发展历程

1. 太阳能光伏建筑一体化的发展历程

太阳能光伏发电技术的能源来自于太阳，而且相对于传统发电而言，在整个发电过程中基本上不会产生温室气体，也不会对自然生态环境造成污染和破坏。与此同时，光伏电池板是可循环使用的材料，可以循环利用，从而使得光伏发电的能源投入更少。太阳能光伏发电技术产生于 20 世纪 50 年代，1954 年，美国科学家首次研发成功光电转换效率为 5% 的单晶硅太阳能电池，太阳光能转换成电能的实用光伏发电技术由此诞生。随后太阳能光伏产业生产规模不断扩大，技术水平持续提高。

随着当前世界能源形势越来越严峻，作为可持续的能源替代方式之一，近年来太阳能光伏发电快速发展，德国、日本等太阳能资源丰富的国家，大规模应用和推广了这项技术。与此同时，在国内政策和国际市场的双重推动下，我国的光伏产业也逐渐兴起并且成为后起之秀，逐渐形成我国光伏发电产业链。根据欧洲光伏工业协会 EPIA 预测，在 21 世纪，太阳能光伏发电将成为世界能源供应的主体,逐渐替代部分传统能源,预计到 2030 年,可再生能源在总能源结构中的比例将达到 30% 以上,并且太阳能光伏发电在世界总电力供应中的比重超过 10%,到 21 世纪末,能源结构中的 80% 以上将会是可再生能源,其中太阳能将超过 60%。

中国光伏建筑的起步晚于西方发达国家,2006 年我国开始施行《中华人民共和国可再生能源法》,随后光伏建筑在我国的发展走上了快车道。我国陆续启动了"光伏屋顶计划"和"金太阳示范工程"等一系列国家扶持政策,采用初投资补贴的方式批准了一批国家示范工程,例如在以绿色奥运为主题的奥运场馆中大范围地采用了太阳能光伏等绿色技术,如图 1.9 所示。当前,我国对光伏建筑一体化的补助政策是采用一次性补助建设和安装费用的方式,此举可以调动光伏建筑建设的积极性,促进光伏应用市场的快速发展。

图 1.9　北京 2022 年冬奥会标志性建筑——国家速滑馆

2. 太阳能光热建筑一体化的发展历程

自从 1891 年世界上第一台热水器被发明以来,太阳能热水器的使用已经有 100 多年的历史。早期的太阳能集热器与水箱的连接方式,在视觉上、建造工艺上都尚未形成一体化设计施工的模式。当时从事太阳能热水器研究的人员往往是非建筑学专业人士,尚未将太阳能热水器视为建筑的一个部件或一种造型元素。

人们在使用的过程中逐渐发现了将建筑和太阳能热水器分置两处所带来的一系列问题:由于水箱安置在室外,其使用耐久性降低,也不便于用户进行控制,还有可能遭到盗窃和破坏,输往室内的热水管会在输送途中产生不必要的热损失。

为解决太阳能热水器早期安装方式所带来的不便,一些国家率先将太阳能热水器的集热器部分作为一种建筑构件融入建筑设计中,并进一步改进集热器的制作工艺，使其能够更好地与建筑表面结合，形成协调的外观效果。一些发达国家如德国在太阳能热水器与建筑整合设计方面已经进行了一些有益的探索与尝试，设计人员巧妙地将太阳能热水产品与建筑有机结合在一起，形成了美观新颖的建筑造型。

我国对太阳能热水技术的开发起步于20世纪70年代的太阳能研究热潮。起初，我国太阳能热水器的主导产品为闷晒式太阳能热水器。1987年我国引进国外生产线制造了全国第一支全玻璃真空集热管。20世纪90年代，随着住宅商品化的发展和家庭对热水需求的大幅度增长，以及技术进步和企业规模的扩大，太阳能热水器出现了真空管、平板和闷晒三种类型，实现了产品系列化和规模化生产。并且我国的建筑设计人员和太阳能热水行业的工程人员在学习国外工程设计经验的同时结合我国国情，在太阳能热水系统与建筑一体化方面做出了一系列的尝试，建成了一批以集热器集成于建筑构件的示范性工程，获得了用户和市场的认可与政府的支持。

1.3.3 太阳能建筑一体化的特点

（1）光伏发电零能耗、零排放、零噪声、无污染。可以替代常规能源，降低建筑的化石燃料的耗能，提高太阳能综合利用率；减少温室气体的排放，降低温室效应；创造低能耗高舒适性的健康居住环境。

（2）由于建筑能耗巨大，两者结合可以有效削减建筑用电，能给公共电网以支持，尤其是在夏季用电负荷常出现高峰的时段。

（3）两者的结合使得发电设施无须占用额外用地，可以直接将建筑主体结构作为光伏系统的支撑结构。

（4）发电入网较为便捷，无须架设输电线路，既可省去输电费用，也可降低输电的损耗，形成多样且既可输出也可输入的能源系统，对实现我国可持续发展战略具有重大意义。

（5）光电阵列和集热器的设置不会占用额外的建筑空间，可代替部分传统的建筑材料，节省部分人力，降低光伏系统的安装净成本，节约费用。

1.3.4 太阳能建筑一体化的设计原则

（1）合理确定太阳能建筑一体化的技术类型。

（2）建筑设计与太阳能建筑一体化设计同步进行。

（3）建筑设计应满足太阳能建筑一体化系统与建筑结合安装的技术要求。

（4）太阳能建筑一体化系统选型。

（5）太阳能建筑一体化系统的设置。

（6）既有建筑物改造增设太阳能建筑一体化系统。

（7）考虑太阳能建筑一体化系统的维护。

1.4 太阳能建筑一体化的研究现状

1.4.1 国外研究现状

国外太阳能系统在建筑领域中的应用从很早就展现出良好的发展势头。尤其是在一些技术比较先进的国家，如美国、德国、以色列、日本、韩国等，太阳能的发展呈现出由住宅到公建、由小型到大型、由被动到主动的转型趋势。自从 1992 年的"世界环境与发展大会"之后，环境问题已成为全球热门问题，世界各国加强了对清洁能源技术的研究开发，使得环境保护同利用太阳能相结合。此后，太阳能的利用逐步得到了关注，走出了低谷。各国对此也都进行了高度的重视。

美国太阳能建筑的发展在世界上一直处于领先地位，其太阳能建筑的发展极为迅速，已经拥有了完整的太阳能建筑产业化体系。其领域包括对太阳能建筑的研究、设计优化，还有选材、开发研制新型房屋构件，如可用于住宅屋顶的太阳能"屋面板"，并且已经将其运用到房地产商业开发当中。此外，美国国会还通过了一项对太阳能系统买主减税的优惠政策来激励太阳能的发展。美国还实施了"百万太阳能屋顶计划"，进一步扩大了其太阳能应用技术，并带来了可观的经济和环境效益。

德国是世界领先的太阳能大国，也是倡导光伏应用最早的国家之一，早在 1990 年便推出"1000 屋顶计划"，1998 年进一步提出"10 万屋顶计划"。2020 年，德国太阳能发电量高达 430 亿千瓦时。其太阳能建筑主要有生态楼、太阳能房屋、零能量住房三种类型。同时德国也建立了较为完整的光伏扶持政策，于 2000 年颁布可再生能源法。并且从 2015 年开始，为了促进光伏发电的并网电价持续下降，德国对大型光伏地面电站实行上网电价招标制，最低价者中标，按中标的电力价格售电，20 年不变。通过此政策，德国政府在两年不到的时间里，促使德国大型地面光伏电站的并网电价下降了约30%。自2017年起，德国不再以政府指定价格收购绿色电力，而是通过市场竞价发放补贴。

法国政府制定了税收抵免政策来鼓励可再生能源的开发利用，并且制定了一系列扶持计划。法国政府对于光伏发电余电上网使用固定电价补贴。在此基础上，法国每年动态调整不同年份新建项目的补贴基础，总体逐步削减补贴力度，并将结余资金用于更新的光伏发展领域。近期法国发明了一种同时兼具太阳能热水器作用的建筑外墙玻璃，这一发明恰好适合目前法国提倡的建筑节能要求。

由以上可以看出，国外太阳能的利用研究开展得比较早，已经发展到了比较成熟的阶段，并在商业开发当中得到了推广应用，如图1.10所示。

图 1.10　国外太阳能建筑

1.4.2　国内研究现状

太阳能光热技术是我国发展较早的一种太阳能利用技术，已形成较大的产业规模。根据《中国太阳能热水器行业发展前景预测报告》，我国太阳能热水器总保有量占世界总量的60%，是太阳能热水器生产和使用大国。目前，我国城乡居民对洗浴热水的需求持续增长，在农村地区和中小城市，太阳能集热器已成为提高人民生活质量、全面建成小康社会的重要手段，在住宅楼屋顶或阳台安装太阳能热水器替代燃气和电热水器已逐步成为一种趋势。

2006年国家颁布了《可再生能源建筑应用专项资金管理暂行办法》，太阳能热水器在建筑中的应用获得了稳定资金的支持。《中华人民共和国可再生能源法》颁布后，各地方政府纷纷出台了一系列政策鼓励太阳能热水产业发展，包括强制性的安装政策，有效推动了我国太阳能热水器在建筑中的安装与应用。

近年来，我国逐步发展成为世界光伏产业大国，根据《光伏行业2015年回顾与2016年展望研讨会报告》，我国太阳能电池产能、产量已居世界首位。2015年我国超越德国成为全球光伏累计装机量最大的国家。《智能光伏产业发展行动计划（2018—2020年）》从加快产业技术创新、提升智能制造水平，推动两化深度融合、发展智能光伏集成运维，促进特色行业应用示范、积极推动绿色发展，完善技术标准体系、加快公共服务平台建设四大领域，提出了相关重点任务。从中可以看出，我国光伏产业从"大"到"强"还有很长的路要走。如图1.11所示，截至2022年，我国光伏累计装机容量达3.92亿kW，而在2013年仅为0.19亿kW。

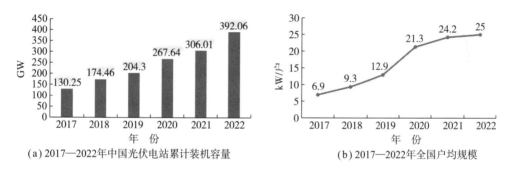

(a) 2017—2022年中国光伏电站累计装机容量　　(b) 2017—2022年全国户均规模

图1.11　2017—2022年中国光伏电站累计装机容量及全国户均规模
（来源：中国电力企业联合会）

近年来，中国能源结构绿色低碳转型成效显著，截至2022年底，清洁能源的消费比重由2012年的14.5%上升至25.9%，煤炭消费比重由2012年的68.5%下降至56.2%。2022年底全国电源新增装机构成中，光伏占45%，火电仅占23%，如图1.12所示。

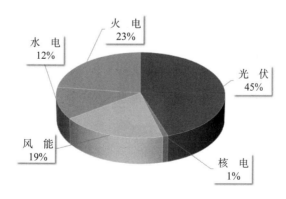

图1.12　2022年底全国电源新增装机构成（来源：2023中国光伏储能国际大会）

2022 年我国光伏发电新增并网容量 87.41GW，其中分布式光伏、集中式光伏装机容量分别为 51.1GW、36.3GW，分布式占比为 58.46%（图 1.13）。2021 年分布式光伏新增装机首次超过集中式，近两年光伏新增装机以分布式为主，且分布式光伏的占比不断提升。

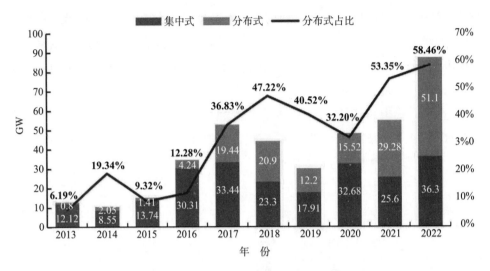

图 1.13 2013—2022 年我国光伏新增装机规模
（来源：《中国电力发展报告 2023》）

我国的光伏产业量虽然居世界首位，但是光伏建筑的市场认可度还比较低，数量巨大的建筑资源有待充分利用。目前，光伏组件在建筑物上的应用大多是在屋顶铺设太阳能光伏（PV）板以及光伏幕墙，这就导致太阳能建筑存在诸多问题：

（1）PV 组件占据面积大，成本高，回收周期长。

（2）增加建筑物的负荷，造价高，有安全隐患。

（3）发电效率约 20%，其余以热量散发到空中。

（4）PV 组件温度过高影响光伏发电量。

（5）PV 组件无法起到降温隔热的作用。

（6）当 PV 组件在阴影遮挡时，影响发电效率。

目前我国新建光伏电站主要为大型地面电站，集中分布在甘肃、新疆等西北部城市，分布式电站的占比较小。然而，我国人口密度较大、用电需求集中的东南部地区土地资源稀缺，不宜建设大型地面电站，为了缩短供电距离，降低供电成本，积极发展分布式发电是我国光伏产业未来的发展方向，这也是当今发达国家光伏产业的发展现状。分布式发电的主要应用场景有地面光伏电站、屋顶光伏电站、渔光互补和景观光伏等,如图1.14所示。

(a) 地面光伏电站(青海格尔木500MW光伏电站)

(b) 屋顶光伏电站(天津30MW工业屋顶光伏电站)

(c) 渔光互补(安徽淮南顾桥150MW漂浮电站)

(d) 景观光伏(济南园博园光伏应用示范BIPV项目)

图 1.14 国内太阳能建筑

钙钛矿是太阳能发电家族的年轻成员,它仅用10年的时间便走完了晶体硅40年走过的路,实验室转化率从3.8%飞速进化到25%以上。钙钛矿原料丰富,成本低廉,业内认为其最有可能颠覆晶硅光伏材料。钙钛矿由此走红并被寄予厚望,成为全球太阳能发电领域最新竞逐的焦点。模拟不同的光照条件,钙钛矿发电玻璃的转换效率可达18%。中国成为世界上率先将钙钛矿发电玻璃推向量产的国家。

中国最大的铜铟镓硒发电玻璃产线,每年可以生产300MW发电玻璃。一年的产量可以安装在200万 m² 的幕墙或屋顶上,发电3.4亿 kW·h,足够10万个家庭使用一年。安徽蚌埠拥有世界上单体规模最大的光伏建筑一体化项目。12万 m² 的建筑表面覆盖了68079块发电玻璃,仅这一栋建筑,每年可以发电超过1100万 kW·h,可以节约燃煤约4700t,减排 CO_2 1.06万 t。这种发电玻璃被誉为"挂在墙上的油田",如图1.15所示,它们能够发电的秘密隐藏在玻璃表面3μm厚的铜铟镓硒薄膜上。

当太阳照射时,薄膜内部会产生电子运动,从而实现发电。这种薄膜的核心层由铜、铟、镓、硒四种元素组成,它们经过复杂的化学反应,能够合成一种特殊的化合物,以高光学吸收半导体材料的身份承担起光电转换的重任。

在中国，太阳能发电方式已经多到超越想象，它们彼此互补，相得益彰，不仅为中国新型电力系统和新型能源体系的建设按下加速键，也必将为世界能源转型贡献中国力量。

图 1.15 安徽蚌埠建筑表面 12 万 m^2 单体规模光伏建筑一体化项目

本章习题

（1）2023 年国内光伏电站累计装机容量是多少？

（2）什么是太阳能建筑一体化？主要包括哪些内容？

（3）太阳能发电是否是清洁能源？主要特点是什么？

（4）太阳能主要应用场景有哪些？主要优缺点是什么？

（5）我国年太阳辐射总量是怎么分类的？

第2章 太阳能建筑一体化相关技术工作原理

本章主要介绍太阳能电池的基本结构及工作原理、分布式光伏发电系统、智能电网与微电网、建筑一体化光伏构件与性能要求、太阳能光伏与建筑一体化主要形式等。

太阳能光伏电池是一种利用光生伏特效应把光能转化为电能的器件。光生伏特效应即为物质吸收光能产生电动势，在液体和固体中均可发生。19世纪光生伏特效应被发现，随着半导体技术的逐渐成熟，太阳能电池得以发展。

太阳能光伏组件是把单体太阳能电池进行串并联并进行封装，太阳能电池阵列是把太阳能光伏组件经过串并联安装支架上。由于单体太阳能电池机械强度差、容易被腐蚀且输出电压、电流和功率都很小，所以单体太阳能电池不能直接用在光伏发电系统，而是以组件或者阵列的形式用作电源。

2.1 太阳能电池的基本结构及工作原理

太阳能电池是一种直接将阳光转化为电能的电子器件。光线照射在太阳能电池上产生出光生电流和电压，从而获得电功率。这一转变过程首先需要材料吸收光线，使电子获得更高的能量，接着具有更高能量的电子从电池移动到外电路中，释放出额外的这部分能量，再回到太阳能电池中。半导体材料是最重要的光电材料，半导体光电效应是太阳能电池的基础。

2.1.1 光生伏特效应

当半导体的表面受到太阳光照射时，如果其中有些光子的能量大于或等于半导体的禁带宽度，就能使电子挣脱原子核的束缚，在半导体中产生大量的电子–空穴对，这种现象称为内光电效应（原子把电子打出金属的现象是外光电效应）。半导体材料就是依靠内光电效应把光能转化为电能的，因此实现内光电效应的条件是所吸收的光子能量要大于半导体材料的禁带宽度，即

$$hv \geq E_g \tag{2.1}$$

式中，hv 为光子能量，h 为普朗克常数，v 为光波频率；E_g 为半导体材料的禁带宽度。

由于 $c = v\lambda$，其中 c 为光速，λ 是光波波长，所以式（2.1）可改写为

$$\lambda \geq \frac{hc}{E_g} \tag{2.2}$$

这表示光子的波长只有满足了式（2.2）的要求，才能产生电子 – 空穴对。通常将该波长称为截止波长，以 λ_g 表示，波长大于 λ_g 的光子就不能产生载流子。

不同的半导体材料由于禁带宽度不同，要求用来激发电子 – 空穴对的光子能量也不一样。在同一块半导体材料中，能量大于禁带宽度的光子被吸收以后转化为电能，而能量小于禁带宽度的光子被半导体吸收以后则转化为热能，不能产生电子 – 空穴对，只能使半导体的温度升高。可见，对于太阳能电池而言，禁带宽度有着举足轻重的影响，禁带宽度越大，可供利用的太阳能就越少，它使每种太阳能电池对所吸收光的波长都有一定的限制。

2.1.2　光伏电池工作原理

太阳能电池又称为光伏电池，是一种基于 PN 结光电效应将太阳辐射能转化成电能的器件。光伏电池实际上就是一个半导体 PN 结二极管，半导体材料在吸收光能后会在不同的部位之间产生电势差，当接上导线形成回路时即可产生电流，即光生伏特效应，如图 2.1 所示。

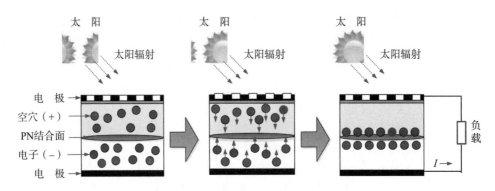

图 2.1　太阳能光伏电池工作原理图

当太阳光照射在半导体表面时，其内部的电荷分布状态会随之改变，阳光的照射会使半导体内部的电子与原子发生分离，形成自由电荷，从而出现空穴。随后电子和空穴朝着 PN 结合面进行移动，带正电的空穴和带负电的电子各自移动并聚集在一起，最后空穴和电子在 PN 接合面上完成汇合。

带正电的空穴和带负电的电子聚集在相对的结合面上，从而产生一定的势差，在 PN 结合面两端通过导线连接形成回路即可产生电流，太阳能也就变成了电能。

太阳能光伏电池的等效电路可分为理想等效电路和实际等效电路两种类型，如图 2.2 所示。

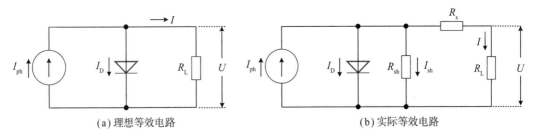

(a) 理想等效电路　　　　　　　　　　(b) 实际等效电路

图 2.2　太阳能光伏电池理想等效电路与实际等效电路

如图 2.2（a）所示，理想状态下光伏电池可以等效为一个电流为 I_{ph} 的恒流源和一个正向二极管的并联回路，流过二极管的电流为 I_D，流过负载的电流为 I。但在实际应用中，光伏电池本身还存在旁路电阻 R_{sh} 和串联电阻 R_s，如图 2.2（b）所示。

在实际的光伏电池等效电路中，输出电流 I 的数学模型可用下式表示：

$$I = I_{ph} - I_D \left\{ \exp\left[\frac{q(U+IR_s)}{nkT} \right] - 1 \right\} - \frac{U+IR_s}{R_{sh}} \tag{2.3}$$

式中，U 为输出电压；q 为电子电荷常数；k 为皮尔兹曼常数；T 为电池温度；n 为二极管影响因子。引入 Lambert W 函数并对式（2.3）进行推导，即可得出电流显式方程和电压显式方程：

$$\begin{cases} I = \dfrac{R_{sh}\left(I_{ph}+I_D\right)-U}{R_s+R_{sh}} - \dfrac{nU_{th}}{R_s}W(X) \\ U = R_{sh}\left(I_{ph}+I_D-I\right) - IR_{sh} - nU_{th}W(Y) \end{cases} \tag{2.4}$$

式中，$U_{th}=kT/q$；$W(X)$ 和 $W(Y)$ 的数学表达式如下：

$$\begin{cases} X = \dfrac{R_s R_{sh} I_D}{nU_{th}\left(R_s+R_{sh}\right)} \exp\left[\dfrac{R_{sh}\left(R_s I_{ph}+R_s I_D+U\right)}{nU_{th}\left(R_s+R_{sh}\right)} \right] \\ Y = \dfrac{I_D R_{sh}}{nU_{th}} \exp\left[\dfrac{R_{sh}\left(I_{ph}+I_D-I\right)}{nU_{th}} \right] \end{cases} \tag{2.5}$$

2.1.3 影响光伏电池发电效率的因素

太阳能光伏电池转化效率的定义为: 当阳光照射后, 光伏电池最大输出功率与入射到光伏电池上的全部辐射功率的比值, 其数学模型如下:

$$\eta = \frac{U_m I_m}{A_a P_{in}} \tag{2.6}$$

式中: U_m 代表最大输出电压; I_m 代表最大输出电流; A_a 代表光伏电池的总面积; P_{in} 代表单位面积入射光功率。

目前, 大多数光伏电池在实验室理想条件下的转化效率仅为 20% ~ 25%, 在实际应用中其效率更低。光伏电池接收到的太阳辐射未能有效地转化为电能, 绝大部分的能量都以热量的形式散发, 常见的光伏电池在实验室的最高转化效率如表 2.1 所示。

表 2.1 常见光伏电池在实验室的最高转化效率

类 型	最高转化效率 /%	电池面积 /cm^2	开路电压 /V	填充因子 /%
单晶硅	26.3	180.43	0.7438	83.8
多晶硅	21.3	242.74	0.6678	80.0
GaAs 薄膜	28.89	0.9927	1.122	86.5
GaAs 多晶	18.4	4.011	0.997	79.7
InP 单晶	22.1	4.02 (t)	0.878	85.4
CdTe 薄膜	21.0	1.0623	0.8759	79.4

影响光伏电池输出特性的因素有禁带宽度、温度、太阳光照强度、少子寿命、擦杂浓度、表面复合速率、串联电阻 R_s 和旁路电阻 R_{sh} 的大小等。铺设在建筑物之上的光伏组件, 其输出特性主要受温度、太阳光照强度影响。

光伏电池的输出特性为非线性特征, 在不同的环境温度和光照强度之下, 光伏电池的 *I-V* 特性曲线如图 2.3 所示。

由图 2.3 可知, 光伏电池的输出电流随着光照强度的增加而增大, 输出电压随着温度的增加而明显降低。这说明光照强度主要对输出电流产生影响, 而输出电压的大小则受温度影响。

光伏电池的 *P-V* 特性曲线存在着一个最大功率点, 在最大功率点的左侧输出功率随着电压的增大而增大, 在右侧随着电压的增大而减小, 不同光照强度与环境温度下的 *P-V* 特性曲线如图 2.4 所示。

在相同的温度下, 太阳光照强度越大, 光伏电池的最大输出功率也越大,但是在光强不变时，温度升高会导致最大功率降低。光伏电池的这一特性对太阳能光伏建筑不利，当正午太阳光照强度最大时，电池温度随之升高，电池的输出功率会受到温度的影响。若能降低光伏组件的温度，不仅能提高光伏发电量，还可获得额外的热能，从而提高太阳能的利用率。

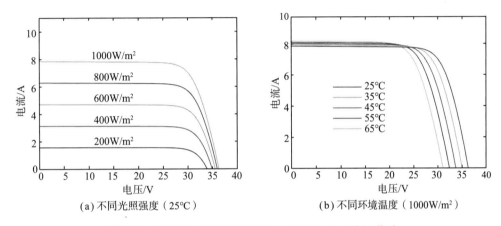

图 2.3 不同光照强度与环境温度下的 *I-V* 特性曲线

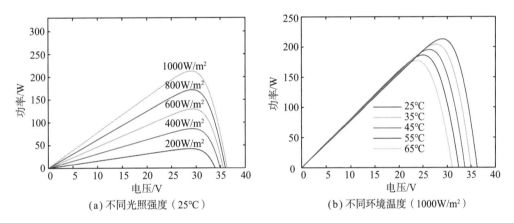

图 2.4 不同光照强度与环境温度下的 *P-V* 特性曲线

2.1.4 太阳能电池分类

太阳能电池按照结构分类，可分为同质结太阳能电池、异质结太阳能电池、肖特基结太阳能电池、多结太阳能电池、液结太阳能电池等；按照材料分类，可分为硅太阳能电池（单晶硅太阳能电池、多晶硅太阳能电池、非晶硅太阳能电池）、化合物半导体太阳能电池、有机半导体太阳能电池等；按照形状分类，可分为块（片）状太阳能电池和薄膜太阳能电池。

光照射在物质上，一部分光会被吸收，一部分光则以反射等方式离开物质，由于硅含量丰富、光导效果好、吸光效果好，所以太阳能光伏电池基本都是以硅为主要原料。

1. 单晶硅太阳能电池

单晶硅太阳能电池是指由单一的结晶、高纯度的单晶硅构成的太阳能电池（图 2.5）。硅在自然界的含量非常丰富，是很好的太阳能光伏电池原料。单晶硅太阳能电池有很高的转化效率，是当前开发得最快的一种太阳能电池。

单晶硅太阳能电池具有以下特点：

（1）高可靠性。发电性能稳定，有约 20 年的耐久性。

（2）高转换效率。单晶硅太阳能电池的转换效率最高约为 24%，在规模化生产中可达到 21%。

（3）价格较高。单晶硅太阳能电池的生产需要花费较多时间及成本，价格高于多晶硅太阳能和薄膜太阳能电池。

2. 多晶硅太阳能电池

多晶硅太阳能电池是以多晶硅材料为基体的光伏电池（图 2.6）。多晶硅太阳能电池优先考虑的是降低成本，其次才是效率。多晶硅太阳能电池降低成本的方式主要有以下三种：

（1）纯化的过程没有将杂质完全去除。

（2）使用较快速的方式让硅结晶。

（3）避免切片造成的浪费。

以上 3 种方式使得多晶硅太阳能电池在制造时间及成本上都比单晶硅太阳能电池少，但这也导致多晶硅太阳能电池的结晶构造较差。

图 2.5 单晶硅太阳能电池

图 2.6 多晶硅太阳能电池

3. 薄膜太阳能电池

太阳能电池按照硅片厚度分类，可分为晶体硅太阳能电池和薄膜太阳能电池两大类，如表 2.2 所示。由于研究开发及各国多种普及推广政策的促进，晶体硅太阳能电池早已达到实用化阶段。自从 20 世纪 80 年代初商业化薄膜太阳能电池进入市场以来，各种薄膜太阳能电池的研发成果及产业化技术不断涌现。

表 2.2 不同种类型的太阳能电池的性能

电池种类		外 观	电池特点	效 率	适用性
晶体硅太阳能电池	单晶硅电池		光电转换效率最高，规模化生产技术比较成熟，稳定性高；刚性、热斑、转化效率衰退	20%~23%	适用于多发电的情况
	多晶硅电池		转换效率略低于单晶硅，技术比较成熟，性能较稳定；刚性、热斑、转化效率衰减	18%~21%	适用于多发电的情况
薄膜类太阳能电池	非晶硅电池		制作工艺比较简单，成本低廉，各项性能指标较好；转化效率低	10%~12%	适用于低成本情况
	铜铟镓硒GIGS电池		制作工艺比较简单，重量轻、成本低，弱光性强，无热斑；生产工艺复杂	14%~20%	适用于低成本的情况
	碲化镉CdTe电池		制作工艺比较简单，成本低，热稳定性好；刚性、有毒	16%~18%	适用于低成本的情况

1）薄膜太阳能电池的优点

（1）生产成本低，材料用量少，制造工艺简单，可连续、大面积、自动化批量生产。

（2）制造过程消耗电力少，能量偿还时间短。

（3）高温性能好，弱光响应好，充电效率高。

（4）不存在内部电路短路问题。

鉴于上述诸多优点，薄膜太阳能电池适用于光伏建筑体一体化（BIPV），可以根据需要制成不同的透光率，代替玻璃幕墙；也可制成以不锈钢或聚合物为衬底的柔性电池，用于建筑物曲面屋顶等处。

2）薄膜太阳能电池的缺点

（1）转换效率偏低。

（2）相同功率所需要太阳能电池的面积增加。

（3）稳定性差。

2.1.5 各类太阳能电池组件

单体太阳能电池不能直接作为电源使用。在实际应用时，按照电性能的要求，将几片或几十片单体太阳能电池串并联起来，经过封装，组成可以单独作为电源使用的最小单元，即太阳能电池组件。太阳能电池阵列，则是由若干个太阳能电池组件串并联组成的发电单元。

太阳能电池组件可按照太阳能电池材料、封装类型、透光度及与建筑物结合的方式来分类，如图 2.7 所示。

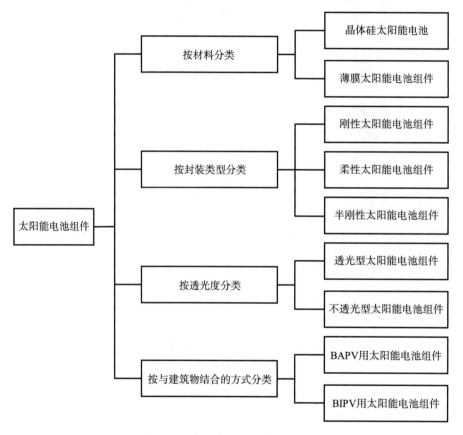

图 2.7 太阳能电池组件的分类

太阳能电池组件是太阳能发电系统中的核心部分，也是太阳能发电系统中最重要的部分，其作用是将太阳能转化为电能。

太阳能电池组件的构成及其功能：

（1）钢化玻璃：用于保护发电主体（如电池片），其选用的要求是透光率必须高。

（2）EVA：用于黏结固定钢化玻璃和发电主体（电池片）。

（3）电池片：用于发电，包括晶体硅太阳能电池片、薄膜太阳能电池片。

（4）背板：用于密封、绝缘和防水，一般质保 25 年。

（5）铝合金：保护层压件，起一定的密封、支撑作用。

（6）接线盒：保护整个发电系统，起到电流中转站的作用。

（7）硅胶：密封作用，用来密封组件与铝合金边框、组件与接线盒交界处。

2.2　太阳能光伏光热的分类及传热模型

太阳能光伏电池的输出功率会随着温度的升高而降低，研究数据显示，温度每上升 1℃，非晶硅太阳能电池的光电转化效率大约降低 0.1%，晶体硅太阳能电池的光电转化效率降低 0.4%。光伏电池接收到的太阳辐射绝大部分都以热量的形式散发了，未能实现能量的高效利用。温度每升高 10℃，光伏电池的老化速率将增加一倍。为了解决这一问题，太阳能光伏光热（PV/T）一体化技术应运而生。

PV/T 一体化技术又称为 PV/T 技术，集合了光伏、光热两种技术。PV/T 技术将流体管道铺设在光伏电池的背面，通过相应的冷却介质将热能带走，在降低光伏电池温度的同时，能够提高发电效率。PV/T 技术实现了太阳能光伏和光热的一体化利用，可同时获得电能与热能。

2.2.1　PV/T集热器的分类

PV/T 一体化系统的核心部件是 PV/T 集热器，该集热器将太阳能电池与热吸收器复合在一起，从而同时输出电能与热能。

PV/T 一体化利用的类型非常多，大致可以从电池种类、聚光形式、冷却方式、集热器结构 4 个方面进行分类，如图 2.8 所示。

不同结构的 PV/T 集热器根据是否有玻璃盖板，还可分为有盖板型和无盖板型。有盖板型 PV/T 集热器热效率、流体出口温度较高；无盖板型 PV/T 集热器的发电效率较高，但流体出口温度较低。

当 PV/T 组件铺设于建筑物之上时，也可根据铺设的位置对 PV/T 一体化系统进行分类，例如 PV/T 屋顶、PV/T 百叶窗、PV/T 幕墙、PV/T 采暖系统、太阳能光伏农业大棚等。

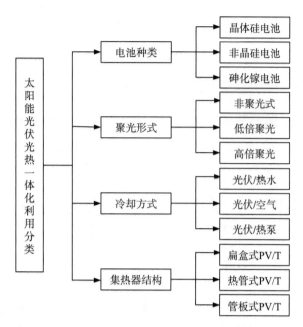

图 2.8 PV/T 一体化利用的分类

　　PV/T 集热器主要是通过相应的介质将光伏组件产生的多余热量带走，在控制光伏电池温度的基础上，提高光伏发电量与太阳能的综合利用效率。

　　根据冷却介质的不同，PV/T 一体化系统分为空冷型 PV/T 系统和水冷型 PV/T 系统。

　　空冷型 PV/T 系统是指将低温空气以强制或自然对流的方式降低光伏电池温度，换热后空气温度上升，从而进一步用于干燥、预热及室内供暖等。空冷型 PV/T 集热器分为单向背面结构、单向表面结构、单向双通道结构、回路循环式结构 4 种不同类型，如图 2.9 所示。

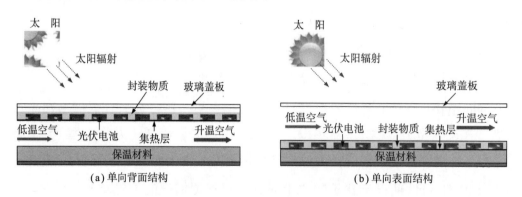

图 2.9 空冷型 PV/T 集热器 4 种不同类型的结构

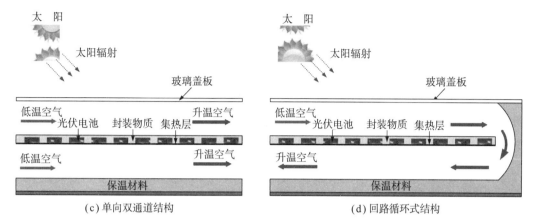

（c）单向双通道结构　　　　　（d）回路循环式结构

续图 2.9

2.2.2　传热模型

空冷型 PV/T 集热器的能量平衡方程主要从玻璃盖板、光伏电池层、吸热板、空气流道以及保温底板等几方面来进行分析。

（1）玻璃盖板能量平衡方程：

$$h_{g}\left(T-T_{c}\right)+h_{cs}\left(T_{s}-T_{c}\right)+h_{cpv}\left(T_{pv}-T_{c}\right)+G\alpha_{g}=0 \tag{2.7}$$

式中，T 为环境温度；T_{c} 为玻璃板温度；T_{s} 为等效天空温度；h_{g} 为对流换热系数；T_{pv} 为光伏电池层温度；G 为太阳辐照强度；α_{g} 为玻璃盖板的吸收率；h_{cs} 为辐射换热系数；h_{cpv} 为对流换热系数之和。h_{g}、h_{cs}、h_{cpv} 分别由下式确定：

$$h_{g}=2.8+3.0u_{a} \tag{2.8}$$

$$h_{cs}=\varepsilon_{c}k\left(T_{s}^{2}+T_{c}^{2}\right)\left(T_{s}+T_{c}\right) \tag{2.9}$$

$$h_{cpv}=h_{1}\left\{\frac{A_{pv}/A_{c}}{1/\varepsilon_{pv}+\left(A_{pv}/A_{c}\right)\left(1/\varepsilon_{c}-1\right)}+\frac{1-\left(A_{pv}/A_{c}\right)}{1/\varepsilon_{TPT}+\left[1-\left(A_{pv}/A_{c}\right)\right]\left(1/\varepsilon_{c}-1\right)}\right\}+\frac{Nu\cdot k_{a}}{\delta_{t}} \tag{2.10}$$

$$h_{1}=k\left(T_{pv}^{2}+T_{c}^{2}\right)\left(T_{pv}+T_{c}\right) \tag{2.11}$$

式中，u_{a} 为环境风速；ε_{c} 为玻璃发射率；k 为波尔兹曼常数；ε_{pv} 为电池发射率；

ε_{TPT} 为黑色 TPT 发射率；Nu 为对流换热努赛尔数；k_a 为空气导热系数，δ_t 为空气夹层厚度。

（2）光伏电池层能量平衡方程：

$$h_{cpv}\left(T_c - T_{pv}\right) + \frac{\left(T_s - T_{pv}\right)}{R_a} + G\tau_{pv} - \zeta E_{pv} = 0 \qquad (2.12)$$

式中，T_s 为吸热板温度；R_a 为吸热板和电池间的热阻；τ_{pv} 为辐照有效吸收率；E_{pv} 为电池输出功率。T_{pv} 和 E_{pv} 分别由下式确定：

$$\tau_{pv} = \frac{\tau_c\left[\left(A_{pv}\cdot\alpha_{pv}\right)/A_c + \left(1 - A_{pv}/A_c\right)\alpha_{TPT}\right]}{1 - \left[1 - \left(A_{pv}\cdot\alpha_{pv}\right)/A_c - \left(1 - A_{pv}/A_c\right)\alpha_{TPT}\right]\rho_c} \qquad (2.13)$$

$$E_{pv} = G\tau_c\eta_f\left[1 - T_r\left(T_{pv} - T_f\right)\right] \qquad (2.14)$$

式中，τ_c 为玻璃盖板透过率；ρ_c 为玻璃盖板的漫反射率；T_f 为标准测试温度（25℃）；η_f 为在 T_f 下的光伏效率；T_r 为光伏电池温度系数。

（3）吸热板能量平衡方程：

$$\frac{\left(T_{pv} - T_s\right)}{R_a} + h_{cb}\left(T_m - T_s\right) + h_{cd}\left(T_b - T_s\right) = 0 \qquad (2.15)$$

式中，T_m 为空气在通风管道内的平均温度；T_b 为保温底板温度；h_{cb} 为吸热板与空气的对流换热系数；h_{cd} 为吸热板与底板的辐射换热系数。

（4）流道内空气能量平衡方程：

$$\frac{mc_a}{w}\cdot\frac{dT_{air}}{dx} = h_{cb}\left(T_s - T_{air}\right) + h_{ca}\left(T_b - T_{air}\right) \qquad (2.16)$$

式中，m 为空气质量流速；c_a 为空气的比热；w 为空气通道的宽度；T_{air} 为空气温度；h_{ca} 为保温底板与空气的对流换热系数。

（5）保温底板能量平衡方程：

$$h_{ca}\left(T_b - T_{fin}\right) + h_{cd}\left(T_s - T_b\right) + u_b\left(T - T_b\right) = 0 \qquad (2.17)$$

式中，u_b 为保温底板对环境的热损，其理论计算公式如下：

$$u_b = 1/\left(\frac{1}{h_g} + \frac{\delta_b}{k_R}\right) \qquad (2.18)$$

式中：k_R 为导热系数；δ_b 为保温层的厚度。

与空冷型 PV/T 集热器不同的是，水冷型 PV/T 集热器使用的冷却物质为水，具有易于操作、无须换热、光学特性良好、易于收集热量等优点。水冷式 PV/T 集热器的结构示意图如图 2.10 所示。

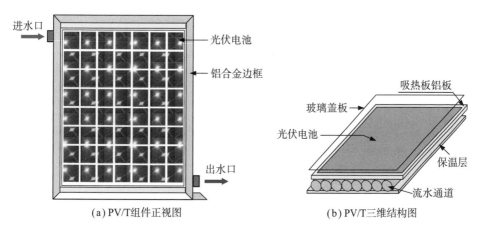

（a）PV/T组件正视图　　　　（b）PV/T三维结构图

图 2.10　水冷式 PV/T 集热器的结构示意图

水冷式 PV/T 集热器在获得电能的同时，还可将水加热到一定的温度，这对于太阳能建筑而言具有十分重要的意义，不仅能提高光伏电池的发电效率，还可为建筑物提供一定的热水供应，社会经济效益和能源综合利用效率比较高。

水冷型铝板层压式 PV/T 集热器的能量平衡方程主要从玻璃盖板、光伏光热层、流水通道中的水、水箱中的水 4 个方面来进行分析。

（1）玻璃盖板能量平衡方程：

$$\delta_c \rho_g C_g \frac{\mathrm{d}T_c}{\mathrm{d}t} = G\alpha_g + \left(h_w + h_{rag}\right)\left(T - T_c\right) + \left(h_{gc} + h_{rgc}\right)\left(T_e - T_c\right) \qquad (2.19)$$

式中：δ_c 为盖板厚度；ρ_g 为盖板密度；C_g 为盖板热容；T_e 为光伏组件温度；h_w 为盖板外表面的热辐射系数；h_{gc} 为盖板与光伏光热板的热对流系数；h_{rag}、h_{rgc} 分别为盖板与周围环境、光伏光热板之间的热辐射系数。

（2）光伏光热板能量平衡方程：

$$\delta_{pv} \rho_c W C_{pv} \frac{\mathrm{d}T_e}{\mathrm{d}t} = WG\alpha_B - E + WG\left(h_{gc} + h_{rgc}\right)\left(T_c - T_e\right) +$$
$$8\pi r h_{cf}\left(T_w - T_e\right) + W\frac{T - T_e}{R_{in}} \qquad (2.20)$$

式中：δ_{pv} 为光伏光热板的厚度；W 为宽度；ρ_c 为密度；C_{pv} 为光伏光热板的比热容；r 为管的内径；R_{in} 为 PV/T 板背部热阻；h_{cf} 为光伏光热板的传热系数；T_w 为排水管中的平均水温；α_B 为光伏光热板的有效吸收率，其计算公式如下：

$$\alpha_B = \frac{\alpha_{pv}\left[(1-\gamma)/(1+\gamma)\right]e^{-\lambda_1\delta_c/\cos\theta_2}}{1-(1-\alpha_{pv})\cdot\gamma} \tag{2.21}$$

$$\gamma = \frac{1}{2}\left[\frac{\sin^2(\theta_2-\theta_1)}{\sin^2(\theta_2+\theta_1)} + \frac{\tan^2(\theta_2-\theta_1)}{\tan^2(\theta_2+\theta_1)}\right] \tag{2.22}$$

式中，α_{pv} 为光伏光热板的吸收率；λ_1 为阳光在玻璃中的衰减系数；θ_1 为太阳入射角；θ_2 为折射角。

（3）流水通道中水的能量平衡方程：

$$\pi\left(\frac{r}{2}\right)^2\rho_w C_w\frac{\partial T_w}{\partial t} = \pi r h_{cf}(T_e - T_w) - m_w C_w\frac{\partial T_w}{\partial y} \tag{2.23}$$

式中，ρ_w 为水的密度；C_w 为水的比热容；m_w 为水的质量流速。

（4）水箱中水的能量平衡方程：

$$M_t C_w\frac{dT_w}{dt} = N m_w(T_{in} - T_{out}) + A_t h_t(T - T_t) \tag{2.24}$$

式中，M_t 为水箱的容水量；A_t 为接触面积；N 为排水管的根数；h_t 为水箱的传热系数；T_t 为水箱中的水温。

2.3 分布式光伏发电系统

光伏发电分为集中式光伏发电和分布式光伏发电，集中式光伏发电主要应用于大型光伏电站，装机容量大，并网电压等级高，通过中高压输配电网络，经电网统一电力调度分配向用户所在地区输送电能；分布式光伏发电靠近用户侧，遵循因地制宜、就近建设、就近消纳的原则，可以直接并网接入所在的配电网络中，形成多样的能源互补体系，无须远距离输电，是光伏发电向多样化应用和商业化发展的主要形式。

分布式光伏发电系统示意图如图 2.11 所示。

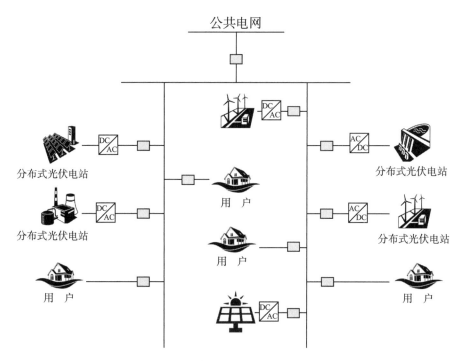

图 2.11 分布式光伏发电系统示意图

分布式光伏发电系统能够较好地与建筑结合，减少土地成本，利用建筑屋面作为光伏组件的铺设场所，以自身结构作为载重支撑与分布式光伏系统有机融合：建筑从原先的负荷向源荷转变，功能得到了良好的提升，外观得到了进一步扩展，不断向功能性与艺术性相结合的方向前进，符合市场对实用性和艺术审美的诉求，提高建筑与环境相协调的整体性，为光伏发电提供广阔的应用空间。

分布式光伏发电系统主要由光伏阵列、直流汇流箱、光伏并网逆变器等主要核心部分组成。光伏阵列产生的直流电流经由直流汇流箱进行汇总，再由逆变器进行直流 – 交流（DC-AC）转换，变为能与公共电网的电压和频率匹配的交流电。

2.3.1 分布式光伏发电的优劣势

1. 分布式光伏发电的优势

（1）输出功率相对小，规模可灵活调整。分布式光伏发电项目的容量在数kW 至数 MW 之间，输出功率小于大型地面光伏发电站；可根据屋顶面积与建设条件等因素调整光伏发电系统的容量；安装方式灵活，适合在耗能集中区域。

（2）项目污染少，环保效益突出。分布式光伏发电在发电的过程中没有污染和噪声，也不会对空气和水造成污染，适合在宜居的城市、偏远地区发展，也是防治雾霾和实现节能减排目标的有效手段之一。

（3）发电与用电并存，输电线路线损少。分布式光伏发电是接入配电网，直接发直接用，大部分能就地消纳。因不需要长距离输送，因此不存在线损，且直接在配电网消纳利用率普遍高于地面光伏发电站。

（4）靠近负荷中心，对电网影响不大。分布式光伏发电站一般分布在中、东部负荷中心区域，直接售电给大型工商业用户、住宅等，不需长距离输送，节约电网成本，规模比地面并网光伏发电站小，对电网的频率、电压波动影响有限。

（5）节约土地资源与开发成本。分布式光伏发电项目可利用闲散屋顶、厂房。同时，在大型工商企业用电需求日益增长的背景下，业主具有建设分布式光伏发电站的积极性，项目开发成本一般低于大型并网光伏发电站。

2．分布式光伏发电的劣势

（1）参与主体较多，不确定因素增加。

（2）电费结算效率较低。

2.3.2　并网型光伏发电蓄电池组设计

1．负荷确定

在设计过程中的某些节点，有必要确定系统所要求的待机负荷，这需要列出在待机情况下业主希望的所有负荷列表。

需要考虑的一个重要因素是列表中是否有240V的待机负荷。有些逆变器可以提供单相120/240V的输出电压，有些逆变器却只能输出单相120V电压，除非与第二台逆变器"叠加"使用。设计者除了考虑总功率要求和总能源需求外，还要考虑负荷和备用电源如何连接来适当平衡负荷。

2．蓄电池定容

蓄电池的容量取决于预期的待机负荷日耗电量和储能天数需求。确定了这两个条件后，如果发现选取的蓄电池远超过预算或是没有足够的空间放置蓄电池，则有可能要重新规划。

3．逆变器定容

逆变器容量取决于预期的待机负荷最大瞬时功率要求和是否存在240V负

荷。同时逆变器的选择也受到某些细微准则的影响，例如负荷是一个 120/240V 单相供电的单相负荷，一个三相供电的 120V 或 208V 单相负荷，或是一个三相供电的三相负荷。

另外，还需要确定使用交流耦合式逆变器，还是直流耦合式逆变器。这可基于经济效益、系统性能需求、系统结构需求或可用的电力服务做出决定。

4. 光伏阵列定容

当待机负荷和蓄电池容量确定后，光伏阵列的设计必须考虑在失去电网时，能够为待机负荷的运行提供足够的日用电量。

为光伏阵列确定恰当的容量，还要考虑到加上蓄电池充放电过程产生的损耗。通常先估计所有可能的损耗因素，然后计算总损耗占系统的百分比，用来合理设计阵列容量。典型的损耗因素包括：

（1）阵列温度和失配损耗：通常最坏情况约为 15%。

（2）系统线缆的损失：通常最坏情况下整体约为 4%。

（3）逆变器损耗：通常最差约为 6%，取决于交流耦合或直流耦合。

（4）蓄电池充放电损耗：通常整体估计为 10%。

（5）充电控制器损耗：通常为 2% ~ 4%。

应注意，光伏阵列必须分散连接到电源支路，其输出电压应处在充电控制器输入电压范围之内，充电控制器的电流极限最好落在最大运行效率点附近。

2.3.3 光伏发电系统的运行维护

1. 日常维护

光伏发电系统运行管理人员应具备必要的专业知识和高度的责任心，每天观察光伏发电系统运行情况。

（1）方阵观察：观察方阵表面是否清洁，及时清除灰尘和污垢等。

（2）设备巡检：注意所有设备的外观锈蚀、损坏等，检查外露的导线有无绝缘老化等情况。

（3）蓄电池维护：观察蓄电池充、放电状态，在维护蓄电池时，防止人身事故和蓄电池短路。

2．定期检查

除了日常维护以外，还需要专业人员进行定期检查：

（1）检查、了解运行记录，分析光伏系统的运行情况等。

（2）外观检查和设备内部的检查，主要涉及活动和连接部分、导线等。

（3）对于逆变器应定期清洁冷却风扇并检查是否正常，定期清除机内的灰尘，检查各端子螺钉是否紧固，检查有无过热后留下的痕迹及损坏的器件，检查电线是否老化。

（4）定期检查和保持蓄电池电解液相对密度，及时更换损坏的蓄电池。

（5）采用红外探测的方法对光伏方阵等进行检查，找出异常发热和故障点，并及时解决。

2.4　智能电网与微电网

2.4.1　智能电网

智能电网是一个高度自动化的和广泛分布的能量交换网络，其特点是电力流和信息流的双向流动。智能电网主要解决三个方面的互动问题：

（1）电网与电源的互动问题，即规模化可再生电源及分布式电源的电网友好接入，实现可再生电源的高效消纳与资源利用最大化。

（2）电网与用户的友好互动问题，即通过电网与用户间双方需求的智能响应，实现电力负荷平移、削峰填谷，提高电网资产的利用率和用户的用能效率及经济性。

（3）电网与电动车的友好互动问题，电动车既是移动负荷又是移动储能设备，通过两者信息的智能交互实现双方能量流的友好互动，既要发挥电动车可平移负荷优化电网负荷曲线、关键时通过放电支持电网稳定及持续供电的特征，又要体现出电动车使用的便利性和经济性，这些过程要由电网和电动车间智能、自动地实现而不需要人们过多参与其中。

中国发展智能电网的主要战略目标是：解决大规模集中式风电、太阳能电站的电网接入问题；解决高密度光伏电源的多点友好接入、光伏及各种分布式电源的并网与"即插即用"问题；解决大规模电动车推广使用后的能量供应与网车互动问题；提高新电源布局下大区互联电网的安全稳定性和运行效率；构建清洁、低碳、可持续的能源供应和用能体系，建立新型的能源消费模式。

1. 智能电网主要技术

智能电网技术包括高级测量体系（AMI）、高级配电运行（ADO）、高级输电运行（ATO）和高级资产管理（AAM），其中 AMI 的主要功能是建立电网与负荷的联系，ADO 使电网实现自愈功能，ATO 用于大范围电力调配，AAM 与 AMI、ADO 和 ATO 的集成应用将有效提升电网资产的利用率。

（1）AMI：建立系统与负荷的联系，使用户能够参与电网的运行。

（2）ADO：使电网可自愈。为了实现自愈，电网应具有灵活的可重构的配电网络拓扑和实时监视分析系统状态的能力。

（3）ATO：强调阻塞管理，降低大规模停运的风险。

（4）AAM：依据电网中设备的运行参数和"健康"状况，优化资产使用运行维护、工作与资源管理。

图 2.12 为智能电网技术一种，包括大电网安全稳定、新能源消纳、电力资源管理和智能化运维、新型负荷的感知和预测。

图 2.12 智能电网技术的组成

2. 支撑智能电网的技术

（1）高度集成的通信系统。

（2）系统快速仿真与模拟。

（3）先进电网设备技术。

（4）先进传感和测量技术。

（5）先进监控技术与控制理论。

（6）各类电网友好型可再生电源、储能设备、分布电源技术。

3. 智能电网八大特征

（1）智能电网是自愈电网。

（2）智能电网激励和包容用户。

（3）智能电网具有抵御攻击的能力。

（4）智能电网提供满足用户需求的电能质量。

（5）智能电网容许各种不同类型发电和储能系统接入。

（6）智能电网会促使电力市场蓬勃发展。

（7）智能电网使运行更加高效。

（8）智能电网高速通信在线监测。

2.4.2 微电网

1. 微电网的定义

分布式可再生能源发电由于靠近用户侧直接供能且便于实现多种能源形式的互补而越来越受到重视。

限制分布式可再生能源在电力系统的接入规模和运行效率的因素有以下两点：

（1）分布式可再生能源大量接入产生的间歇性和波动性会对电网运行和电力交易造成直接的冲击，影响电力系统的安全性和稳定性。

（2）大量不受控的分布式能源发电并网会造成电力系统不可控和缺乏管理的局面。

为整合分布式发电优势，降低分布式可再生能源对电网的冲击和负面影响，美国电力可靠性技术协会（CERTS）提出了微电网（Micro-Grid）的概念。微电网是指由分布式能源、能量变换装置、负荷、监控和保护装置等汇集而成的小型发配电系统，是一个能够实现自我控制和管理的自治系统。

微电网可以看作小型的电力系统，它具备完整的发电和配电功能，可以有效实现网内的能量优化。随着智能电网的建设和发展，相应提出了具备灵活性、高效性和智能化等特征的智能微电网的概念。智能微电网的提出旨在实现中低压配电系统层面上分布式能源的灵活、高效应用，解决数量庞大、形式多样的分布式能源无缝接入和并网运行时的主要问题，同时具备一定的能量管理功能，有效降低系统运行人员的调度难度，并提升可再生能源的接入能力。按照是否与常规电网连接，微电网分为联网型微电网和独立型微电网。微电网示意图如图 2.13 所示。

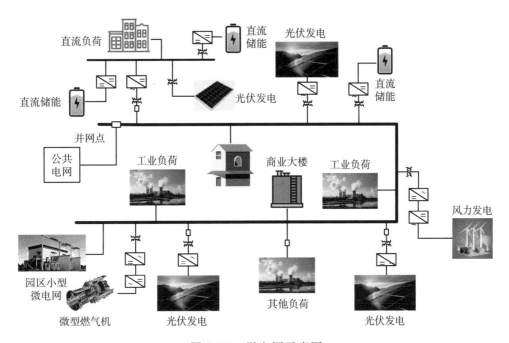

图 2.13 微电网示意图

微电网具有如下优点：

（1）有利于提高配电网对分布式能源的接纳能力。

（2）可有效提高分布式可再生能源的利用率，并根据需求提供相应电能质量的服务。

（3）可降低配电网损耗，优化配电网运行方式。

（4）可在电网故障状态下保证关键负荷供电，提高供电的可靠性。

（5）可用于解决偏远地区、荒漠或海岛的用电问题。

2. 微电网的关键技术

（1）储能关键技术。储能是微电网中重要部分，在微电网中能够起到削峰填谷的作用,可提高间歇式能源的利用效率。现在的储能主要有蓄电池储能、飞轮储能、超导磁储能、超级电容器储能等,储能的目标是实现"低成本 + 高储能"。

(2)智能微电网能量优化调度技术。与传统电网调度系统不同,智能微电网调度系统属于横向的多种能源互补的优化调度技术,可以充分挖掘和利用不同能源直接的互补替代性,不仅可以实现热、电、冷的输出,同时可以实现光/电、热/冷、风/电、直/交流的能源交换。各类能源在源 – 储 – 荷各环节的分层实现有序梯级优化调度,达到能源利用效率最优。

(3)智能微电网保护控制技术。智能微电网中有多个电源和多处负荷,负载的变化、电源的波动,都需要通过储能系统或外部电网进行调节控制。这些电源的调节、切换和控制就是由微电网控制中心来完成的。微电网控制中心除了监控每个新能源发电系统、储能系统和负载的电力参数、开关状态和电力质量与能量参数外,还要进行节能和电力质量的提高。

2.5 建筑一体化光伏构件与性能要求

2.5.1 建筑一体化光伏构件类型

光伏建筑一体化(building integrated photovoltaics,BIPV),是光伏发电设备作为建筑材料或构件,在建筑上应用的形式[1]。BIPV组件既可以进行光伏发电,又可以作为建筑物本身的材料起到建筑材料的作用,从而为整个建筑提供能源,减少能源消耗,并且还可以降低建筑整体的建造成本。BIPV组件作为建筑围护结构和光伏组件的结合产品,要满足对应建筑围护构件的防水、隔声、遮阳、采光、耐火性、隔热等性能要求。

BIPV组件按照结构和用途可以划分为普通光伏组件、夹层玻璃光伏组件、中空玻璃光伏组件、瓦式光伏组件等,各类组件适用范围如表 2.3 所示。

1. 普通光伏组件

普通光伏组件是规则的矩形,包括边框、面板、EVA、太阳能电池、背板和接线盒等,其典型结构图和实物图如图 2.14 和图 2.15 所示。边框多为铝合金,可缓解组件侧面受到的冲击,并组织电路布线。面板材料则需要有较高的透射

---

1)GB/T 51368-2019《建筑光伏系统应用技术标准》。

率，一般采用 3 ～ 4mm 厚的钢化玻璃，背板通常采用浅色的塑料或金属薄板。接线盒是光伏组件电路控制的重要部件，通常安装在组件背面。

表 2.3 BIPV 组件类型及适用范围

适用范围 \ 组件类型	普通光伏组件	夹层玻璃光伏组件	中空玻璃光伏组件	瓦式光伏组件
墙 体	√			
幕 墙	√	√	√	
门 窗		√	√	
屋 面	√			√
采光顶		√	√	
阳 台	√		√	
护 栏	√	√	√	
雨 篷	√	√	√	
遮 阳	√			

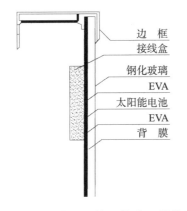

图 2.14 普通光伏组件典型结构图

边 框
接线盒
钢化玻璃
EVA
太阳能电池
EVA
背 膜

图 2.15 普通光伏组件实物图

2. 夹层玻璃光伏组件

夹层玻璃组件又称为钢化玻璃组件，其整体构件是由两片或多片玻璃、中间复合太阳能电池片组成复合层，电池片之间由导线串联或并联汇集引线端。由于夹层玻璃组件的玻璃片必须是钢化玻璃，向光的一面必须是超白钢化玻璃。玻璃片中的电池片可以是单晶硅、多晶硅、非晶硅的一种。中间的胶片可以是 EVA（乙烯 – 醋酸乙烯共聚物）或者 PVB（聚乙烯醇缩丁醛树脂）。夹层玻璃光伏组件典型结构图和实物图如图 2.16 和图 2.17 所示。

3. 中空玻璃光伏组件

中空玻璃的结构是两片或两片以上的玻璃组合，玻璃与玻璃之间保持一定的间隔，间隔中是干燥的空气，周边用密封材料包裹。当光伏组件和中空玻璃

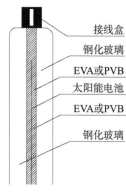

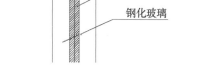

图2.16　夹层玻璃光伏组件典型结构图　　　图2.17　夹层玻璃光伏组件实物图

胶片（PVB 或 EVA）结合时，主要基本形式是将钢化玻璃夹层结构整体作为一块玻璃，然后和另一块玻璃组合成钢化玻璃（双玻夹层结构）——超白玻璃中空结构，晶体硅或者非晶硅电池片放置在中空玻璃的空腔内，电池片之间由导线串联或并联汇集引线端通过间隔条和密封胶引出，中空玻璃光伏组件典型结构图和实物图如图2.18、图2.19所示。

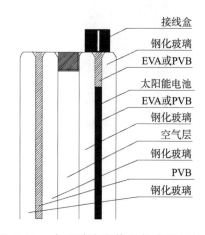

图2.18　中空玻璃光伏组件典型结构图　　　图2.19　中空玻璃光伏组件实物图

4. 瓦式光伏组件

光伏瓦由上盖板曲面玻璃 + 光伏黏结层 + 电池片 + 光伏黏结层 + 下盖板组成，光伏电池常采用柔性晶体硅太阳能电池，其典型结构图和实物图如图2.20、图2.21所示。瓦式光伏组件可与建筑坡屋面完美融合，在拥有发电能力的同时，其使用寿命、抗压性、防水性、抗冲击性、隔热性等均高于传统瓦片性能。

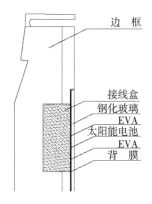

图 2.20 瓦式光伏组件典型结构图   图 2.21 瓦式光伏组件实物图

2.5.2 建筑一体化光伏构件性能要求

对于光伏构件的性能要求，通常从 BIPV 组件作为建筑材料所必须具备的建材特性进行分析，比如光伏组件的机械强度、防水防火性能、抗风揭性能、降噪性能等，此外还应关注 BIPV 组件的隔热性能、测试光源光谱的差异、发电性能等方面。

1. 安全性要求

光伏构件的安装应满足建筑材料的使用功能和耐久性要求，光伏组件自身的通电特性带来的安全隐患应有相应的防范措施。

2. 防火防水性能要求

光伏组件应用在建筑上，需要关注其防火防水性能。我国关于光伏组件防火性能测试采用的标准是 IEC 61730-2-2016《光伏组件安全规范—第 2 部分，测试要求》，但是光伏组件应用于建筑上时是远不够的，最终的光伏组件性能评价需要采用最为严苛的标准进行衡量，比如 GB 8624《建筑材料及制品燃烧性能分级》和 GB 50016《建筑设计防火规范》等一些常用的建筑防火相关标准，除此之外要考虑组件发电的阴影遮挡热斑效应。

防水要求依据工程类别和工程防水使用环境类别进行分级，应满足 GB 55030《建筑与市政工程防水通用规范》中的相关要求。

3. 机械强度与抗风揭要求

抗风揭性能是建筑维护结构的重要指标，抗风能力应符合 GB 50345《屋面工程技术规范》、GB 50693《坡屋面工程技术规范》、GB 50896《压型金属板应用技术规范》等规范中的相关要求。

4.测试光源光谱的要求

光伏构件光源光谱应满足 IEC 60904-9-2007《光电器件第 9 部分：太阳模拟器的性能要求》中有相关光谱测试的规定。

5.隔热性能要求

BIPV 组件的隔热性能测试主要是采用 ISO10077-1-2017《门、窗和百叶窗热性能传热系数的计算》中的测试方法。

2.6 太阳能光伏与建筑一体化主要形式

2.6.1 光伏建筑一体化主要形式

光伏建筑一体化是光伏系统与建筑物同时设计、同时施工和安装并与建筑物形成完美结合的一种应用形式，也称为"建材型"和"构件型"太阳能光伏建筑，如图 2.22 所示

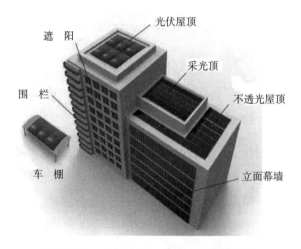

图 2.22 光伏建筑一体化形式示意图

光伏建筑一体化应用的形式和特点如表 2.4 和表 2.5 所示。

建材型光伏建筑其光伏组件作为建筑材料和建筑构件等，充当屋面、墙面材料等，具有保温、防水、隔断、隔音等功能，其主要形式为光伏瓦、光伏砖、光伏幕墙、光伏采光顶、光伏停车棚等。

构件型光伏建筑其光伏组件与建筑构件结合，兼顾建筑造型、建筑功能需求、安全和美观，主要形式为光伏雨棚、光伏遮阳板等。

表 2.4 光伏建筑一体化主要形式

编　号	图　示	组件安装形式
A		PV 组件与斜屋面一体型，不能从建筑内部到达。为防止大块玻璃掉落，在 PV 组件下部设置挡板，以 0 ~ 75° 的角度安装在建筑外表皮上
B		PV 组件与斜屋面一体型，可以从建筑内部到达。PV 组件以 0 ~ 75° 的角度安装在建筑外表皮上
C		PV 组件安装在垂直表面上，不能从建筑内部到达。为防止大块玻璃掉落，在 PV 组件后方设置挡板，以 75° ~ 90° 的角度安装在建筑外表皮上
D		PV 组件安装在垂直表面上，可以从建筑内部到达。PV 组件以 75° ~ 90° 的角度安装在建筑外表皮上
E		从建筑内外部整合，PV 组件安装在建筑物外表皮（如阳台、扶手、百叶窗、遮阳板、格栅等）的外侧，形成一个附加的功能层

表 2.5 光伏建筑一体化主要特点

类　型	应用形式	光伏组件	建筑要求
建材型	光伏屋顶	光伏瓦	建筑效果、结构强度、遮风挡雨
	光伏采光顶（天窗）	透明玻璃组件	建筑效果、结构强度、采光及遮风挡雨
	光伏幕墙（透明）	透明玻璃组件	建筑效果、结构强度、采光及遮风挡雨
	光伏幕墙（非透明）	不透明玻璃组件	建筑效果、结构强度、遮风挡雨
构件型	光伏遮阳板（采光）	透明玻璃组件	建筑效果、结构强度、采光
	光伏遮阳板（非采光）	不透明玻璃组件	建筑效果、结构强度

2.6.2 建筑一体化光伏构件形式

太阳能建筑一体化离不开相应组件加持，常州上市公司亚玛顿在光伏玻璃镀膜等相关方面做了大量工作，主要有彩色光伏组件、光伏瓦屋顶、AG 防眩光产品、大棚透光组件、超轻组件、大棚透光组件等 BIPV 主力产品。亚玛顿主要 BIPV 产品及应用场景如图 2.23 所示。

(a) 多彩产品——彩色光伏组件

(b) 低碳顶——工商业屋顶一体化解决方案

(c) 光伏幕墙——建筑立面发电场景

(d) 光伏瓦屋顶——AG美学别墅场景

(e) AG防眩光产品——减少光污染

(f) 构件式防水阳光房——透光，发电，防水，隔热

(g) 大棚透光组件——透光率可定制

(h) 超轻组件——1.1mm化钢产品，每平米重量4.5kg

图 2.23 亚玛顿主要 BIPV 产品及应用场景

从光伏方阵与建筑墙面、屋顶的结合来看，主要有屋顶光伏电站和墙面光伏电站；而从光伏组件与建筑的集成来讲，主要有光伏幕墙、光伏屋顶等形式。

光伏建筑一体化的结构特点大致如下：

（1）横向和竖向框架不显露于幕墙玻璃外表面。玻璃分格间看不到"骨骼"

和窗框，仅可见打胶胶缝或安装缝。全玻组件的安装固定主要靠结构胶的黏接实现。幕墙整体表现出美观的平面，外观统一、新颖，通透感较强，整体表现出一种简洁明快的格调。

（2）横向和竖向框架均显露于幕墙玻璃外表面。玻璃分格间可以看到"骨骼"和窗框，幕墙平面表现为矩形分格。全玻组件的安装固定主要靠结构胶的黏接和构件压接实现。幕墙整体表现出明显的层次感，太阳能电池组件与龙骨型材互为装饰，表现出一种建筑美学。

（3）全玻组件通过支撑装置固定于支承结构上。强化玻璃四角开孔，穿装螺栓固定，螺栓与玻璃表面平齐，使内外流通、融合。全玻组件的安装固定主要固定于支承结构的驳接件穿装，全玻组件间通过结构胶黏接完成。没有框架结构，只有拉杆、绳索等简单结构，室内明亮开阔，通透感极强，适用于大型建筑和建筑物的大堂顶部或入口等。

（4）平屋顶和楼顶。这种属于半建筑结合应用方式，在屋顶采用生根或不生根筑起水泥条或水泥带，并在其中预埋地脚螺栓用于固定组件支架。从发电角度看，平屋顶经济性是最好的。按照最佳角度安装，可以获得最大发电量；采用标准光伏组件，具有最佳性能；利用南向斜屋顶与顶楼类似，具有较好经济性。

（5）光伏天棚。光伏天棚要求透明组件，组件效率较低，除发电和透明外，天棚构件要满足力学、美学、结构连接等建筑方面要求。

（6）光伏幕墙：

① 安装方便。BIPV幕墙施工手段灵活，主体结构适应能力强，工艺成熟，是目前采用最多的结构形式。

② 寿命长。国内玻璃幕墙规范也明确提出"应用PVB"的规定。BIPV光伏组件采用PVB代替EVA能达到更长的使用寿命。

本章习题

（1）什么是光伏组件？光伏组件如何分类？

（2）太阳能建筑一体化包括哪些内容？

（3）什么是微电网？微电网由哪些部分组成？

（4）单晶硅、多晶硅、薄膜太阳能电池区别有哪些？具体应用场景有什么不同？

（5）光伏发电站是否需要电蓄电池组？之间的关系如何？

第3章 光伏并网发电系统

本章主要介绍光伏并网发电系统分类、分布式发电供能系统、光伏并网逆变器及控制策略、最大功率点跟踪技术、孤岛效应、光伏汇流装置、光伏发电监控系统与光伏组件故障检测、光伏发电系统防雷与接地设计等。

3.1 光伏并网发电系统分类

光伏发电目前主流的应用方式是通过光伏并网控制逆变器与当地电网相连接，光伏阵列所发电量可通过电网进行电能再分配，供调峰电力。光伏发电系统按是否与公共电网连接分为光伏并网发电系统和独立光伏发电系统。

光伏并网发电系统根据不同的系统结构、使用目的等可分为有逆流（电能反送回电网）型、无逆流（电能不反送回电力系统）型、切换型、直（交）流型、混合型及地域型，如图 3.1 所示。

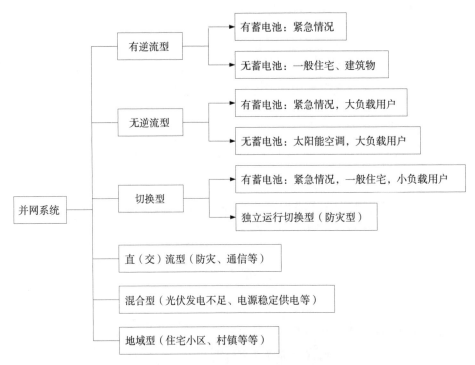

图 3.1 光伏并网发电系统的主要类型

1．有逆流型光伏并网发电系统

如图 3.2 所示，太阳能光伏阵列的电力供给负载后若有剩余电量，则流向电力系统，该系统称为有逆流型光伏并网发电系统。对于有逆流型光伏并网发电系统，电量除满足本地负载外，剩余电量并入电力系统，因此可以充分发挥太阳能光伏阵列的发电能力，并使电能得到充分应用。当太阳能光伏阵列所发电量不能满足本地负载的需要时，可从电力系统得到电能。有逆流型光伏并网发电系统可广泛应用于家庭、工厂等场合。

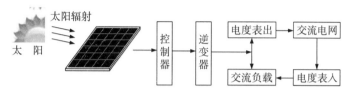

图 3.2　有逆流型光伏并网发电系统

在光伏并网发电系统中一般省去储能蓄电池，这可节省投资，使整个系统的成本大大降低，有利于光伏发电系统的推广和普及。目前，这种不带蓄电池、有逆流型光伏并网发电系统在住宅、屋顶等光伏发电系统中正得到越来越广泛的应用。

2．无逆流型光伏并网发电系统

如图 3.3 所示，太阳能光伏阵列的电力供给负载使用，即使有剩余电量也不流向电力系统，该系统称为无逆流型光伏并网发电系统。在该系统中，若太阳能光伏阵列的电力不能满足负载的需要时，可从电力系统获得电力来进行补充。

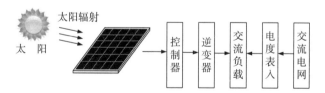

图 3.3　无逆流型光伏并网发电系统

3．切换型光伏并网发电系统

切换型光伏并网发电系统可分为普通切换型光伏并网发电系统、标准型与自运行切换型并网系统，后者主要用于防灾等情况。

（1）普通切换型光伏并网发电系统。图 3.4 是普通切换型光伏并网发电系统示意图，该系统主要由太阳能光伏阵列、蓄电池、逆变器、切换器及交流负载等构成。在正常情况下,光伏发电系统与电力系统分离,光伏发电系统直接向负载供电,当日照强度不足、夜间、阴雨天或蓄电池电量不足时,切换器自动切向电力系统,由电力系统直接向负载供电。这种光伏发电系统的特点是可以设计较小容量的蓄电池,以便节省投资。

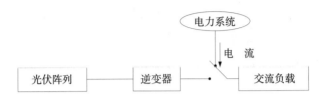

图3.4 普通切换型光伏并网发电系统

(2)标准型与自运行切换型并网系统。如图3.5所示,具有自动运行双向切换的功能,当光伏发电系统因多云、阴雨天及自身故障等导致发电量不足时,切换器能自动切换到电网供电一侧,由电网向负载供电;当电网因为某种原因突然停电时,光伏系统可以自动切换使电网与光伏系统分离,成为独立光伏发电系统工作状态。有些切换型光伏发电系统还可以在需要时断开为一般负载的供电,接通对应急负载的供电。标准型与自运行切换型并网系统一般都带有储能装置。

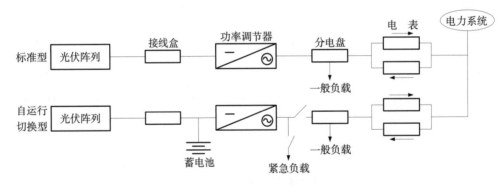

图3.5 标准型与自运行切换型并网系统

4. 直(交)流型光伏并网发电系统

由于某些通信设备等的电源为直流电源,因此,光伏发电系统所产生的直流电能可以直接提供给相关直流设备使用。同时为了提高供电的可靠性,光伏发电系统常与电力系统并用。图3.6(a)为直流型光伏并网发电系统;图3.6(b)为交流型光伏并网发电系统,该系统为交流负载提供电能。

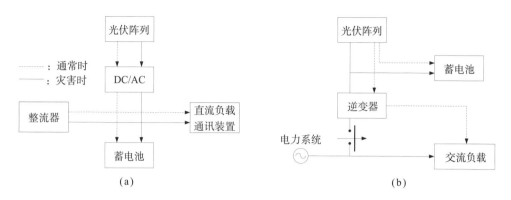

图 3.6 直（交）流型光伏并网发电系统

5. 混合型光伏并网发电系统

将光伏发电系统与其他发电系统（如风力发电系统、燃料电池系统等）组合而成的新型发电系统称为混合型光伏并网发电系统，利用不同发电系统的特性与光伏发电系统互补，可提高光伏发电的电力输出稳定性。

（1）风光互补型并网发电系统。光伏发电、风力发电的电能不通过蓄电池储能，而是直接通过逆变器与电力系统并网，一般称这种系统为风光互补型并网发电系统。图 3.7 为风光互补型并网发电系统的示意图，在该系统中，利用风力发电与光伏发电的输出互补性，负载优先使用风力发电和光伏发电所产生的新能源电能，当供电不足时由电力系统补充供电，而当风力发电和光伏发电的能量除满足负载外还有剩余时，剩余部分则通过并网装置将该部分电能送往电力系统。

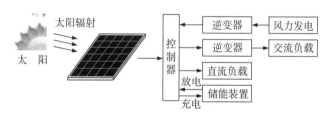

图 3.7 风光互补型并网发电系统示意图

（2）有储能的光伏并网发电系统。典型的有储能的光伏并网发电系统如图 3.8 所示。这种系统可根据需要随时将光伏发电系统并入和退出电网，可调

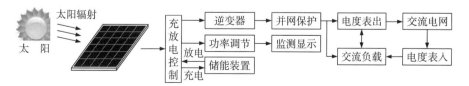

图 3.8 有储能的光伏并网发电系统

度性高，当电网出现停电、限电或者发生故障时，光伏系统可独立运行，保证负载正常用电，因此该系统可用于不间断电源系统。

6.地域型光伏并网发电系统

地域型光伏并网发电系统结构如图 3.9 所示。该系统主要由太阳能电池、功率调节器（含并网逆变功能）、负载等组成。其特点是各个光伏发电系统分别与电力系统配电网直接连接，各个子系统的电量除满足本地负载外，剩余电量直接送往电力系统，而当各负载所需电能不足时，直接从电力系统获得电能。

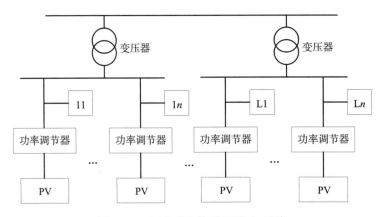

图 3.9　地域型光伏并网发电系统

3.2　分布式发电供能系统

近年来，分布式发电供能系统得到快速发展。分布式发电采用就地能源，可以实现分区分片灵活供电，通过合理的规划设计，在灾难性事件发生导致大电网瓦解的情况下，可以保证对配电网内重要负荷的供电，并有助于大电网快速恢复供电，降低大电网停电造成的社会经济损失。另外，分布式发电供能系统与大电网并网运行，有助于克服一些分布式电源的间歇性给用户负荷造成的影响，提高系统供电的电能质量。

分布式光伏并网发电系统特指采用光伏组件，将太阳能直接转换为电能的分布式发电系统。它是一种新型的、具有广阔发展前景的发电和能源综合利用的方式，倡导就近发电、就近并网、就近转换、就近使用的原则，不仅能够有效提高同等规模光伏电站的发电量，同时还有效解决了电力在升压及长途运输中的损耗问题。目前应用最为广泛的分布式光伏发电系统是建在城市建筑物屋顶的光伏发电项目。该类项目应接入公共电网，与公共电网一起为附近的用户供电。

IEEE1547 技术标准中将分布式电源的定义为：通过公共连接点与区域电网并网的发电系统（公共连接点一般指电力系统与电力负荷的分界点）。并网运行的分布式发电系统在电网中的形式如图 3.10 所示。

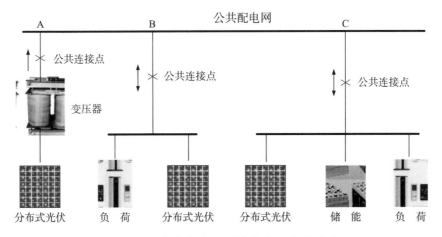

图 3.10　分布式发电系统在电网中的形式

形式 A：光伏系统直接通过变压器并入公共配电网，并为该区域内的负荷供电。

形式 B：光伏系统在用户侧并网，不带储能系统，不能脱网运行，国内绝大部分的建筑光伏系统属于此种类型。

形式 C：光伏系统在低压用户侧并网，带储能系统，可以脱网运行，这种形式就是"联网微电网"，该类型目前国内应用很少。

分布式光伏发电系统结构如图 3.11 所示。

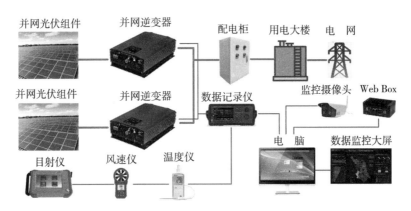

图 3.11　分布式光伏发电系统结构示意图

分布式光伏项目并网流程：分布式光伏项目业主在准备好相关资料后，向电网公司地市或县级客户服务中心提出接入申请，客户服务中心协助项目业主填写接入申请表；接入申请受理后在电网公司承诺时限内，客户中心将通知项目业主确认接入系统方案。

3.3   光伏并网逆变器及控制策略

3.3.1   光伏并网逆变器的分类

光伏并网逆变器常用的结构有单级结构和两级结构，并且以两级式居多。

（1）单级式并网逆变器如图3.12所示，该结构只有一个功率变换器，不仅要具有并网逆变功能，还要有升压功能和最大功率点跟踪功能，所以该结构包含有变压器。这种结构的优点是设备体积小，能量损耗少，转换效率高，成本造价低。但是因为功能集成程度高，所以结构设计复杂，控制困难。

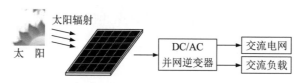

图3.12   单级式并网逆变器

（2）两级式并网逆变器结构如图3.13所示，是目前光伏并网发电系统采用最多的结构。第一级为Boost变换器，第二级为DC/AC并网逆变器。

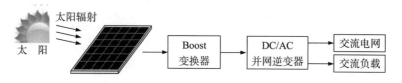

图3.13   两级式并网逆变器

3.3.2   光伏并网逆变器的拓扑结构

光伏并网逆变器是并网系统中的能量转化与控制的核心装置，是将太阳能光伏阵列输出的直流电转换成符合并网要求的交流电的重要设备。光伏并网逆变器的性能好坏直接影响和决定整个并网系统是否能够安全、可靠、稳定、高效地运行，同时也影响整个光伏并网系统整体寿命。因此，光伏并网逆变器及相关控制技术对于应用和推广太阳能光伏并网系统有着重要的作用。根据光伏并网逆变器是否含有变压器可分为隔离型光伏并网逆变器和非隔离型光伏并网逆变器。

1. 隔离型光伏并网逆变器结构

在隔离型光伏并网逆变器中，根据隔离变压器的工作频率可将其分为工频型和高频型两大类。

1）工频隔离型光伏并网逆变器结构

工频隔离型光伏并网逆变器结构如图 3.14 所示，是最常用的结构，也是市场上目前使用最多的光伏并网逆变器，其原理是：光伏阵列所发出的直流电通过 DC/AC 逆变器直接转化为 50Hz 的交流电，再经过工频变压器将电压等级匹配接入电网，工频变压器同时还起隔离作用。由于该结构的工频变压器使得输入和输出电路隔离，因此主电路和控制电路相对简单，而且光伏阵列直流输入电压的匹配范围较大。

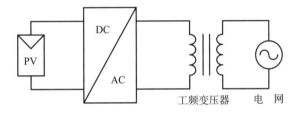

图 3.14 工频隔离型光伏并网逆变器的结构

工频隔离型光伏并网逆变器的优点如下：

（1）可以有效防止人接触到光伏直流侧的正极或负极时，电网电流通过桥臂形成回路对人体产生伤害，提高了系统的安全性。

（2）隔离变压器的使用保证了系统不会向电网注入直流电量，有效防止了配电变压器的饱和。

工频隔离型光伏并网逆变器的缺点如下：

（1）工频变压器体积大、质量重，占总重量的 50% 左右，使得逆变器的外形尺寸难以减小。

（2）工频变压器的引入会增加系统损耗、成本，并增加运输和安装的难度。

工频隔离型光伏并网逆变器是早期发展和应用的一种主电路形式，随着逆变控制技术的发展，为减小逆变器的体积和重量，在保留工频隔离型光伏并网逆变器优点的基础上，高频隔离型光伏并网逆变器结构应运而生。

2）高频隔离型光伏并网逆变器结构

高频隔离型光伏并网逆变器使用了高频变压器，因此具有较小的体积和质量，克服了工频隔离型光伏并网逆变器的主要缺点，而且随着控制技术和电力电子器件的不断改进，高频隔离型光伏并网逆变器的转换效率可以做到很高。

按照电路的拓扑结构进行分类，高频隔离型光伏并网逆变器主要有两种类型：一种为DC/DC变换高频隔离型光伏并网逆变器，其结构示意图如图3.15所示；另一种为周波变换高频隔离型光伏并网逆变器，其结构示意图如图3.16所示。

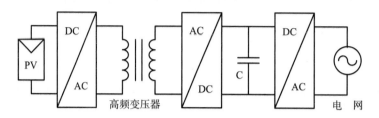

图3.15 DC/DC变换高频隔离型光伏并网逆变器结构示意图

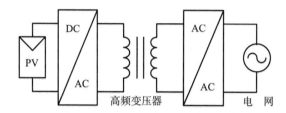

图3.16 周波变换高频隔离型光伏并网逆变器结构示意图

2. 非隔离型光伏并网逆变器结构

在隔离型光伏并网系统中，由于隔离变压器的使用，导致部分能量损耗，一般情况下，几千瓦的小容量变压器所导致的能量损耗可达到5%，甚至更高。因此，为提高效率，采用无变压器的非隔离型光伏并网逆变器是有效手段之一。由于非隔离型光伏并网逆变器省去了笨重的工频变压器或是复杂的高频变压器，因此结构简单，质量轻，成本较低，具有相对高的效率。非隔离型光伏并网逆变器结构按照拓扑结构可以分为单级和多级两类。

1）单级非隔离型光伏并网逆变器

单级非隔离型光伏并网逆变器的结构示意图如图3.17所示，光伏阵列通过逆变器直接耦合并网，因此并网逆变器工作在工频模式。另外，为了使逆变器的输出能够达到直接并网的电压等级，需要光伏阵列有较高的输出电压，这将使得光伏组件乃至整个系统必须具有较高的绝缘电压等级，否则会出现漏电现象。

2）多级非隔离型光伏并网逆变器

多级非隔离型光伏并网逆变器的结构示意图如图3.18所示，功率变换器部分一般由 DC/DC 和 DC/AC 多级变换器级联组成。其中 DC/DC 变换器主要功能是提升电压等级，同时还进行光伏阵列的最大功率点跟踪控制，DC/AC 变换器主要进行逆变并网控制部分。由于该类拓扑结构中一般需要采用高频变换技术，因此又称为高频非隔离型光伏并网逆变器。

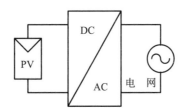

图 3.17 单级非隔离型光伏并网逆变器的结构示意图

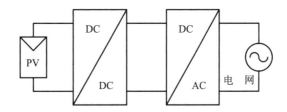

图 3.18 多级非隔离型光伏并网逆变器的结构示意图

在非隔离型光伏并网系统中，光伏阵列与公共电网之间是不隔离的，这将导致光伏组件与电网电压直接相连接，而大面积的太阳能光伏组件不可避免地与地之间存在较大的分布电容，因此，会产生太阳能电池组件对地的共模电流。而且由于未采用工频隔离变压器，此类并网逆变器容易向电网注入直流分量。

对于非隔离型光伏并网逆变系统，只要采取适当的措施，便可保证功率变换主电路和控制电路运行的安全性。另外由于非隔离型并网逆变器未采用变压器，因此具有体积小、质量轻、效率高和成本低等优点，这使得该类型的光伏并网系统将成为今后主要的光伏并网逆变器结构。

3.4 最大功率点跟踪技术

3.4.1 MPPT的基本原理

最大功率点跟踪（maximum power point tracking，MPPT），是光伏发电系统中的一种关键技术，与传统的太阳能控制器相比更加高效。在一定的光照强度、环境温度等条件下，太阳能光伏电池输出的直流电压并不是一定的，只有在一个特定的电压下才会出现最大的功率值，此时的值就称为最大功率值，

在 P-V 特性曲线上即为最高的数据点，称为最大功率点。由于工作环境温度和太阳光照强度等对发电电压值的影响，需要不断根据光照强度、环境温度等变化因素，对光伏电池的输出工作点进行调整，时刻对光伏电池的发电电压进行监测，通过改变当前电压、电流及阻抗等方式达到最大功率输出要求，这便是最大功率点跟踪技术。

3.4.2　MPPT技术存在的问题和解决方法

最早提出对光伏发电系统跟踪控制从而提高光伏电池发电效率的是 Maffezzoni 等人，他们在 1985 年提出将控制系统各动态特性和自由参数之间的关系应用到光伏电池控制系统中，以达到输出功率最大化的目标。1992 年，Camacho 等人提出使用前馈控制的方法来提高光伏系统的发电效率。1995 年，Rubio 等人为了实现光伏电池最大功率跟踪控制，提出模糊控制的方法。2002 年和 2003 年，研究人员分别提出了利用神经网络模型和非线性李雅普诺夫控制方法，来实现最大功率点跟踪。为了进一步提高光伏电池的发电效率，降低光伏发电成本，相关学者提出了 RBF 神经网络优化算法对最大功率进行跟踪。2010 年，研究人员通过对固定电导增量法进行改进，提出了变电导增量法，其在最大功率跟踪方面获得了较好的效果。最近几年，国内外学者将智能算法应用到光伏系统多极值最大功率跟踪上，并获得了较好的实验结果：比如有人通过粒子群算法跟踪多极值最大功率问题，将粒子种群的初始值定位到可能的极值处，从而提高搜索速率；孙德达等人将支持向量机算法应用到光伏系统最大功率跟踪中，并通过硬件实现。为了消弱最大功率跟踪过程中的"振荡"现象，研究人员将分数阶微分的扰动观察法应用到光伏系统中。目前，随着人工智能技术的发展和在各个领域的广泛应用，粒子群优化算法、遗传算法、神经网络法等智能算法在光伏系统最大功率跟踪中得到应用。各种控制方法各有优缺点，如表 3.1 所示。

表 3.1　主要控制方法比较

控制方法	优　点	缺　点
电导增量法	精确度相对较高，当环境温度及光照强度等变化时，可以较平稳地跟踪最大功率点	由于控制系统构造复杂，对硬件要求较高，适合外界环境变化比较平稳的环境下，对突变系统不适用
恒定电压跟踪法	算法简单，速度快，硬件要求低	由于未考虑环境温度对光伏电池发电功率的影响，因此跟踪精度较低，不适用于温度变化较大的地区
扰动观察法	控制算法原理简单，需要设置或采集的参数较少，并且硬件投入较少	对扰动步长大小的选择不容易；当外界条件变化较大时，可能会发生误判现象
开路电压法	算法简单，易于实现	除了会发生对最大功率误判的现象外，与其他控制方法相比对功率损耗也较大

3.4.3 MPPT控制算法的分类

MPPT 控制有多种算法，通常将 MPPT 方法分为三大类：

（1）基于参数选择方式的间接控制法：包括恒定电压跟踪法（CVT）、开路电压比例系数法、短路电流比例系数法等。

（2）基于采样数据的直接控制法：包括实际测量法、寄生电容法、电导增量法和扰动观察法等。

（3）基于现代控制理论的人工智能控制法：包括模糊逻辑控制法、神经网络法等。

1. 电导增量法

电导增量法是设定一个变化值，通过瞬间电导与光伏电池的电导量进行对比，相应改变系统的控制信号，利用变化值的正负判断当前光伏阵列工作点在最大功率点的方向，工作在最大功率点右侧时，变化值为负，工作在最大功率点左侧时，变化值为正，从而控制系统工作在最大功率点附近。

通过光伏电池 P-V 工作特性曲线可以得到下式：

$$\frac{\mathrm{d}P_{\mathrm{pv}}}{\mathrm{d}U_{\mathrm{pv}}} = \frac{\mathrm{d}\left(U_{\mathrm{pv}}I_{\mathrm{pv}}\right)}{\mathrm{d}U_{\mathrm{pv}}} = I_{\mathrm{pv}} + U_{\mathrm{pv}}\frac{\mathrm{d}I_{\mathrm{pv}}}{\mathrm{d}U_{\mathrm{pv}}} = 0 \tag{3.1}$$

式中，P_{pv} 是光伏电池输出功率；U_{pv} 为输出电压。

式（3.1）整理后可得：

$$\frac{I_{\mathrm{pv}}}{U_{\mathrm{pv}}} + \frac{\mathrm{d}I_{\mathrm{pv}}}{\mathrm{d}U_{\mathrm{pv}}} = 0 \tag{3.2}$$

式中，$\frac{I_{\mathrm{pv}}}{U_{\mathrm{pv}}}$ 为输出特性曲线的电导；$\frac{\mathrm{d}I_{\mathrm{pv}}}{\mathrm{d}U_{\mathrm{pv}}}$ 为电导的增量。式中的增量 $\mathrm{d}U_{\mathrm{pv}}$ 和 $\mathrm{d}I_{\mathrm{pv}}$ 可以近似用 ΔU_{pv} 和 ΔI_{pv} 表示，得到式（3.3）和式（3.4）：

$$\mathrm{d}U_{\mathrm{pv}}\left(t_2\right) \approx \Delta U_{\mathrm{pv}}\left(t_2\right) = U_{\mathrm{pv}}\left(t_2\right) - U_{\mathrm{pv}}\left(t_1\right) \tag{3.3}$$

$$\mathrm{d}I_{\mathrm{pv}}\left(t_2\right) \approx \Delta I_{\mathrm{pv}}\left(t_2\right) = I_{\mathrm{pv}}\left(t_2\right) - I_{\mathrm{pv}}\left(t_1\right) \tag{3.4}$$

整理后得到式（3.5）：

$$\frac{I_{\mathrm{pv}}}{U_{\mathrm{pv}}} + \frac{\mathrm{d}I_{\mathrm{pv}}}{\mathrm{d}U_{\mathrm{pv}}} \approx \frac{I_{\mathrm{pv}}}{U_{\mathrm{pv}}} + \frac{I_{\mathrm{pv}}\left(t_2\right) - I_{\mathrm{pv}}\left(t_1\right)}{U_{\mathrm{pv}}\left(t_2\right) - U_{\mathrm{pv}}\left(t_1\right)} \tag{3.5}$$

对式（3.5）进行如下判断：

（1）当光伏阵列工作点在最大功率点左侧时，$\dfrac{\mathrm{d}P_{\mathrm{pv}}}{\mathrm{d}U_{\mathrm{pv}}}>0$，即 $\dfrac{I_{\mathrm{pv}}}{U_{\mathrm{pv}}}+\dfrac{I_{\mathrm{pv}}(t_2)-I_{\mathrm{pv}}(t_1)}{U_{\mathrm{pv}}(t_2)-U_{\mathrm{pv}}(t_1)}>0$，需要考虑增大参考电压达到最大功率点。

（2）光伏阵列工作点在最大功率点时 $\dfrac{\mathrm{d}P_{\mathrm{pv}}}{\mathrm{d}U_{\mathrm{pv}}}=0$，即 $\dfrac{I_{\mathrm{pv}}}{U_{\mathrm{pv}}}+\dfrac{I_{\mathrm{pv}}(t_2)-I_{\mathrm{pv}}(t_1)}{U_{\mathrm{pv}}(t_2)-U_{\mathrm{pv}}(t_1)}=0$，此时参考电压保持不变，光伏阵列稳定工作在最大功率点处。

（3）当光伏阵列工作点在最大功率点右侧时，$\dfrac{\mathrm{d}P_{\mathrm{pv}}}{\mathrm{d}U_{\mathrm{pv}}}<0$，即 $\dfrac{I_{\mathrm{pv}}}{U_{\mathrm{pv}}}+\dfrac{I_{\mathrm{pv}}(t_2)-I_{\mathrm{pv}}(t_1)}{U_{\mathrm{pv}}(t_2)-U_{\mathrm{pv}}(t_1)}<0$，需要考虑减小参考电压达到最大功率点。

电导增量法 MPPT 控制流程图如图 3.19 所示，U_{ref1} 为当前的控制周期电压参考值，U_{ref2} 为下一个控制周期电压参考值。

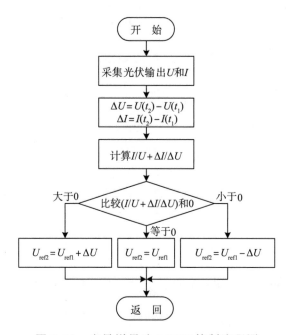

图 3.19　电导增量法 MPPT 控制流程图

2. 扰动观察法

扰动观察法是扰动光伏阵列的输出电压，然后对其输出的功率进行观察比较，根据光伏阵列的输出功率变化方向来确定下一次扰动的方向。假设外界温度及光照强度不变，根据 P-V 特性曲线，可知功率 P 对应的电压 U 和电流 I，采样当前光伏电池输出电压 U_{t} 和电流 I_{t}，得到当前功率为 P_{t}。

设 $\Delta U_{\circ}$ 为电压调整步长，逐步增大参考电压，即 $U_{\mathrm{t}} = U + \Delta U_{\circ}$，当 $P_{\mathrm{t}} > P$ 时，可知当前工作点在最大功率的左侧，下一次扰动方向不变；当 $P_{\mathrm{t}} < P$ 时，表示当前工作点在最大功率点的右侧，此时添加的扰动电压应该改变方向。

设 $\Delta U_{\circ}$ 为电压调整步长，逐步减少参考电压，即 $U_{\mathrm{t}} = U - \Delta U_{\circ}$，当 $P_{\mathrm{t}} < P$ 时，表示当前工作点在最大工作点的左侧，下一次扰动需要改变电压方向；当 $P_{\mathrm{t}} > P$ 时，表示当前工作点在最大功率点的右侧，此时保持上一次电压扰动的方向。

通过一步步地电压扰动，使光伏阵列稳定工作在最大功率点附近。

扰动观察法的一般方程如下所示：

$$x_{(k+1)T_p} = x_{kT_p} \pm \Delta x = x_{kT_p} + \left[x_{kT_p} - x_{(k-1)T_p} \right] \mathrm{sign}\left(P_{kT_p} - P_{(k-1)T_p} \right) \tag{3.6}$$

式中，x 为扰动变量，即图 3.20 中扰动观察法的反馈电压参考值；Δx 是施加在 x 上的扰动幅度，其值为固定步长 $x_{kT_p} - x_{(k-1)T_p}$。

扰动观察法在众多控制算法中结构简单，程序设计方便，参数输入少，但其扰动步长难以确定，工作点会一直在最大功率点附近振荡，难以稳定功率工作。扰动观察法的控制流程图如图 3.21 所示。

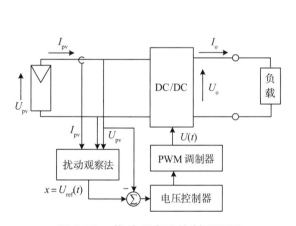

图 3.20 扰动观察法控制原理图

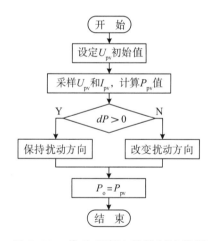

图 3.21 扰动观察法的控制流程图

3. 恒定电压跟踪法

恒定电压跟踪法（constant voltage tacking，CVT）是应用比较早的一种方法，其主要特点是控制原理简单，只考虑对光伏系统发电功率影响较大的光照强度这一因素，对环境温度等其他条件忽略不计。恒定电压跟踪法利用的是开路电压 U_{oc} 和光伏系统工作在最大功率点处的电压 U_{m} 具有线性关系。相关文献研究表明，光伏系统在不同光照强度下的 P-V 特性曲线工作在最大功率点时，其最大功率点的连线基本上是一条垂直于电压轴的直线，因此规定一个不变的电压值，认为其对应的电压即为最大功率点。

恒定电压跟踪法具有如下优点：

（1）由于不考虑环境温度对其影响，算法简单，很容易用硬件实现。

（2）系统稳定性较高，不容易受到干扰。

恒定电压跟踪法具有如下缺点：

（1）由于不考虑环境温度对其影响，环境适应能力较差。

（2）只能粗略对最大功率点进行跟踪。

由上述分析可知，恒定电压跟踪法只考虑光照强度一个因素，误差较大，因此基本上被淘汰。

3.5 孤岛效应的概念及其检测方法

3.5.1 孤岛效应的概念及检测标准

1. 孤岛效应的概念

当光伏发电接入电力系统时，孤岛效应检测是光伏并网发电系统必须具备的重要功能之一，孤岛效应拓扑图如图 3.22 所示。

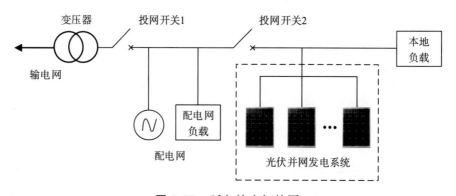

图 3.22 孤岛效应拓扑图

在正常工作情况下，光伏并网发电系统并联在公用电网系统上向电网和本地负载供电，但因电气故障、误操作或自然因素等使电网系统中断供电时，独立的光伏并网发电系统仍然可以与本地负载形成一个电力公司无法掌控的自给供电孤岛，这种现象被称为孤岛效应。不仅光伏并网发电系统存在孤岛效应，只要是与公用电网并联的分布式发电系统都可能存在孤岛效应。孤岛效应会给用电安全、供电质量等方面可能带来不利影响：

（1）对负载或人身安全存在着危害，当孤岛效应发生时，线路维修人员和用户并不一定意识到，从而引发触电危险。

（2）在没有大电网的支撑下，分布式供电系统的供电质量很难符合各方面的要求，例如电压波动、频率波动以及谐波含量的相关技术指标。

（3）影响配电系统的保护开关动作程序，并且在电网恢复时，分布式供电系统重新并网会遇到困难，并网时由于相位不同步会引起较大的冲击电流导致并网逆变器损坏。

（4）由于脱离了电力部门的监控而独立运行，对电力管理部门来说意味着是不可控和具有高隐患的操作。

随着光伏并网发电系统的日益广泛应用，在一定的负载区域很可能存在多个光伏并网系统并联共同向孤岛内负载供电的情况，发生孤岛效应的概率也更高，因此有必要对孤岛效应的检测进行相关研究。

2. 孤岛效应的检测标准

对电网断电检测是防止孤岛效应的关键，且检测时间越短，防止孤岛效应的效果就越好。国内外已制定了相关并网逆变器防孤岛效应检测标准。国际通行光伏并网发电系统并网标准 IEEE Std.929-2000/UL1741 对并网逆变器反孤岛效应检测功能做出了要求，给出了在电网断电后并网逆变器检测出孤岛现象并断开其连接的时间限制，具体如表 3.2 所示。

表 3.2 孤岛检测相关国际标准

电 压	响应时间
$V < 50\% V_n$	6 个周期
$50\% V_n < V < 88\% V_n$	2s
$88\% V_{nn} < V < 110\% V_n$	标准时间
$110\% V_n < V < 137\% V_{nn}$	2s
$V > 137\% V_n$	2 个周期
频 率	响应时间
$(f_n+0.5) < f$	6 个周期
$f < (f_n-0.7)$	6 个周期

注：f_n 为额定频率（50Hz），V_n 为配电网电压的有效值。

在国内，光伏并网发电系统接入配电网时，允许出现的频率偏差为

±0.5Hz，若超出此范围，逆变器应在0.2s内切断光伏并网发电系统与配电网的电气连接。

3.5.2 孤岛效应检测方法

现有的孤岛效应检测方法分为远程孤岛检测技术和本地孤岛检测技术，出于经济性考虑，在实际应用中，更多采取本地孤岛检测技术。本地孤岛检测技术分为主动式和被动式。主动式检测方法通过向系统注入特定扰动信号，监测扰动引起系统某些电气量的变化来判断孤岛发生与否，如无功输出检测法、阻抗测量法等；被动式检测方法通过监测不同的系统参数来判断孤岛产生与否，常见的有频率变化率（rate of change of frequency，RoCoF）法、谐波电压检测法等。

1. 主动式检测方法

1）主动频率偏移法

主动频率偏移法作为较常用的孤岛效应检测方法，通过干扰逆变器频率使系统输出呈现稍微失真、畸变的电压与电流，重复操作直到孤岛状态下的阈值范围无法覆盖失真电流与畸变电压。当系统处在正常状态时，电流与电压同频同相，该扰动在大电网的作用下可以忽略不计，频率不会发生变化。当电网断开后，由于没有电网电压的钳制，PCC（point of common couling，公共连接点）处电压的频率就会受扰动电流的影响，其频率的增大或是减小就由负载的性质决定，经过一定的循环积累，其频率变化增大，对PCC处电压频率进行检测，就可以发现孤岛的发生。具体流程如图3.23所示。

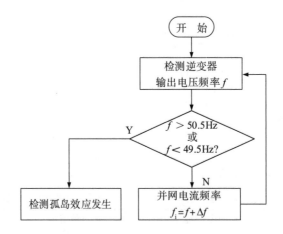

图3.23 主动频率偏移法流程图

2）滑模频率偏移法

若配电网的频率发生偏差，且偏差超出规定范围，则可以确定系统产生了孤岛，频率偏差可以通过对逆变器输出电流的干扰，令逆变器与配电网产生一个电压相位差，从而产生频率偏差，其中，相位差调整量 $\Delta \varphi$ 的公式为：

$$\Delta \varphi = \varphi_{\mathrm{m}} \sin \left(\frac{\pi}{2} \cdot \frac{\Delta f}{f_{\mathrm{m}} - f} \right) \qquad (3.7)$$

式中，φ_{m} 为相位峰值差；f_{m} 为 φ_{m} 时的频率；f 为配电网的频率。

3）输出功率的扰动法

改变逆变器的输出功率从而改变输出电压，进一步改变输出功率。有没有发生孤岛便可以结合电压值变化来判断。通常情况下，输出功率及电压的波动都处于规定的范围或规定值内，说明系统无故障；当逆变器的电压超出规定值，判断系统产生故障，此时保护装置会动作切除故障。

2．被动式检测方法

被动式检测法可称为无源检测方法，此方法不用为电能参数提供小的扰动从而观察输出变化来检测孤岛状态，仅需对有关的电能参数值实时监控测量，参数超过范围会被认定处于孤岛状态，被动式检测法主要分为欠过压与欠过频法、相位突变法和电压谐波检测法三种。

1）欠过压与欠过频法

系统正常运行中，实时对逆变器输出电压及配电网的频率进行检测，参数值超出设定的阈值范围，则认定系统处于孤岛运行，此时，保护装置动作。通常情况下，配电网的额定电压是220V，额定频率是50Hz，电压阈值范围为198 ~ 236V，频率阈值范围为49.5 ~ 50.5Hz。

2）相位突变法

判断系统是否处于孤岛状态，还可以通过计算并网发电系统逆变器的输出电压与输出电流之间的相位角差来实现。在光伏并网发电系统中，逆变器电压和电流之间的相位角差是时刻改变的，如果相位角差在标准阈值范围内，则表明系统处于正常运行状态，相位角差超出设定的阈值范围，则认定系统处于孤岛运行，但确定可靠的阈值范围是目前相位突变法的难点。

3）电压谐波检测法

该方法是通过计算配电网中总的电流谐波畸变率，依据谐波畸变程度大小来确定光伏并网发电系统是否处于正常运行状态。当电流谐波畸变率超过 5% 时，则可判断光伏并网发电系统此时存在故障，系统处于孤岛状态，保护装置切除系统与外界连接。

3.6 光伏汇流装置

分布式光伏发电站按规模大小的不同，其所搭载诸如汇流箱、逆变器等相关设备的型号与参数可能都不相同。

3.6.1 光伏汇流箱的基本工作原理

分布式光伏发电系统主要由光伏组件、汇流箱、直流配电柜、逆变器等组成，按照在配电网中的存在形式不同，其设备种类及布局顺序略有差异。常见的并网型分布式光伏发电系统组成示意图如图 3.24 所示。

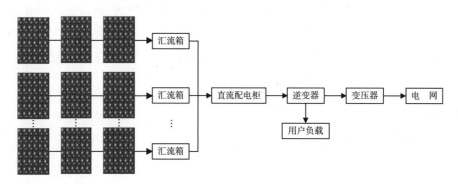

图 3.24 并网型分布式光伏发电系统组成示意图

其中，系统各部分功能如下：

（1）光伏阵列：由单块太阳能电池组件先串联再并联组成，负责将太阳能转换为电能。

（2）汇流箱：保证光伏组件有序连接，属于一级汇流设备。目前的汇流箱除了起到最基本的汇流及防反作用外，还可以作为数据采集装置，对一支路的电能参数进行采集，同时该装置能够保障光伏系统在维护、检查时易于切断电路，当光伏系统发生故障时减小停电的范围。

（3）直流配电柜：将多个汇流箱输出的电流统一送往逆变器。

（4）逆变器：负责太阳能电池组件发出的直流电转变为交流电，该设备可以监测发电量及功率因数。

（5）变压器：将电压升一个等级，并入电网。

3.6.2　光伏汇流箱的组成与技术要求

汇流箱依据功能可分为三种，第一种为基本型，不带防反和监控功能；第二种带防反功能，不带监控功能；第三种，既带防反功能又带监控功能，是汇流箱中功能最全，成本和价格最高的。汇流箱由箱体、直流断路器、直流熔断器、数据采集模块、保护单元、人机界面等部分组成。

（1）箱体：箱体一般采用钢板喷塑、不锈钢、工程塑料等材质，外形美观大方、结实耐用、安装简单方便，防护等级达到 IP54 以上，防水、防尘，满足户外长时间使用的要求。

（2）直流断路器：整个汇流箱的输出控制器件，主要用于线路的分 / 合闸。其工作电压高至 DC1000V。由于太阳能组件所发电能为直流电，在电路开断时容易产生拉弧，因此，在选型时要充分考虑其温度、海拔降容系数，且一定要选择光伏专用直流断路器。

（3）直流熔断器：在组件发生倒灌电流时，光伏专用直流熔断器能够及时切断故障组串，额定工作电压达 DC1000V，额定电流一般选择 15A（晶硅组件）。光伏组件所用直流熔断器是专为光电系统而设计的专用熔断器（外形尺寸 10mm×38mm），采用专用封闭式底座安装，避免组件之间发生电流倒灌而烧毁组件。当发生电流倒灌时，直流熔断器迅速将故障组件退出系统，同时不影响其他正常工作的组串，可安全地保护光伏组件及其导体免受逆向过载电流的威胁。

（4）数据采集模块：为了便于监控整个电站的工作状态，一般均在一级汇流箱内增设数据采集模块。采用霍尔电流传感器和单片机技术，对每路光伏阵列的电流信号采样，经 A/D 转换变成数字量后，变换为标准的 RS-485 信号输出，方便用户实时掌握整个电站的工作状态。

（5）保护单元：直流高压电涌保护单元为光伏发电系统专用的防雷产品，具有过热、过流双重自保护功能；采用模块化设计，可带电更换，并有显示窗口；可带遥信告警装置，利用数据采集模块，可实现远程监控。

（6）人机界面：数据采集单元设有人机界面，通过人机界面，可查看设备的工作实时状态，通过键盘实现设备参数的设定。

3.7 光伏发电监控系统与光伏组件故障检测

光伏发电监控系统的数据采集节点负责站内气象数据、光伏电池温度、汇流箱、逆变器、电表等数据的采集，然后经由网关汇总并通过通信设备上传至云平台进行中枢监控。

3.7.1 光伏发电监控系统

1. 光伏发电监控系统

监控系统终端硬件主要分为数据采集节点、网关、电源模块三大部分，其硬件总体框图如图 3.25 所示。

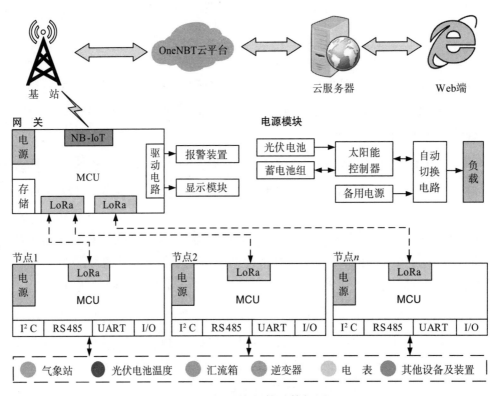

图 3.25 系统硬件总体框图

（1）数据采集节点：主要由微控制器（MCU）、传感器模块、LoRa 通信模块及电源模块组成，通过数据采集电路完成数据采集，并经由 LoRa 通信模块上传至网关，其硬件结构框图如图 3.26 所示。

（2）网关：主要由微控制器（MCU）、LoRa 与 NB-IoT 通信模块、储存模块、驱动电路等组成，将 LoRa 模块所接收的数据通过 NB-IoT 无线传输模块上传至 OneNET 云平台。

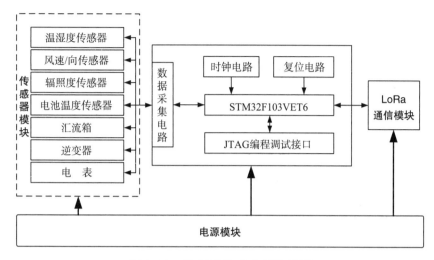

图 3.26 数据采集节点硬件框图

（3）电源模块：由带储能的微型光伏发电系统与备用电源组成，二者通过自动切换电路进行切换，进而为 MCU、射频通信模块、传感器等提供电力支持。

2. 光伏系统数据

基于 LoRa 通信技术的无线数据采集节点主要负责分布式光伏电站内相关数据的采集，按照数据类型主要可分为遥信数据与遥测数据两种。遥信数据多为数字量，主要为设备上报的故障代码、门开关及断路器分 / 合状态等；遥信数据多为模拟量和积分量，主要为温湿度数据、辐照度数据、发电功率、累计发电量及累计辐照度等。

3. 通信方式的选择

目前，LoRa 射频收发芯片根据工作频段不同可分为 Sub-1GHz 和 2.4GHz 两类，其中 Sub-1GHz 芯片为市场主流。Semtech 所提供的 Sub-1GHz 节点芯片主要有第一代 SX127X 与第二代 SX126X 两大系列，其各型号技术参数如表 3.3 所示。

由表 3.3 可知，SX126X 系列在工作频率、输出功率、链路预算等几个关键指标上相对于 SX127X 系列有较大提升：

（1）工作频率由非连续的分段频带，变成连续的全频段覆盖。

表 3.3 Sub-1GHz 常用 LoRa 射频技术参数

	SX127X			SX126X		
	SX1272	SX1276	SX1278	SX1261	SX1262	SX1268
调制解调器	LoRa	LoRa	LoRaTM	LoRa、FSK		
频段 /MHz	860 ~ 1000	137 ~ 1020	137 ~ 525	150 ~ 960	150 ~ 960	150 ~ 960
最大链路预算 /dB	157	168	168	170	170	170
扩频因子	SF = 612			SF = 512		
最低接收灵敏度 /dBm	−137	−148	−148	−148	−148	−148
最大输出功率 /dBm	+20	+20	+20	+15	+22	+22
发射电流 /mA	10	9.9	9.9	4.6	4.6	4.6

（2）输出功率增加了 2dB，对应约增加 58% 的输出功率。

（3）链路预算由于输出功率的增加而增加了 2dB，约增加了 30% 的通信距离。

综合考虑功耗、传输距离、通信可靠性、可扩展性等因素，搭载 SX1262 射频芯片的模组性能要更为优异。

使用型号 A39-T400A30D1a 射频模块，数据采集节点的 LoRa 通信模块所使用的射频芯片为 SX1262。该模块工作频率在 410490MHz，可以提供 81 个信道；接收灵敏度高达 −140dB，最远传输距离为 5000m；功率在 21 ~ 30dBm 可调，最大为 130mW；供电电压为 2.0 ~ 5.5V，内置 LDO 保证模块供电稳定，其实物如图 3.27 所示。

图 3.28 为 LoRa 模块与单片机连接示意图，模块 RXD、TXD 为串口输入、串口输出，分别与单片机的 TXD、RXD 连接；AUX 为模块状态工作指示，用于唤醒外部 MCU；MD0、MD1 为模块工作状态引脚，二者决定模块的工作状态，工作状态表如表 3.4 所示。

图 3.27 LoRa 模块实物图

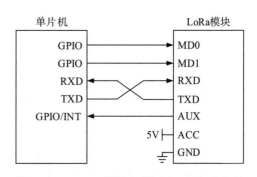

图 3.28 LoRa 模块与单片机连接示意图

表 3.4　LoRa 模块工作状态表

MD0	MD1	工作状态
0	0	进入配置模式
1	0	退出配置模式
1	1	进入低功耗模式
X	0	退出低功耗模式

模块进入配置模式时收到的数据作为配置参数进行处理，无线进入睡眠模式，不能收发消息；模块退出配置模式后，以新配置运行，串口与无线都打开；模块进入低功耗模式后，串口与无线都关闭，会周期性地唤醒来接收唤醒码；当其退出低功耗模式后，串口与无线重新打开，所有外设正常运行，此时模块处于一般工作状态，如果配置了休眠时间寄存器，那么设备在发送数据之前自动添加唤醒码。

4. 光伏通信系统构成

RS485 是一种硬件接口或者通信电路或者串行总线，其信号是差分信号，能较好地抑制共模信号，其通信距离数千米，应用在工业现场中。RS485 有四线制和两线制之分，四线制是全双工通信，两线制是半双工通信。现场应用最多的是两线制，RS485 有主从之分，一个系统中只能有一个主机，可以有多个从机。主机定时轮询从机，从机收到信号应答，从机之间通过地址区分。

在设计收发电路时，由于 RS485 的电平是以 AB 两线之间的压差决定的，其电平与单片机的 TTL 电平不兼容，二者之间需要经过电路转换。

采用 Modbus-RTU 作为通信协议进行数据传输时，其主站作为主动方发送数据请求报文到从站，从站在接收到报文后返回对应的响应报文，数据传输示意图如图 3.29 所示。

数据采集节点（主机）通过 RS485 接口获取相关数据的 Modbus 通信程序流程图如图 3.30 所示，STM32 在串口初始化完成，按照 Modbus-RTU 数据帧格式向从机发送报文，报文设备地址所对应的从机则会响应并将数据包发送至数据采集节点。假设主机向丰郅 FR-DCMG 直监测器发送的报文为 010301040001C437，其中 01 对应的是设备地址，03 为功能码，0104 为寄存器地址，0001 为寄存器数量，C437 为校验位；主机接收到从机所发送的数据位 01030202BCB895，其中 01 对应的是设备地址，03 为功能码，02 为字节数、02BC 为寄存器数据，B895 为校验位。主机在收到从机发送的数据后，会根据主机请求的寄存器地址、从机回复的寄存器数据进行相关解析。

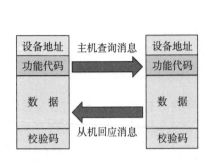

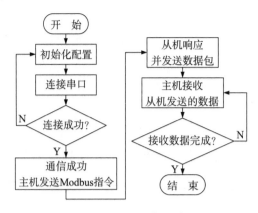

图 3.29 Modbus-RTU 数据传输示意图　　　图 3.30 Modbus 通信程序流程图

5. 光伏通信系统设计案例

　　OneNET 云平台的功能定位为 PaaS 服务，即在真实的设备与虚拟的物联网应用之间构建一个安全、稳定、高效的物联网应用平台。在面向设备时，支持多种市面上常见的传输协议，适配多种网络环境，为各硬件终端提供接入方案及管理服务；在面向应用层时，由于自身所提供 API 接口及数据分析资源，使得开发者不需要着重关注设备接入层的环境搭建，只需要专注于自身应用的开发，从而缩短开发周期，降低开发和运维成本。

　　OneNET 已构建"云–网–边–端"整体物联网架构，其架构示意图如图 3.31 所示，具有接入增强、边缘计算、AI 等能力。最新版本的 OneNET 云平台，向上整合了细分行业的应用，向下扩展了终端适配接入能力，可提供设备接入、数据存储、消息推送等基础服务，以及设备管理 DMO、远程升级 OTA、短信 SMS 等 PaaS 能力。同时，随着 5G 技术的发展，OneNET 也在着

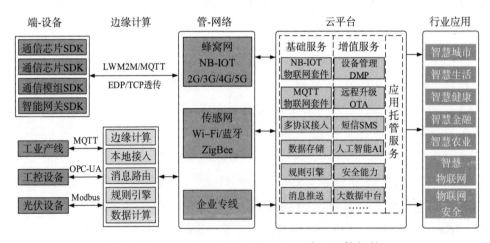

图 3.31 OneNET"云–网–边–端"整体架构

力将 5G 与自身相融合，从而提升服务能力，重点提供人工智能、视频优化、边缘计算等服务。

3.7.2　光伏组件故障检测

1．故障检测原理

光伏组件功率输出的变化可以反映在光强的变化上，正常的光伏组件在相同的光强下应该具有相同的发电特性，所以它们的频率应该是一致的，如果频率不一致，说明光伏组件发电特性变差，可以推断出光伏组件存在问题。具体光伏组件的故障检测原理如图 3.32 所示，电路中的回路电流越小，通过光电隔离发光二极管的电流越小，光敏三极管电阻越大，RC 振荡回路的输出频率越小，太阳辐照度越小，光伏组件出现故障概率越高，即光伏组件可能存在问题。

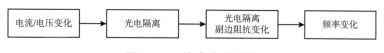

图 3.32　故障检测原理

2．故障检测电路

众多光伏阵列所处环境复杂，难免出现光伏组件故障，因此设计了一种由光电隔离与 RC 振荡器构成的光伏组件故障检测电路，如图 3.33 所示，光电隔离把电流信号转化为阻值信号，控制 RC 振荡频率。为了描述方便，符号定义如表 3.5 所示。

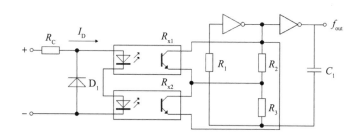

图 3.33　故障检测电路

表 3.5　符号定义说明

符　号	说　明	符　号	说　明
R_1	稳定振荡频率	R_{x1}	光敏三极管等效电阻
R_2	控制振荡频率	R_{x2}	光敏三极管等效电阻
R_3	消除毛刺	C_1	控制输出频率
R_c	限流电阻	I_D	光伏组件流经光电隔离电流
D_1	二极管	f_{out}	故障检测模块输出频率

3. 故障检测方法

引入相对偏差用于测定光伏组件输出频率结果对输出频率平均值的偏离程度。以图 3.34（b）串并联结构排列的任一列光伏组件为例，基于图 3.34（a）所示故障检测电路拓扑结构装有 m 个故障检测模块，则：

$$\overline{f} = \frac{f_1 + f_2 + \cdots + f_{m-1} + f_m}{m}, \ (m \geq 2) \tag{3.8}$$

$$P_i = \frac{f_i - \overline{f}}{\overline{f}}, \ (i = 1, 2 \cdots m) \tag{3.9}$$

式中，f 为故障检测模块输出频率；$\overline{f}$ 为光伏阵列中故障检测模块的平均频率；p 为频率相对偏差；i 表示光伏串列中第 i 个光伏组件对应的第 i 个故障检测模块。

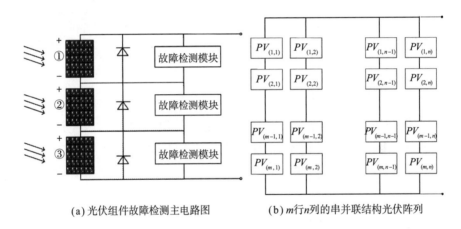

(a) 光伏组件故障检测主电路图   (b) m 行 n 列的串并联结构光伏阵列

图 3.34 故障检测电路拓扑结构

判断光伏组件故障的过程如图 3.35 所示。在不影响光伏组件工作的情况下，通过故障检测模块将光伏组件电参数转化成频率，再检测每列光伏组件的每个故障检测装置的频率值，对得到的频率结果进行处理，判断光伏组件的工作状态。若得到的频率相对偏差为非负值，可判断无故障；反之有故障，该故障板位置亦确定，检测光伏电池板故障的目的达到。

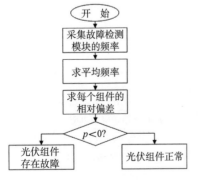

图 3.35 故障检测流程

4. 实验验证

为了验证故障检测电路的实际效果，选择相应元器件搭建故障检测电路进行实验验证。本文光电耦合器件选择 PC817，其内部结构和管脚排列如图 3.36。

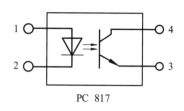

电流传输比CTR	50%
正向电流I_F	50mA
反向电流I_R	10μA
反向电压V_R	6V
反向击穿电压$V_{(BR)CEO}$	70V
饱和电压$V_{CE(sat)}$	0.1V

图3.36 PC817内部结构和管脚排列

实验验证结果如图3.37所示。

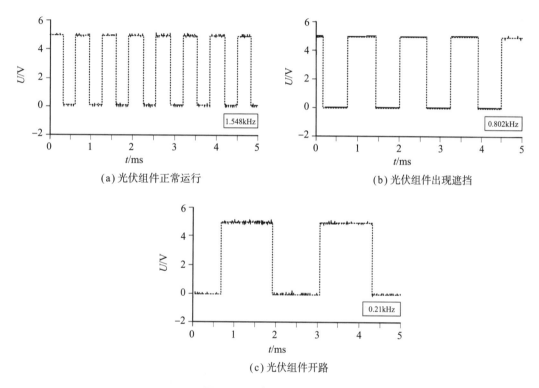

(a) 光伏组件正常运行

(b) 光伏组件出现遮挡

(c) 光伏组件开路

图3.37 实验验证结果

由图3.37可知，正常运行的光伏组件输出频率为1.548kHz；光伏组件出现遮挡时，输出频率明显下降，为0.802kHz；而光伏组件开路时，输出频率仅为0.21kHz。显然，太阳辐照度的变化会引起输出频率的变化，光伏组件故障状态频率明显小于正常状态，说明了电路的有效性。

5. 故障检测系统

如图3.38所示，故障检测系统以物联网云平台为主要框架，LoRa为主要通信技术，通过在云端部署服务即可获取远程故障检测信息，从而降低运行成本，避免故障造成的损坏问题。

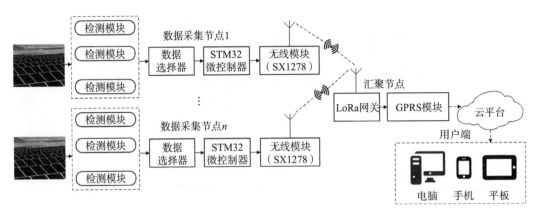

图 3.38 故障检测系统

3.8 光伏发电系统防雷与接地设计

光伏发电系统一般都安装于露天状态下，并且分布面积较大，其直接或间接受雷击的概率较大，加之光伏系统与相关电气设备和建筑物连接紧密，因此针对光伏发电系统的防雷设计与接地设计至关重要。

3.8.1 光伏电站中常见的雷击现象

光伏电站主要由太阳能电池方阵、控制器、逆变器、蓄电池组、交流配电柜和低压架空输出线路组成。光伏电站易遭受雷击的部位有两处，即太阳能电池组件和机房，雷击光伏的示意图如图 3.39 所示。

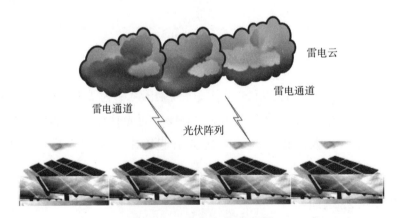

图 3.39 雷击光伏示意图

（1）直击雷：电池板由真空钢化玻璃夹层和四周的铝合金框架组成，铝合金框架与金属支架连接，雷电直接击中太阳能光伏发电系统的电池方阵，破坏电池板。

（2）地电位反击：雷电击中外部防雷装置时，在接地装置附近产生的过电压通过接地线对靠近它的电子设备的高电位反击，入侵电压可高达数万伏。

（3）雷电感应：供电设备及供电线路遭受雷击时，在电源线上出现的雷电过电压平均可达上万伏，雷电电磁脉冲沿电源线浸入光伏微电子设备及系统，可对系统设备造成毁灭性的打击。

3.8.2 常见的雷击防护措施

光伏电站投资大，电站防雷非常重要。在进行系统防雷设计时，应做到全方位防护，以确保独立光伏电站设备的安全。常见的雷击的防护措施有以下几种：

（1）接闪器。光伏建筑一体化发电系统的光伏方阵一般置于屋顶，可利用自身的太阳能电池方阵的金属框架作为接闪器，其金属支撑结构与建筑物屋面上的防雷装置电气连接。

（2）引下线。光伏建筑一体化发电系统一般利用建筑物内结构钢筋作为引下线。如果建筑物无防雷引下线，需设置光伏发电系统的专设引下线，建议不少于 2 根以用于分流，使接闪器接受到的雷电流快速流入接地装置泄放到大地，且规格尺寸符合 GB 50057-2010《建筑物防雷设计规范》，建议采用凯威 KW-LZ10 镀铜圆钢。

（3）共用接地装置。光伏建筑一体化发电系统的防雷接地、电气设备接地、安全接地、太阳能电池组件防静电接地等应采用共用接地装置。防雷装置在接闪时，雷电流将沿防雷装置引下线和接地装置入地，在此过程中，雷电流将在防雷系统中产生暂态高电压。如果引下线与周围设备绝缘距离不够且设备与防雷系统不共地时，将在两者之间出现很高的电压，并会发生放电击穿，导致设备严重损坏，甚至危及人身安全。为防止地电位反击，应注意接地装置的设计采用共用接地系统。

（4）电涌保护器。为防止闪电电涌对光伏建筑一体化发电系统的直流、交流电源线路的侵入，在相应位置设置与系统相一致的电源电涌保护器（SPD）至关重要，尤其是由电池矩阵到室内的蓄电池、控制器、配电柜等的室外电源线路引入闪电电涌的概率不容忽视。其中，防雷保护器常见的装设位置如图 3.40 所示。

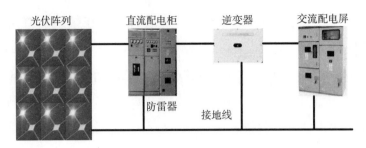

图 3.40　防雷保护器装设位置

本章习题

（1）并网型光伏发电系统的主要类型有哪些？

（2）并网逆变器的拓扑结构有哪些？其相应特点是什么？

（3）最大功率点跟踪技术的基本原理是什么？

（4）最大功率点跟踪技术的控制方法有哪些？及其相应优缺点是什么？

（5）孤岛效应的不利影响有哪些？

（6）孤岛效应的检测方法有哪些？请简要叙述其检测特点。

（7）请叙述光伏系统常见的雷击现象及其防护措施。

（8）并网型分布式光伏发电系统的组成有哪些？

（9）光伏系统的数据采集通常包含哪些基础数据？

第4章　太阳能建筑一体化之屋顶光伏应用

本章主要介绍太阳能建筑一体化屋顶光伏原则与优点、光伏构件、光伏组件，还重点介绍坡屋顶光伏、平屋顶光伏等与建筑屋顶相结合的主要形式、光伏发电系统经济效益分析等。

4.1　屋顶光伏

光伏在屋面上的应用主要是以坡屋顶光伏、平屋顶光伏和光伏天棚等形式出现，是太阳能建筑一体化主要应用形式。

屋顶光伏是指将太阳能装置做成光伏瓦、光伏玻璃等覆盖于屋顶、采光顶、天窗等位置，或是覆盖整个屋面，或是覆盖部分屋面，或是平铺放置，或是倾斜放置。屋顶光伏具有日照条件好、不受朝向影响、不易受到遮挡、可以充分接受太阳辐射等优势，办公建筑、住宅建筑、火车站等大型建筑的屋顶和天窗都是各类光伏组件的最佳布置部位。

住宅建筑物上的屋顶光伏系统容量一般为 5 ~ 20kW，而安装在商业建筑物上的屋顶光伏系统通常会达到 100kW 或更高。

4.1.1　坡屋顶光伏

1. 坡屋顶光伏特点

坡屋顶光伏最大的优势是建筑一体化效果明显，不会影响房屋的美观性，与建筑物功能不发生冲突，可以采用标准光伏组件，性能好、成本低。坡屋顶安装屋顶光伏支架不需要增高、计算倾角。此外，坡屋顶光伏具有以下优势：

（1）安装时根据屋顶自身的倾斜角度铺设即可，安装容量受面积影响小，如平屋顶安装 3kW，需要 30m²，坡屋顶 20m² 即可。

（2）由于坡度大，还能起到自动清洗的效果。

（3）可以起到隔热降温、美观的效果，实测在夏季可以降低室温 3 ~ 5℃，间接降低了空调的电费支出。按照科学的施工规范，还可以起到防水的效果。

坡屋顶光伏应用效果实景图如图 4.1 所示。

图 4.1 坡屋顶光伏应用效果实景图

2. 坡屋顶光伏构造及安装

1）直接镶嵌于坡屋顶

光伏组件通常采用顺着坡屋面方向平铺安装的方式，组件与屋面之间留出一定的空隙，满足线路敷设及组件通风散热的要求，如图 4.2 所示。

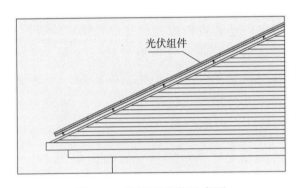

图 4.2 坡屋顶安装示意图

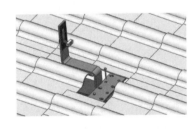

图 4.3 设置光伏组件基座

对于混凝土坡屋面或别墅类混凝土坡屋面（上覆瓦片）的新建建筑，通常可以在设计时就预埋螺栓，按照常规做法做好屋面防水。如图 4.3 所示，设置光伏组件基座时，应将防水层铺设到基座和金属埋件的上部，并在地脚螺栓周围做密封处理，穿防水层处用防水密封胶填实，以隔绝雨水下渗路径，还应在基座下部增设一层附加防水层，即使基座顶部发生渗漏，雨水也不会到达结构层。

对于厂房、仓库等大面积的彩钢屋面，坡度一般为 5% 和 10%，光伏组件可沿屋面坡度平行铺设，也可以设计成一定倾角的方式布置。上部支架可经过不同的衔接件、紧固件与屋面承重构造衔接。不同彩钢板构造对应采用不同的支架夹具，夹具与彩钢瓦匹配越佳支架装置的牢靠性越高。

对于既有彩钢屋面增加光伏的改造项目，需要根据屋面板的构造型式，选择不同的固定安装方式，采用适合的夹具连接、打孔螺栓连接或化学胶粘贴的方式，将光伏支架安装在屋面板上，但需要特别注意加装光伏设备后的屋面防水补强处理，特别是穿透屋面板的连接件，可以采用防水垫片或其他密封构造胶的处理方式，保证防水性能。同时，还需要复核原有屋面钢架、屋架、檩条、屋面板等的结构荷载，进行受力构件分析，确保结构安全。图 4.4 所示为在既有彩钢屋面上安装光伏组件。

图 4.4　在既有彩钢屋面上安装光伏组件

2）光伏瓦构造及安装

对于混凝土坡屋面或别墅类混凝土坡屋面（上覆瓦片）的新建建筑，除了常见的直接镶嵌型外，还有不少是以光伏瓦的形式出现。瓦屋顶是斜屋顶的一种形式，其独特的造型需求对光伏组件的外观要求颇高，通常可采用光伏瓦的形式与建筑屋面进行结合，如图 4.5 所示。

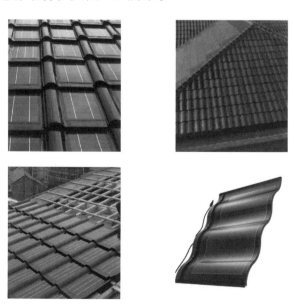

图 4.5　光伏瓦及应用

光伏瓦可保障建筑整体风格，提供建筑用能的同时降低室内温度。光伏瓦宜与屋顶普通瓦模数相匹配，不应影响屋面正常的排水功能。光伏瓦构造如4.6所示。

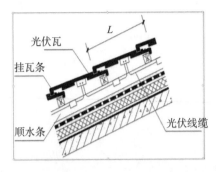

图 4.6　光伏瓦构造图（来源：国家建筑标准设计图集 16J908-5）

图 4.7 为光伏瓦在坡屋顶上的应用效果实景图。

图 4.7　某项目光伏瓦在坡屋顶上的应用

4.1.2　平屋顶光伏

1. 平屋顶光伏特点

平屋顶光伏最大的优点在于隔热降温，可降温 5 ~ 7℃，效果非常明显。根据研究表明，屋顶的发电效率远大于建筑其他部位。

1）从光伏技术角度考虑

（1）建筑屋顶处于建筑的最高部位，几乎没有建筑遮挡和朝向的问题。

（2）建筑屋顶在建筑中所占的面积较大，在屋顶上安装光伏设备能够最大化地接收太阳辐射。

2）从建筑艺术角度考虑

（1）屋顶作为建筑的第五立面，是建筑造型中重点处理的位置，在建筑中是一个重要的设计要素。新型光伏材料的不断推出，将给建筑带来新的元素，必将给建筑屋顶带来一次革命。

（2）在无法与建筑实现完美一体化的情况下，光伏设备将对建筑外观带来一定的影响，建筑屋顶能够很好地解决这个问题。

（3）屋顶安装光伏设备相对于建筑其他部位更有利于日常维护。

3）从发电角度考虑

（1）可以按照最佳角度安装，获得最大发电量。

（2）可以采用标准光伏组件，具有最佳性能。

（3）与建筑物功能不发生冲突。

（4）光伏发电成本最低，从发电经济性考虑是最佳选择。

平屋顶光伏应用效果实景图如图 4.8 所示。

图 4.8　平屋顶光伏应用效果实景图

2．平屋顶光伏构造及安装

1）直接镶嵌于混凝土平屋顶

对于最常见的建筑物混凝土平屋顶，采用固定倾角式光伏阵列，支架为钢材支架，固定在屋顶混凝土支墩上。光伏组件支架沿结构单元长度方向设置横向支架。支架与基础、支架间杆件以及支架与檩条之间的连接采用螺栓连接方式。平屋面光伏组件布置示意图如图 4.9 所示。

太阳能光伏组件采用这种安装方式，结构荷载较小，安装方便，基本不会影响建筑物的屋面结构安全，不破坏屋面原有的防水体系，经济成本较低。对于新建建筑，可根据具体的支架安装尺寸要求，在设计阶段预留混凝土支墩，安装便捷。光伏组件支架倾角可根据当地纬度，结合屋面的平面布置，通过相关太阳能光伏软件计算，选取最佳的迎阳角度和倾斜角度。当光伏组件采用倾斜放置时，须考虑光伏阵列行间距，避免前排光伏组件对后排的阳光遮挡。倾斜角度的选取与行间距应该结合屋面可安装位置的具体尺寸进行协调，在满足

图 4.9 平屋面光伏组件布置示意图

光照条件的前提下，综合各方面因素选取最优的倾角和配置方案，提高屋面面积的光伏系统安装容量和发电效率。根据以往的设计经验，采用这种方式设置安装的光伏发电系统，单位面积安装容量约为 $120 \sim 160W_p/m^2$，在方案设计时，建议可按 $150W_p/m^2$ 进行估算。

建筑物屋面有许多机电设备，如冷却塔、通风及消防风机、给排水设备、机电管道，还有高出建筑屋面的楼梯间、电梯机房、屋面消防水箱等，都对光伏组件阵列的安装位置产生较大影响，屋面可安装光伏组件的位置面积占比较小或面积较为分散，不利于光伏系统的布置及汇流。须在设计初期会同建筑及各机电专业进行沟通协调，以获取更好的光伏组件安装面积和安装条件。

2）在混凝土平屋顶架空安装

考虑到空间的有效利用，为解决上述屋顶安装的缺点，可采用架空的方式布置屋面光伏组件，在屋面高位加设钢结构雨棚架，支撑光伏组件，不影响屋面本身的设备布置及利用。光伏组件支架与钢结构雨棚檩条通过螺栓连接固定，采用整体水平倾角的方式，光伏组件平铺在雨棚钢结构上，如图 4.10 和图 4.11所示。

采用这种安装方式，可以最大化利用屋顶面积，避免受到屋面设备布置的影响，但也有一些问题是需要考虑的：首先是安全问题，由于钢结构棚架高度超过了女儿墙，需要考虑在极端天气情况下（如强台风），光伏组件有可能会被强风掀开，坠落到楼下造成危险，因此光伏组件安装倾角不宜太大，安装连接件需复核连接强度；其次是钢结构棚架对于建筑高度和容积率的影响，棚架虽然四周是敞开的，但业主日后有可能自行封闭使用，需要与当地的建设及规

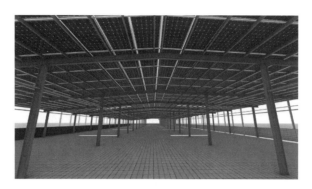

图 4.10 平屋顶雨棚架安装示意

图 4.11 平屋顶雨棚架安装效果

划部门确认相关做法是否可以不计算建筑高度及容积率；然后，屋顶上的一些机电设备，如冷却塔、排风机、透气管等是否允许顶部封闭，需要与各相关专业协商确认。

对于新建的彩钢屋面建筑，可以选用结合光伏一体化的屋面板，全屋面敷设光伏组件、免支架、快速安装，同时光伏屋面可踩踏、无须预留维修和清理通道，在抗风、防水、防火以及充分利用屋面可安装面积等方面更优于在传统金属屋面板上加装普通的光伏组件。图 4.12 为光伏组件与彩钢屋面一体化应用示意。

图 4.12 光伏组件与彩钢屋面一体化应用示意图

4.1.3　光伏天棚

光伏天棚指的是以太阳能电池组件为主要部件，安装在建筑物门、窗顶部，或作为天窗、顶棚用以遮挡阳光、雨、雪的光伏覆盖物，其主要形式有遮阳板、车棚/雨棚、天窗（采光顶）、异形光伏屋顶等。

1. 光伏遮阳板

光伏遮阳板主要部件有太阳能电池组件、蓄电池、控制器、遮阳板、固定部件、配线等，可以把遮阳板上的太阳辐射转化为电能进一步利用。光伏遮阳板一般安装在结构门窗上部，一方面起到遮阳挡效果，一方面能够利用太阳能进行发电。光伏遮阳板在发电的同时可有效减少夏季室内空调负荷，是一种经济型能发电的室外遮阳系统。光伏遮阳板在建筑不同朝向以不同倾角和宽度安装时，遮阳和产电的综合节能效果与角度有关，当光伏遮阳板倾角从 0 ~ 40° 变化时建筑节能量增加幅度不同。

光伏遮阳板常采用非透明遮阳板光伏组件，其应用效果如图 4.13 所示，构造图如图 4.14 所示。

图 4.13　非透明遮阳板应用效果

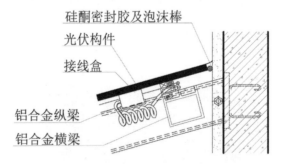

图 4.14　光伏遮阳构造图（来源：国家建筑标准设计图集 16J908-5）

2. 光伏车棚/雨棚

光伏天棚还应用在车棚、雨棚等位置。光伏车棚的光伏组件直接架设在车棚的钢架上，作为顶棚构件与车棚融为一体，随着技术的进步，近年来逐步出现光储充一体化的项目应用场景，如图 4.15（a）所示；光伏雨棚在屋面、建筑出入口等处应用，如图 4.15（b）所示，其构造如图 4.16 所示。

(a)光伏车棚　　　　　　　　　　　　　(b)光伏雨棚

图 4.15　光伏车棚、光伏雨棚

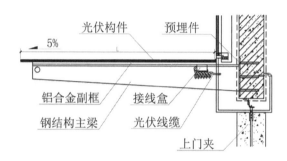

图 4.16　光伏雨棚构造图（来源：国家建筑标准设计图集 16J908-5）

3. 光伏天窗（采光顶）

光伏组件也可以用于天窗、采光顶等，运用时需要考虑透光性能。实现透光的方式有多种，如玻璃衬底的薄膜太阳能电池本身就是透光的。在组件生产时将电池片按一定的空隙排列，可以调节透光率，或电池组件与普通玻璃构件间隔分布，保证透光需求。图 4.17 展示了各种透光方法。图 4.18 为光伏采光顶构造大样图。

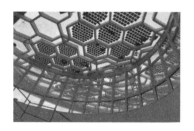

图 4.17　光伏组件与采光屋顶相结合

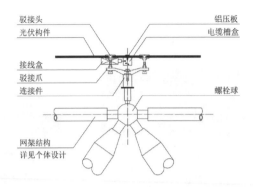

图 4.18 光伏采光顶构造大样图（来源：国家建筑标准设计图集 16J908-5）

光伏采光顶作为光伏建筑一体化屋面应用，通常在公共建筑中应用，如图 4.19 所示。利用太阳能光伏组件作为屋面的采光构件，起到采光、防水、隔热功能。近年来随着光伏组件的发展，其发电效率有所提升，价格有所下降，应用场景越来越多。

图 4.19 光伏采光顶

4．异形光伏屋顶

此外，光伏组件还可以与弧形、圆形等异形屋顶完美结合。图 4.20 所示为江苏最大跨度弧形光伏建筑一体化项目——龙腾特钢 BIPV 项目，该项目采用弧形 BIPV 屋面光伏组件，光伏装机规模为 4.99 万 kW，由 6.8 万块单晶光伏组件组成，面积达 17.6 万 m^2，最大跨度 223.7m，最大棚顶垂直高度 58m。每年可提供最大约 4850 万 $kW \cdot h$ 的清洁电力，每年可减少约 3.8 万吨 CO_2 的排放。

图 4.20 龙腾特钢 BIPV 项目

如图 4.21 所示，米内罗体育场和龙腾体育馆将光伏组件与屋面造型结合，不仅让体育场的外观更加具有设计感，同时光伏组件还能提供绿色电力。

(a) 米内罗体育场　　　　　　　　　　　(b) 龙腾体育场

图 4.21 光伏与体育馆屋顶一体化应用

图 4.22 为 2010 上海世博会的世博主题馆项目，该项目在屋面铺设了面积约 2.6 万 m^2 的多晶硅光伏组件，面积巨大的太阳能电池组件让主题馆的装机容量达到了 2825kW，而大菱形平面相间隔的铺设方法也同时保证了屋面的美观。

图 4.23 为亚洲最大高铁站——雄安站 BIPV 金属屋面项目，该项目在屋顶两侧屋面铺设了面积 4.2 万 m^2 的多晶硅光伏组件，总装机容量 6MW，安装功

图 4.22 上海世博主题馆光伏一体化屋顶　　图 4.23 雄安高铁站 BIPV 金属屋面项目

率密度 142W/m^2。年均发电量 580 万 kW，能够为高铁站提供 20% 的电力，为雄安高铁站的公共设施带来清洁电力，真正实现清洁低碳。

4.1.4　光伏LED天幕

LED 多媒体动态幕墙和天幕，是将 LED 技术与幕墙、屋面系统相结合的产物。太阳能光伏发电技术能与 LED 结合的关键在于两者同为直流电，电压低且能容易匹配。两者的结合不需要将太阳能电池产生的直流电转化为交流电，太阳能电池组直接将光能转化为直流电能，通过串并联的方式任意组合，可得到 LED 实际需要的直流电，再匹配对应的蓄能电池便能实现 LED 照明的供电和控制。因为不需要传统的复杂逆变装置进行供电转换，所以这种系统可获得很高的能源利用效率，以及较高的安全性、可靠性和经济性。太阳能电池与半导体照明 LED 一体化是太阳能电池和 LED 技术产品的最佳匹配，是集发电、照明、多媒体、建筑节能、动态幕墙和动态天幕为一体的新技术，如图 4.24 所示。

图 4.24　天幕夜晚多媒体动态图像图

4.2　太阳能建筑一体化屋顶光伏应用案例

本节以上海虹桥御墅光伏建筑一体化项目为例，介绍光伏系统在居住建筑屋顶的运用情况。

4.2.1　工程概述

上海虹桥御墅位于虹桥主城片区的徐泾国际别墅区，至虹桥枢纽直线距离仅 6km，至国家会展中心直线距离仅 4.5km；拥有"三纵四横"交通路网，崧泽高架可直达虹桥枢纽，沪渝高速直连延安高架路，畅达市中心；周边拥有超百万立方米商业配套，多所国际学校、高端医疗资源及高尔夫俱乐部环伺；由 56 栋纯独栋法式别墅组成，4 条景观大道打造绝美景致；建筑外立面采用进口天然大理石；朝南设计，真正做到大面宽、短进深，客厅挑空 7.2m，地下室最大层高 4.9m；户均 3.9 个车位。上海虹桥御墅鸟瞰图如图 4.25 所示。

图 4.25　上海虹桥御墅鸟瞰图

4.2.2　光伏构件技术指标

本项目采用亚玛顿单晶硅光伏瓦，该组件表面采用显示屏级防眩处理工艺，瓦面超低眩光纹理，最大还原石材质感。同时，其强度 3 倍于普通屋顶瓦和水泥瓦，可以抵御冰雹、大风等气象灾害的影响，即使遇到 15 级大风也不会被吹翻。该屋顶光伏系统在夏季可降低室内温度 5～8℃，减少能耗约 10%，其采用的光伏瓦技术指标如表 4.1 所示。

表 4.1　亚玛顿单晶硅光伏瓦技术指标

组件型号	SEAC14B
额定工作功率	70W
工作电压	9.03V
工作电流	10.19A
开路电压	10.97V
短路电流	10.73A
尺　寸	1240mm×390mm×6mm
重　量	10kg
框　架	无边框
前盖板玻璃	钢化镀膜玻璃
电池片	单晶 PERC 166mm×83mm
背　板	钢化玻璃
防护等级	IP67
工作温度范围	-40～+85℃
机械载荷	≥5400Pa
燃烧性能等级	A 级
防风等级	GB 36584-2018 15 级
抗冰雹等级	IEC61215

4.2.3 安装节点示意图及屋面安装实景图

安装节点示意图如图 4.26 所示，屋面安装实景图如图 4.27 所示。

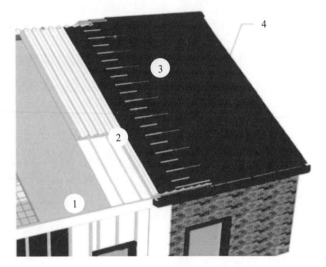

4. 逆变器，并网电箱，电缆及辅配件
3. 发电光伏瓦（含非发电）

镀铝锌钢制挂瓦条
波形沥青防水板
2. PFW一体板
聚氨酯保温层
顺水条

1. 混凝土基层

图 4.26　安装节点示意图

图 4.27　屋面安装实景图

4.2.4 光伏发电系统设计

1. 光伏阵列设计

别墅屋顶受光面积约为 $73.5m^2$，根据设计，光伏组件分别安装在建筑东、南、西侧三个屋顶上，共安装 152 块 70W 光伏组件，其中靠东侧和靠西侧屋顶呈对称分布。方阵倾角均为 30°，朝南布置，与建筑物原朝向一致。

2. 安全设计

1）结构安全设计

光伏瓦构件设计时充分考虑型材框架、光伏组件及其他结构重力荷载，以及风压、雨雪荷载和地震作用效应，使光伏瓦构件结构满足 GB 50009-2012《建筑结构荷载规范》的要求，即满足在型材结构 25kg/m²、上海市 50 年一遇的风压载荷 0.4kN/m²、雪压载荷 0.4kN/m² 等受压下的强度要求。

结构构件应根据承载能力极限状态及正常使用极限状态的要求，进行承载能力、稳定、变形、抗裂、抗震验算。各种主体结构、连接件与散件的承载力设计值应大于自身的承载力设计值，连接件与散件设计的使用年限与主体结构相同，达 25 年以上。预埋件属于难以更换的部件，其结构设计使用年限宜按 50 年考虑。

钢结构框架、各焊接连接处、穿孔处、各连接件及散件按设计要求做防腐防潮处理，且符合国家现行标准 GB 50212《建筑防腐蚀工程施工及验收规范》和 GB 50224《建筑防腐蚀工程质量检验评定标准》的要求。

光伏瓦构件选用优质型材，在结构上适当加以改进，嵌入挂瓦条、防水板、顺水条，再按照一定规格、尺寸裁剪，组合成框架系统，既便于镶嵌光伏组件，又利于接纳导流雨水，防止滴漏和渗透。在光伏屋顶与下部使用空间中加设一个约 10～30cm 高的热缓冲空间，既可减少室温增高，又可提高光伏组件工作效率。型材框架具有耐冲击、水密性好、保温性好、气密性好、隔声性好、耐老化、防火性好和保养容易等优点，满足屋面整体防水、保温等防护功能。

2）电气安全设计

光伏组件间串线均通过方管框架引出，系统直流端、交流端走线均通过桥架或走线管，既可屏蔽线路，又可避免线路被外界环境侵蚀破损而引发触电事故。

应采取相应措施来防范直击雷和感应雷对光伏系统的危害。光伏电站属第三类防雷建筑，设计防雷方案时严格按照 GB 50057-2010《建筑物防雷设计规范》中第三类防雷建筑的要求进行设计。该项目主要电气设备均应进行防雷接地处理，主要电气设备（包括光伏防雷汇流箱、直流配电柜、并网逆变器和交流配电柜等）内部均安装防雷模块，并且设备外壳和防雷模块均可靠接地，接地电阻不大于 4Ω。

3）并网系统设计

上海虹桥御墅建筑 10.6kW 光伏屋面并网光伏发电系统采用 1 台 10kW 并网逆变器，光伏系统发出的电能接入家庭配电系统，供家庭负载用电，并网网络选用 0.4kV 低压配电网络。

（1）组串设计：建筑屋顶 10.6kW 系统共安装 152 块 70W 光伏组件，共

3个组串连接，其中2个组串的数量为49个，一个组串的数量为54个。通过具有汇流功能的1台10kW并网逆变器汇流后接入家庭配电系统。逆变器每路输出最高电压为DC720V，输出最大电流为36.4A。

（2）并网方案设计：本套光伏发电系统共安装1台10kW并网逆变器，逆变器逆变输出0.4kV电能并联汇总后单点接入并网点。并网点处安装双向电能计量表，本项目并网形式采用自发自用，余电上网的形式。其最大输出功率为10kW，最大输出电流为15.2A，采用三相四线制连接，可用单根WDZ-YJY-5×10mm² 电缆接入32A断路间隙下端口。并网方案示意图如图4.28所示。

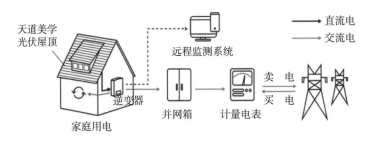

图4.28 并网方案示意图

并网点选择要求：

① 并网点断路器额定容量要大于并网线路容量的1.25倍。

② 并网点常选用并网支路断路间隙下端口。

③ 并网点到并网支路要求无电流互感器，防止电流逆行破坏监测电表及保护元件的准确性和安全性。

④ 在并网关口计量点设置电能质量监测装置，并要求具有电网异常时应具备的响应能力。

4）监测系统

本项目借助应用程序，可以实时监控住宅的发电情况。设定电站信息、逆变器设备绑定即可随时查看电量及收益。借助即时提醒和远程访问功能，可以随时随地监测系统。其注意事项如下：

（1）在光伏电站的运营阶段，制定经济合理的运维方案，保证电站安全可靠性，提高电站的发电量。

（2）安装在建筑各部位的光伏组件，包括直接构成建筑围护结构的光伏构件，应具有带电警告标识及相应的电气安全防护措施，并应满足该部位的建筑围护、建筑节能、结构安全和电气安全要求。

（3）光伏电站应对太阳能光伏发电系统的发电量、光伏组件背板表面温度、室外温度、太阳总辐照量等参数进行监测和计量。

（4）太阳能光伏发电系统中的光伏组件设计使用寿命应高于 25 年，系统中单晶硅组件自系统运行之日起，一年内的衰减率应低于 3%，之后每年衰减应低于 0.7%。

（5）设计时根据太阳能光伏组件布局，将接受太阳能辐射强度相同的区域内的太阳能光伏组件所发的电通过逆变器均衡匹配并接到公共三相电网上，使得三相平衡。三相电压不平衡度不大于 2%，短时不超过 4%。

（6）光伏电站应实时对外部电网的电压、相位、频率等信号进行采样并比较，始终保证逆变器输出与外部电网同步，电能质量稳定可靠，不污染电网。

（7）光伏电站应具备电网故障自诊断、系统故障自诊断、可靠的防"孤岛效应"保护功能（2s 内动作，将光伏系统与电网断开），设备故障或交流输出电能质量不符合要求时自动切离电网。

4.2.5 光伏发电系统经济效益分析

1. 年发电量

本项目光伏发电系统参照 GB 50797-2012《光伏发电站设计规范》《建筑太阳能光伏系统设计与安装》10J908-5 等规范。根据《光伏发电站设计规范》第 6.6.2 条，光伏发电系统发电量计算公式为：

$$E_p = H_A \times P_{AZ} / E_s \times K = H_A \times A\eta_i \times K$$

式中，E_p 为上网发电量（kW·h）；H_A 为水平面太阳年辐照量（kW·h/m^2，峰值小时数，与参考气象站标准观测数据一致）；E_s 为标准条件下的辐照量（常数，1kW·h/m^2）；P_{AZ} 为组件安装容量（kW$_p$）；K 为综合效率系数，包括光伏组件类型修正系数、光伏方阵的倾角、方位角修正系数、光伏发电系统可用率、光照利用率、逆变器效率、集电线路损耗、升压变压器损耗、光伏组件表面污染修正系数、光伏组件转换效率修正系数，本项目太阳能利用条件较好，综合效率系数取 0.65；A 为组件安装面积（m^2）；η_i 为组件转换效率（%）。

上海市倾斜面太阳年辐照量为 4190MJ/m^2，折合为 1163kW·h/m^2，太阳能光伏组件转化率 η_i 取 0.21，屋面共布置光伏组件 152 块，其有效面积为 $1.24 \times 0.39 \times 152 = 73.5$m^2，故本项目太阳能光电系统初始年发电量为：

$$E_p = H_A \times A\eta_i \times K = 1163 \times 73.5 \times 0.21 \times 0.65 \approx 1.17 \times 10^4 (\text{kW} \cdot \text{h})$$

在25年寿命期内，平均功率按照最初输出功率85%计算，则年均发电量为：

$$1.17 \times 10^4 \text{kW} \cdot \text{h} \times 85\% = 0.99 \times 10^4 (\text{kW} \cdot \text{h})$$

2．经济效益分析

根据上海市电网销售电价表，居民生活用电（不满1kV）电度电价为0.617元/kW·h，本项目在25年寿命期内，全部自发自用，年均发电量为0.99万kW·h，每年节省电费约0.61万元；按照目前市场价格，小型BIPV光伏发电系统安装容量为10.6kW，按照8元/W成本价格计算，该发电系统投资成本为10600 × 8 = 84800（元），即8.48万元，该系统静态回收期为8.48 ÷ 0.61 ≈ 14年。

本项目太阳能光伏系统在25年寿命期内，年均发电量约为0.99万kW·h，每年可节约标准煤3.29t，可减排CO_2 9.87t、SO_2 0.3t、NO_x 0.15t、烟尘2.69t，同时可节约净水39.6t，具有良好的经济、社会和环境效益。

本章习题

（1）光伏天棚主要安装在什么地方？作用如何？

（2）光伏屋面一体化与常规非一体化设计相比，有哪些特点？

（3）斜屋面可以采用哪些光伏建筑一体化产品？

（4）如何设计瓦屋顶光伏发电系统？应注意的事项有哪些？

（5）光伏遮阳板起到什么作用？介绍光伏遮阳板采用什么光伏组件。

（6）请举一个太阳能建筑一体化屋顶光伏应用案例。

第5章 太阳能建筑一体化之光伏幕墙应用

本章主要介绍光伏幕墙的优缺点和分类，以及光伏组件与建筑幕墙的结合方式，还介绍了光伏幕墙的应用，包括单层光伏幕墙、双层光伏幕墙和光伏LED幕墙等。

5.1 光伏幕墙简介

光伏幕墙是将传统幕墙与光伏相结合的一种新型建筑幕墙，这种新兴的技术，将光伏技术与幕墙技术科学地结合在一起。光伏幕墙除了具有普通幕墙的性能外，最大的特点是具有将光能转化为电能的功能。

1. 光伏幕墙的优点

（1）墙面的太阳能光伏组件直接呈现在人们的视线中，建筑整体形象与光伏组件的色彩及外观有直接关系，立面可以充分利用光伏组件具有一定透光性的特点，选用不同透光性的光伏组件创造出立面的多层次的效果以及室内多变的光影效果，处理得当可使建筑现代感十足。

（2）非晶硅光伏幕墙反光率为 3%～7%，小于普通玻璃幕墙 10%～35% 的反光率，能有效减少光伏幕墙建筑所带来的城市光污染问题。

（3）对于双层光伏幕墙来说，光伏幕墙系统中太阳能光伏组件独立于建筑外围护结构，具有遮阳、隔热作用，降低了墙体的壁温，改善室内环境的舒适性，同时又能够减少建筑围护结构的得热量，降低室内的空调运行负荷，减少外界噪声的影响，改善建筑围护结构的隔音效果。

2. 光伏幕墙的缺点

（1）考虑到建筑采光要求，光伏幕墙系统的电池组件一般采用透光效果好的非晶硅电池，发电效率明显不高，并且会受到现有建筑遮挡使得建筑上可安装电池板的面积十分有限。

（2）墙体上安装电池板会对建筑的室内采光造成影响，因此大面积的光伏幕墙较多地应用在商业建筑中，建筑类型局限较大。

（3）如果双层幕墙设计不当，气流通道中的空气温度会过高，不仅会影响光伏组件的寿命和发电性能，还会导致室内过热，增加空调的运行负荷，降低室内环境的舒适性。

（4）玻璃幕墙在建筑围护结构中是热交换最活跃、最敏感的部位，对于单层光伏幕墙来说，其热交换损失要比混凝土或砖混砌体大 5 ~ 6 倍。目前相关光伏生产商在光伏组件玻璃盖板的材质上做了许多尝试，如采用 LOW-E 玻璃、热反射玻璃等，但是目前并不能达到保证光伏发电效率和减少与室内热交换的双赢效果。

5.1.1 光伏幕墙概述

光伏幕墙要符合 BIPV 要求，除发电功能外，要满足幕墙所有功能要求，包括外部维护、透明度、力学、美学、安全等。光伏幕墙的应用受到以下制约：组件成本高，光伏性能偏低；要与建筑物同时设计、同时施工和安装，光伏系统工程进度受建筑总体进度制约；光伏阵列偏离最佳安装角度，输出功率偏低，发电成本高等。

但光伏幕墙同时也具有很多应用优势，主要体现在以下几个方面：

（1）可以节约土地资源。

（2）节能减排。

（3）抵抗外界环境侵蚀，太阳能发电属于绿色资源，与环境有较好相容性，不会对环境造成不良影响。

（4）调整用电峰谷，城市中热岛效应显著，尤其是夏季制冷设备的使用，导致用电频率极高，增加了电网压力，同时该设备可以在日照较强时期为光伏系统提供更多电能，积极缓解城市电力供应压力。光伏幕墙如图 5.1 所示。

图 5.1 光伏幕墙

1. 按材料的区别分类

（1）晶硅类：晶硅类光伏幕墙采用晶硅材料制作而成，是传统的幕墙形式，晶硅类光伏幕墙存在单晶硅与多晶硅之分，其中双层玻璃夹层为主要表现方式。鉴于发电效率及行业发展现状与趋势，早期的晶硅类光伏幕墙的应用以多晶硅为主，目前晶硅类光伏幕墙主流方式为单晶硅。晶硅类幕墙如图 5.2 所示。

图 5.2 晶硅类光伏幕墙

（2）薄膜类：薄膜类光伏幕墙因其透光性能好、色彩多样性高、安装便捷等特点，目前逐渐流行起来。从发电材料角度进一步细分，有碲化镉、铜铟镓硒、钙钛矿等细分类别，鉴于色彩、透光透视、纹理、弱光性、可定制化等灵活性、综合性因素，目前，实际应用广泛、适应场景丰富、能够大规模商业化量产的是碲化镉薄膜光伏幕墙。薄膜类幕墙如图 5.3 所示。

图 5.3 薄膜类光伏幕墙

2. 按建筑一体化结构形式分类

（1）光伏透明幕墙：要求透明光伏组件构成透明幕墙，如图 5.4 所示。

（2）光伏嵌入玻璃幕墙：如图 5.5 所示，半透明光伏组件为幕墙应用提供了广泛的空间。晶体太阳能模块的透明度取决于各电池之间的距离，电池彼此间靠得越近，面板总的光伏输出就越高。另外，一个非常紧密的电池排列可削减进入建筑物的日照量，反过来又可在夏季降低空调能耗。但建筑师通常不考虑优化光伏幕墙的效率，反而倾向于更高的用户舒适度。

图 5.4 光伏透明幕墙

图 5.5 光伏嵌入玻璃幕墙

（3）非透明光伏幕墙：要求非透明光伏组件构成非透明幕墙，如图 5.6 所示。

图 5.6 非透明光伏幕墙

5.1.2 光伏幕墙构造

光伏幕墙是用特殊的树脂将太阳能电池粘贴在玻璃上，镶嵌于两片玻璃之间，通过电池将光能转化为电能，集合了光伏发电技术和幕墙技术，充分利用建筑物的表面和空间，其构造如图 5.7 所示。

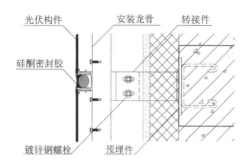

图 5.7 光伏幕墙构造图（来源：国家建筑标准设计图集 16J908-5）

太阳能电池组件可起到很好的遮阳隔热效果，可使空调能耗有效降低，并且相比一般的遮阳棚有更美观的建筑外观效果，如图 5.8 所示。

图 5.8 光伏遮阳

5.2 光伏组件与建筑幕墙的结合方式

在建筑立面上光伏组件与建筑的结合方式更多地表现为光伏幕墙，幕墙与光伏材料因具有很多相似的工业化特征而使得光伏幕墙更易于实施和深化设计。光伏幕墙的设计原理应是在首先满足幕墙外围护功能的前提下，进行单元式或整体式的光伏组件的替换，整合后的光伏幕墙集发电、隔声、保温、安全、装饰等功能于一体，充分利用了建筑物的表面和空间，赋予了建筑鲜明的现代科技和时代特色，既满足幕墙的围护功能，又能发挥光伏系统的作用。结合幕墙的形式，光伏幕墙可分为隐框式和明框式，如图 5.9 和图 5.10 所示。

不同类型的太阳能电池均可应用于光伏幕墙，如晶体硅太阳能电池和非晶硅薄膜太阳能电池等。目前光伏幕墙主要是采用非晶硅太阳能电池，如碲化镉（CdTe）薄膜太阳能电池，是一种以 P 型 CdTe 和 N 型 CdS 的异质结为基础的太阳能电池。可以把电池集成在幕墙玻璃内，替代传统的幕墙玻璃，实现光伏建筑一体化的目标。作为幕墙玻璃，光伏发电玻璃可根据建筑使用功能要求，

图 5.9 隐框式光伏幕墙

图 5.10 明框式光伏幕墙

选择不同的透光率，满足玻璃幕墙或玻璃屋顶的采光要求，还能根据建筑立面要求，采用蒙砂、镀膜、彩色 PVB、彩釉等多种方式，实现颜色的可定制化，如图 5.11 所示。可与石材、铝板等外墙建材完美搭配，为建筑的立面造型提供更丰富的建材选择，实现真正意义上的建筑一体化光伏发电功能。

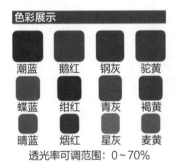

图 5.11 光伏幕墙色彩展示

图 5.12 为挪威的特隆赫姆 NTNU 大学 ZEB 灵活实验室项目，该项目采用了高效的全黑 BIPV 立面，使用一系列定制的面板尺寸和幕墙安装系统；采用了轻质通风立面的隐藏式安装系统和集成太阳能电池的视觉玻璃，并优化了太阳能的收集，可高效利用阳光，充分转化为电能。

图 5.12 特隆赫姆 NTNU 大学 ZEB 灵活实验室光伏幕墙

图 5.13 为嘉兴市科技展示馆 BIPV 光伏发电项目，项目位于浙江省嘉兴市秀洲高新区，总建筑占地面积约为 $8695m^2$，其中光伏科技馆建筑占地面积约为 $4832m^2$，光伏玻璃安装面积约为 $5556m^2$；光伏玻璃安装多样化遍布整个科技馆的角落，涵盖南立面幕墙、西立面幕墙、东立面幕墙、坡屋面屋顶、光伏雨棚、光伏塔以及采光顶，使用各类规格超大尺寸中空光伏玻璃 1815 片和异形不规则光伏玻璃 200 多片。

图 5.13 嘉兴市科技展示馆 BIPV 光伏发电项目

5.3 光伏幕墙应用

光伏组件在墙面上的应用主要是以光伏幕墙的形式出现，光伏幕墙是指将光伏组件设置在建筑的围护结构之外或直接取代建筑围护结构，实现光伏发电与建筑物有机结合的一种方式。根据光伏幕墙的层数不同，可进一步将光伏幕墙分为单层光伏幕墙和双层光伏幕墙两种形式。

5.3.1 单层光伏幕墙

单层光伏幕墙大多是将太阳能电池与窗户或者玻璃幕墙直接结合，使电池夹在两片钢化玻璃中间形成夹层玻璃组件，通过调节电池之间的距离改善室内的采光需求，可以创造出意想不到的光影效果。单层光伏玻璃幕墙包括夹层玻璃光伏组件和中空玻璃光伏组件两种结合形式。

夹层玻璃光伏组件的结构构造是由内外表面的两片钢化玻璃和中间的太阳能电池片复合而成，电池片与钢化玻璃之间的黏接剂一般使用 EVA 或 PVB（聚乙烯醇锁丁树脂），如图 5.14（a）所示。夹层玻璃幕墙与普通玻璃幕墙相比具有安全、节能、隔音等优点。

中空玻璃光伏组件的结构构造是由两片或两片以上的钢化玻璃组成，在钢化玻璃之间保留一定的空隙间隔，玻璃周边用密封胶密封，太阳能电池片置于中空玻璃的空腔内，其结构构造如图 5.14(b)所示。该组件具有很好的隔热和隔音性能，其隔热性能与混凝土墙相当。

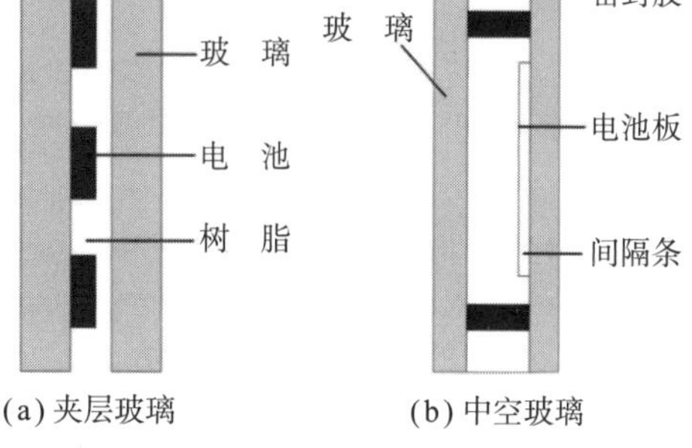

(a) 夹层玻璃　　　　　　(b) 中空玻璃

图 5.14 夹层、中空玻璃构造图

近年来，随着国内外光伏建筑一体化的推广，各组件封装制造厂纷纷推出

双面玻璃太阳能电池组件、中空玻璃太阳能电池组件,如图 5.15 和图 5.16 所示。与普通组件结构相比,它们利用玻璃代替 TPE(或 TPT)作为组件背板材料,这样得到的组件美观,具有透光的优点,可以作为光伏幕墙、采光顶和遮阳篷等使用。太阳能电池组件的可靠性在很大程度上取决于封装材料和封装工艺。通常要求组件能正常工作 20 年以上,组件各部分所使用材料的寿命尽可能相互一致,因此要注意材料选取,并采用先进的封装工艺。

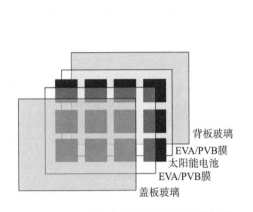

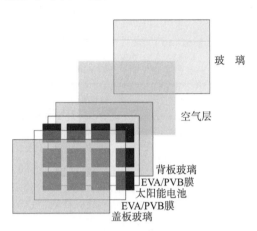

图 5.15 双面玻璃太阳能电池组件结构   图 5.16 中空玻璃太阳能电池组件结构

光伏组件与建筑墙体或窗户相结合直接替代建筑围护结构的系统,根据设计需要,可以将透明、半透明和普通的透明玻璃结合使用,创造出不同的建筑立面和室内光影效果。日本京瓷公司大楼的光伏幕墙采用了单层光伏幕墙形式,如图 5.17 所示。

图 5.17 单层光伏幕墙案例——日本京瓷公司大楼

5.3.2 双层光伏幕墙

双层光伏幕墙的构造形式分为两层,内层为建筑物的墙面(或玻璃幕墙),

外层为光伏组件（或光伏玻璃幕墙），在两层结构中间形成一个相对封闭的空间，在太阳能光伏温度升高后，该空间的空气在热量的作用下会上升形成空气循环，能够达到调节室内温度的目的。双层光伏幕墙按构造形式可分为外挂式、走廊式、竖井式、窗盒式四种。

（1）外挂式双层光伏幕墙是最简单的一种方式，双层之间的过渡层不产生四向分隔，故又称作整体式双层光伏幕墙，如图5.18（a）所示。这种设计的过渡层空间比较大，烟囱效应不明显，不利于光伏组件的散热。

（2）走廊式双层光伏幕墙是水平方式划分单元，每个单元统一上出下进设计。这种方式对光伏组件的维修保养比较方便，便于清洁同时也提高了发电效率。

（3）竖井式双层光伏幕墙是在窗盒式的基础上增大水平分隔的距离，气温差的增大会加快空气的流动速度，达到增强烟囱效应的目的，如图5.18（b）所示。

（4）窗盒式双层光伏幕墙是将过渡层的水平方向和竖直方向分隔成若干独立的单元。这种分隔方式尽管在竖向进行分隔，但由于水平方向的分隔距离较小，烟囱效应也不是十分明显，如图5.18（c）所示。

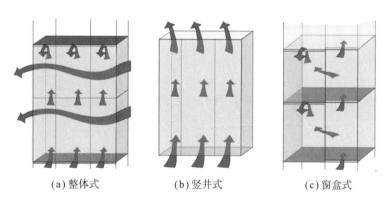

(a) 整体式　　　　　　(b) 竖井式　　　　　　(c) 窗盒式

图 5.18 双层光伏幕墙

总之，双层光伏幕墙可以通过过渡层的进、出风口来调节室内温度。在夏季，打开通风口的盖板，白天室外温度高于室内，关闭内层窗口，过渡层空气在烟囱效应作用下降低了内层外表面的温度；夜晚室外温度低于室内，打开内层窗口，底部进入的冷空气和室内的热空气进行交换后从顶部排风口排出。在冬季，关闭通风口的盖板，过渡层的空气由此变得相对封闭，对建筑物的保温起到积极作用。

将光伏组件设置在建筑围护结构的外表面，与建筑围护结构之间存在一定厚度的空气层，可以通过自然通风或者机械辅助通风的方式，实现提高电力输出、遮阳与隔热等多种功能。北京国家会计学院以及北京奥运会射击馆均采用了双层光伏幕墙技术，如图 5.19 所示。

(a) 北京国家会计学院　　　　　　　　　　(b) 北京奥运会射击馆

图 5.19　双层光伏幕墙建筑案例

5.3.3　光伏LED幕墙

在幕墙行业之中，具备发电功能的光伏幕墙格外引人注目。光伏幕墙通常是将光伏与 LED 照明组合，太阳能玻璃幕墙技术是当今世界建筑业与太阳能利用相结合的发展大趋势。

外墙采用透明太阳能玻璃幕墙，将太阳能转换为电能，既起到普通幕墙的装饰、采光、隔音隔热作用，又能为大厦公共走廊、地下车库、室外景观与道路、楼体亮化等提供照明电源。照明采用 LED，节能效果明显。

亚洲最大的光伏建筑一体化的幕墙是北京辉煌净雅大酒店的 LED 光伏幕墙，该幕墙最大特点是能源循环自给，可以大幅度节约能源和运营成本。白天，每块玻璃板后面的光伏电池将太阳能吸收储存起来，晚间则将储存的电能供应给墙体表面的 LED 显示屏。该光电幕墙是尚德电力公司建造的，由 2300 块、9 种不同规格的光电板组成，面积达 2200m^2。

如图 5.20 所示，整个工程的最大特点是墙体采用太阳能电池组件和 LED 灯，白天的时候太阳能电池组件将太阳能存储为电能，在每块玻璃板的后面加装 LED 灯，用于晚上外幕墙的灯光效果，所有 LED 灯所用的电能均来自于白天太阳能电池组件产生的电能，大大节约了能源，LED 灯光通过电脑控制，在外幕墙表现出各种图像，增加了建筑的艺术效果。整幢建筑的表面提供先进的可持续能源技术，这一媒体墙为北京市提供了一个数字媒体艺术的集结地。

图 5.20 北京辉煌净雅酒店

本章习题

（1）薄膜类光伏幕墙有什么特点？

（2）请说明双层光伏幕墙工作原理及用途。

（3）什么是光伏幕墙？光伏幕墙有几种应用方式？

（4）请说明晶硅类光伏幕墙和薄膜类光伏幕墙的主要区别及用途？

第6章　太阳能光伏建筑一体化设计原则与案例

本章主要介绍光伏建筑一体化设计优点、原则，重点描述公共建筑的BIPV的设计案例，以及不同种类太阳能电池组件在公共建筑上的应用实例等。

6.1　光伏建筑一体化设计优点

（1）利用清洁可再生能源。太阳能光伏建筑一体化产生的是绿色能源，应用太阳能发电，不会污染环境。太阳能是最清洁且免费的能源，开发利用过程中不会产生任何生态方面的副作用，同时它又是一种再生能源，取之不尽，用之不竭。

（2）节约土地资源。光伏阵列一般安装在闲置的屋顶或外墙上，不用额外占用土地，这对于土地昂贵的城市建筑尤其重要。对于建筑来说，屋顶、外墙立面等地方属于闲置资源，而使用光伏绿色建材，在满足建筑基本实用功能的基础上，还能利用闲置资源发电，产生更多清洁能源。

（3）提高建筑节能效果。光伏阵列吸收太阳能转化为电能，大大降低了室外综合温度，减少了墙体得热和室内空调冷负荷，可以起到建筑节能作用。因此，发展太阳能光伏建筑一体化，可以"节能减排"。夏天是用电高峰的季节，也正好是日照量最大、光伏系统发电量最多的时期，对电网可以起到调峰作用。

（4）节省电站送电网的投资。可原地发电原地送电，避免了传统电力输送时的电力损失，大大提高用电效率，节省投资。太阳能光伏发电可以替代部分的公共电网。

6.2　光伏建筑一体化设计原则

在进行光伏建筑一体化设计时，要对工程整体所有既有条件进行分析整合，对即将面临的问题进行预先估计，矛盾产生时协同解决，这个过程考验的是建筑师的耐心创造以及统筹兼顾的能力。以可持续发展为指导思想，着重考虑以下四个原则：

（1）技术手段先进。随着太阳能技术的发展，国内外高尖端材料和技术的发展逐渐成熟，迎合市场的前提下满足大多数消费者的使用需求，光伏电站在设计之初必须考虑所应用产品和技术的先进性，科学的发展是一场淘汰赛，若项目使用濒临淘汰的产品，则维修的过程中无适配产品，为延长产品的使用周期，光伏发电系统选用的光伏产品要满足技术领先性、市场成熟性等条件。

（2）科学应用合理。光伏发电系统在设计的第二步就要考虑太阳能电池设备的生产现状，若一味地采用高精尖的产品，不考虑用户的成本需求、产品的稳定性、厂家的可维护性、市场的推广性，就会产生一系列问题。

（3）组件成本经济。在满足各项技术指标稳定进行的前提下，建筑设计师设计时以及施工团队施工时都应该为用户投资成本考量，应考虑性价比高的组件及构件，降低工程及设备所需的总成本，保证用户的经济利益不受损失。

（4）效果展现美观。光伏建筑一体化的设计的各个阶段均应考虑美观性，作为具有示范效果的光伏建筑，在保证系统各个部件安全运行的前提下，与建筑进行一体化设计，提高系统的整体性与美观性，使其成为建筑的新风尚。

6.3　光伏组件与建筑构件的结合方式

6.3.1　光伏组件与建筑遮阳、雨棚相结合

在建筑方案设计时可充分考虑立面光伏组件的安装条件，结合建筑立面造型，在建筑迎阳面的遮阳、雨棚等构件上，设置立体光伏构架，不受建筑屋面各种条件的限制，可以最大化地安装光伏组件。图 6.1 为某项目光伏组件结合建筑立面遮阳构件安装示意。

图 6.1　某项目光伏组件结合建筑立面遮阳构件安装示意

将光伏组件与遮阳挡雨装置相结合，可以有效地利用空间。太阳光直接照射到遮阳板上，既产生了电能，又减少了室内的日射得热。通过设计计算可以使得这两方面性能得到更好的匹配。图 6.2 为光伏组件与建筑遮阳构件相结合的实例，图 6.3 为中南集团工业大楼 30kW 遮雨棚项目实例。

图 6.2　某项目光伏组件与　　　　图 6.3　中南集团工业大楼
建筑遮阳相结合的实例　　　　　　30kW 遮雨棚项目实例

另外，有许多公共设施，如休闲长廊等，也与光伏技术结合起来，形成亮丽的光伏长廊景观，为城市增添了现代化色彩。图 6.4 为江苏泰州市海陵区彩虹光伏景观长廊。

图 6.4　江苏泰州市海陵区彩虹光伏景观长廊

6.3.2　光伏组件与阳台护栏相结合

光伏组件除了可以用于屋顶、外墙等基本建筑结构外，还可以与其他结构结合，如阳台护栏、百叶窗等。图 6.5 为河北保定绿色智慧生态小镇示范项目，该项目建筑面积 110m²，项目装机 45kW，其中建筑的阳台护栏应用了光伏组件（光伏围栏）。

6.3.3　其他结合方式

将光伏组件作为护栏，可有效利用照射在立面的太阳能，如图 6.6 所示。

图 6.5 河北保定绿色智慧生态小镇示范项目（光伏围栏）

 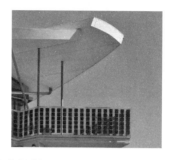

图 6.6 光伏护栏

将光伏组件作为室外步道，可有效利用照射到地面的太阳能，起到一定的示范作用，如图 6.7 所示。

图 6.7 光伏步道

6.4 公共建筑光伏一体化应用

建筑光伏一体化技术是将光伏组件集成到建筑上的技术，它不同于光伏系统附着在建筑上的形式，是应用太阳能发电的一种新概念。

近年来，我国机场、铁路和体育建筑进入快速发展高峰期，在候机楼、铁路站房和体育场馆，尤其是铁路站房建设和改造上取得丰硕的成果，但候机楼、铁路站房和体育场馆的光伏一体化仍处在发展初级阶段。为适应我国节能减排发展战略，需借鉴国内外大量 BIPV 优秀设计案例，进一步提升候机楼、铁路站房和体育场馆光伏一体化设计思路，提出发展全面节能、环保型候机楼、铁路站房和体育场馆。

与其他类型建筑相比，候机楼、铁路站房和体育场馆，尤其是第三代候机楼、铁路站房和体育场馆作为典型的现代建筑，其种种特征显示出建筑光伏一体化的设计理念具有广泛的适用性和必要性。

6.4.1 公共建筑的特点

1．公共空间大，建筑能耗高

候机楼、铁路站房和体育场馆作为城市交通枢纽和公共活动场所，人流量巨大，需要大体量的公共空间，无论是空调系统、人工照明系统，还是附属辅助设施等，都需要耗费大量的能源。采用光伏能源降低或者直接取代候机楼、铁路站房和体育场馆的日常能源消耗，具有很大的需求空间。

2．建筑表皮系统庞大，利于提升光伏系统的能效

光伏能源需要大面积的阳光接受面，产生效能与投入比值较高。铁路站房具有这一先天优势，无论是站房屋顶、站台雨棚，还是建筑外立面都具有庞大的表皮系统，可以充分设计利用。同时，铁路站房大多选址在建筑密度较低地区，周边建筑少，对光能的采集优势很大。从光伏系统的经济可行性角度来看，铁路站房是满足条件的。

候机楼、铁路站房和体育场馆经历了几代更替，形成了极具现代感的交通型建筑，将光伏材料和装置融入其中，从造型美观性、科技性、现代感的角度去创新设计，有利于建筑本身的设计理念提升。

3．城市标志性建筑，引领节能建筑风潮

候机楼、铁路站房和体育场馆作为大型公共建筑，对于一个城市来说具有十分重要的意义，它们是对外的重要宣传窗口，是体现一个地区综合实力的标志。因此结合标志性建筑进行建筑光伏一体化设计，有利于引导全社会的节能建筑风潮。

6.4.2 公共建筑的BIPV设计案例

目前，在候机楼、铁路站房和体育场馆上采用太阳能电池组构成屋顶光伏

一体化设计已有不少案例，例如火车站有鹿特丹火车站（图6.8）、柏林火车站（图6.9）、北京南站（图6.10）、南京南站（图6.11）、青岛火车站（图6.12）等；机场有北京首都机场、青岛胶东国际机场（图6.13）。

BIPV除了应用在火车站、候机楼等大型公共建筑外，还可以与大型体育场馆结合设计。光伏建筑一体化与大型体育场馆结合充分利用了大型公共建筑自身建筑体型的特点，不仅创造了经济效益，同时还对节能减排和推广绿色建筑具有示范意义。

（a）鹿特丹火车站屋顶光伏

（b）鹿特丹火车站屋顶光伏板

图6.8 鹿特丹火车站光伏发电一体化设计

（a）柏林火车站屋顶光伏

（b）柏林丹火车站屋顶光伏全貌

图6.9 柏林火车站光伏发电一体化设计

（a）北京南站屋顶光伏

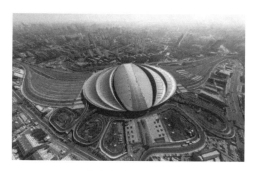
（b）北京南站屋顶光伏全貌

图6.10 北京南站光伏发电一体化设计

（a）南京南站屋顶光伏　　　　　　　　　　　　（b）南京南站正立面

图 6.11　南京南站光伏发电一体化设计

（a）青岛火车站屋顶光伏　　　　　　　　　　　（b）青岛火车站屋顶光伏全貌

图 6.12　青岛火车站光伏发电一体化设计

（a）北京首都机场屋顶光伏　　　　　　　　　　（b）青岛胶东国际机场屋顶光伏

图 6.13　机场光伏发电一体化设计

　　从光伏发电系统工作原理来看，体育场馆作为大型公共建筑的代表，适宜利用建筑的顶部与南向墙面布置光伏方阵，不占用额外的地面空间。体育场馆罩棚主要起到为观众遮阳避雨的作用，同时也是体育场最重要的造型元素。体育场馆罩棚一般都比较平整、面积巨大，有足够条件安装大量光伏组件，形成集群效应，降低平均投资成本。除了屋顶和墙面，体育场可以将光伏组件选择安装在周边各个角落，全方位增加电力供给。比如封闭房间的遮阳板可以用光伏组件代替，玻璃栏杆内也可以考虑安装光伏组件，甚至景观小品外表也可贴附光伏组件。国内外有不少采用 BIPV 设计的大型体育馆，如美国林肯金融体育场（图 6.14），德国凯泽斯劳滕足球场（图 6.15），德国不来梅威悉足球场（图 6.16），北京冬奥会国家速滑馆"冰丝带"（图 6.17），都在体育场馆的屋顶或者墙面安装了太阳能电池组，用于光伏发电。

图 6.14　美国林肯金融体育场

图 6.15　德国凯泽斯劳滕足球场

（a）不来梅威悉足球场俯瞰

（b）不来梅威悉足球场光伏顶棚

图 6.16　德国不来梅威悉足球场光伏发电一体化设计

（a）北京冬奥会国家速滑馆外景

（b）北京冬奥会国家速滑馆光伏屋顶

图 6.17　北京冬奥会国家速滑馆"冰丝带"光伏发电一体化设计

6.5　住宅建筑光伏一体化应用

6.5.1　太阳能电池在不同类型居民住宅中的应用

太阳能光伏设备对土地资源占用少，一般安装在闲置的屋顶或外墙上，这对于地价昂贵而又对太阳能发电需求大的大城市尤其重要，能大大降低成本。夏天是用电高峰的季节，也正好是日照最强、发电量最多的时期，两者互补，正好可以对电网起到调节作用，减少电网压力。太阳能光伏建筑提供的能量可以用于住宅，尤其是用于公共区域，例如楼梯间和电梯等，无形中也减少了许多安全隐患，便于更好地应对因电力中断引发的紧急情况。而且这种设备能将照射在建筑外墙无法利用的太阳能转化为电能，不仅降低了室外温度，还能减少墙体受热，可以起到建筑节能作用。

当前，世界范围内的太阳能光伏发电市场蓬勃发展，在近10年间，太阳能光伏发电系统的太阳能电池组件生产数量平均每年增长33%。太阳能光伏发电已经成为当今国际范围内发展最为迅速的高新技术产业之一。世界各国都已经纷纷制定了短期太阳能光伏发电发展计划，努力实现太阳能光伏发电技术与民用住宅供电系统的一体化建设。我国国内建筑总能耗占到了全国能源总能耗的30%，而我国的太阳能资源相对丰富，分布范围很广，因此，将太阳能光伏发电应用于民用住宅供电系统中，能够满足民用住宅建筑供电系统自身的用电需求，可大大改变我国民用住宅建筑高能耗的现状。所以，太阳能光伏发电在民用住宅供电系统中的应用具有广阔的发展前景，值得大力推广与发展。

不同类型的民用住宅如图6.18所示。

根据住宅类型，太阳能电池在民用住宅上的应用可以分为如下两类：

（1）应用于高层或多层住宅供电系统中。高层住宅是现代化科学技术发展的标志，应用太阳能发电、供电系统可谓顺理成章。高层建筑中一体化结构设计与太阳能发电相辅相成。大多数高层住宅中，太阳能发电系统的光伏方阵都被安装在住宅的屋顶或者阳台，通常其逆变控制器输出端与公共电网并联，共同向建筑物供电，这是光伏系统与建筑相结合的初级形式。随着近年来太阳能光伏发电技术的发展，将光伏组件与建筑材料融为一体，采用特殊的材料和工艺手段，将光伏组件做成屋顶、外墙、窗户等，可以直接将其作为建筑材料使用，能够进一步降低发电成本，实现其功能的同时还能起到装饰建筑外观的作用。

（2）应用于农村住宅的供电系统中。我国农村的主要建筑物为平房，适合安装太阳能光伏发电系统。在安装时必须考虑住户的采光、通风、心理安全距离及消防需要。

(a) 高层住宅

(b) 多层住宅

(c) 农村住宅

图 6.18　不同类型的民用住宅

6.5.2　太阳能电池应用到住宅时的设计要点

一般来说，在把太阳能电池应用到住宅时，设计步骤如图 6.19 所示。

太阳能电池的设计要点如下：

（1）太阳能光伏电池板要与住宅外形及周边环境协调。

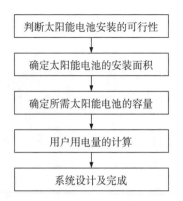

图 6.19 住宅太阳能光伏发电系统的设计步骤

（2）在不影响住宅结构和造价允许的情况下，尽可能多地布置太阳能电池组件。

（3）如果太阳能光伏电池的发电容量不是非常大，就尽可能将控制器与逆变器结合为一体，具体情况如表 6.1 所示。

表 6.1 太阳能电池的设计要点

主要环节	内　容	备　注
组件要求	与平板太阳能电池组件不同的是，应兼有发电和建材的双重功效；满足绝缘、抗风、防雷、透光和美观的要求，具有强度、刚度，便于施工安装及运输。根据工程需要，开发研制多种颜色太阳能电池组件，使之与住宅及周围环境趋于协调	满足建筑性能要求的屋面瓦、外窗、窗户等具有矩形、三角形、菱形和梯形等不规则形状，还可将之制成无边框、能透光的结构形式
容量确定	并网光伏系统不受蓄电池容量的限制，在确定太阳能电池组件容量时，按光伏方阵面积、负载的要求和投资实时计算	不必像独立太阳能光伏系统那样经过严格的优化设计，一般家用太阳能电池组件容量为 1 ~ 5kW
组件倾角	独立光伏系统组件尽量朝向迟到系统倾斜，与水平面间的倾角要经过严格计算，使光伏发电达到最大和均衡；在并网光伏系统中，只考虑其组件输出的最大性	在实际中，组件的朝向应服从于建筑外观的需要，一般为 0 ~ 90°
计量电表	在家庭并网系统中，太阳能电池组件发电供用户负载，多余的部分输入电网，用户所消耗的电能由方阵和电网同期提供。电表正转为电网供电，反转为组件向电网馈电	鉴于政府对开发新能源实行优惠政策，光伏发电上网电价要远远大于用户电价，经常以"买入电表"和"卖出电表"区分
光伏器件	并网光伏系统的关键设备是将太阳能电池组件所发出的低压直流电，经逆变器、控制器变换成交流电后才能并网连接，对于电能质量（电压、波动、频率、谐波和功率因数等参数）均有严格规定，以保证电网、设备和人员安全	要配备并网检测保护，对过（欠）压、过（欠）频率、电网失电（防孤岛效应）、恢复并网、直流隔离、防雷及接地、短路、断路器和功率方向等进行处理

6.5.3　住宅中太阳能电池的技术要求

太阳能电池与民用住宅结合时，结构安全性涉及两方面：

（1）组件本身的结构安全。例如，高层建筑屋顶的风荷载较地面大很多，普通的光伏组件的强度能否承受，受风变形时是否影响到电池片的正常工作等。

（2）固定组件的连接方式的安全性。组件的安装固定不是安装空调式的简单固定，而是需对连接件固定点进行相应的结构计算，并充分考虑在使用期内的多种最不利情况。

住宅的使用寿命一般在 50 年以上，光伏组件的使用寿命也在 20 年以上，BIPV 的结构安全性问题不可小视。构造设计是关系到光伏组件工作状况与使用寿命的因素。普通组件的边框构造与固定方式相对单一，与建筑结合时，其工作环境与条件有变化，构造也需要与建筑相结合，隐框幕墙的无边框、采光顶的排水等普通组件边框已不适用。当光伏组件与住宅结合使用时，光伏组件是一种建筑材料，作为建筑幕墙或采光屋顶使用，须满足建筑的安全性与可靠性需要：光伏组件的玻璃需要增厚，具有一定的抗风压能力；光伏组件也需要有一定的韧性，在风荷载作用时能有一定的变形，这种变形不会影响到光伏组件的正常工作。

光伏组件作为建筑维护材料时，必须对其强度和刚度进行详细分析与检查。整个系统的结构安全校核应包括但不限于以下几方面：

（1）电池组件（面板材料）强度及刚度校核。

（2）支撑构件（龙骨）的强度及刚度校核。

（3）电池组件与支撑构件的连接计算。

（4）支撑构件与主体结构的连接计算。

6.5.4 太阳能电池组件在住宅应用实例

1. 屋顶太阳能电池

在高层或多层住宅中，由于建筑物并不密集，所以一般来说楼顶不太受遮挡放影响，夏天太阳直射在屋面上，可以最大程度地利用太阳能转换为电能。同时可以有效隔断阳光的直射，使顶楼住户的室内温度降低 3 ~ 5℃。同样，农村住宅由于比较分散，受照面积大，也很适合应用屋顶太阳能电池。屋顶太阳能电池应用实例如图 6.20、图 6.21 所示。

2. 光伏阳台

把光伏组件与住宅阳台的护栏结合，就是光伏阳台。光伏电池与阳台的一

(a) 多层住宅屋顶太阳能电池

(b) 高层住宅屋顶太阳能电池

图 6.20 高层和多层住宅的屋顶太阳能电池

图 6.21 农村住宅的屋顶太阳能电池

体化如果设计得当,不仅可以获得绿色电能,还可以增加住宅阳台整体的美观性。光伏阳台常用于多层住宅和独立住宅中,是太阳能电池在民用住宅中一种经济美观的应用方式,如图 6.22 所示。

(a) 多层住宅光伏阳台

(b) 独立住宅光伏阳台

图 6.22 光伏阳台

3. 光伏天棚

利用光伏电池替代普通的棚顶建材，就是光伏天棚。光伏天棚不仅美观、遮阳，还可以绿色发电，最大限度利用资源，实现节能减排的社会效益。鉴于天棚的特点，光伏天棚一般是在独立住宅的顶楼使用。独立住宅的光伏天棚如图 6.23 所示。

图 6.23 太阳能电池在独立住宅用作光伏天棚

6.6 太阳能光伏与建筑外观一体化设计案例

太阳能光伏与建筑外观一体化设计，既要体现光伏发电的效率，又要不影响建筑外立面效果，体现一体化设计的相互兼容性，满足建筑节能的同时还可以绿色发电供项目使用，下面介绍一些典型项目案例。

6.6.1 农房建筑科技博物馆（BIPV）

南国乡村·农村综合旅游景区（一期）项目位于南宁市苏宫村那宫屯，农房建筑科技博物馆是其中一个子项目，地上3层，半地下停车库1层，建筑高度为15.58m，光伏组件安装示意图如图6.24，实景图如图6.25所示。

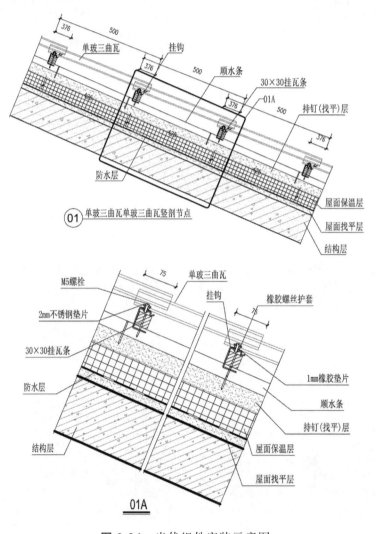

图 6.24 光伏组件安装示意图

图 6.25　农房建筑科技博物馆实景图

本项目为文化建筑，原建筑设计屋面采用瓦片形式。若在屋面采用传统晶硅板形式设置光伏发电系统，会破坏建筑美感，显得很不协调。为此，项目光伏设计团队采用光伏瓦片的形式，将光伏瓦片与普通瓦片进行有机组合，采用光伏建筑一体化的形式进行设计，打造出一个具有传统建筑特色的 BIPV 项目。

本系统采用分块发电、相对集中并网的方式。在屋面安装共 1800 块太阳能光伏组件（光伏瓦），采用 700mm×500mm×35mm 的光伏瓦，峰值功率为 $32W_p$，总装机容量约为 $54kW_p$。。

6.6.2　华为数字能源安托山总部（BIPV）

华为数字能源安托山总部项目位于深圳市福田区香蜜湖街道安托山，是华为的新能源标杆项目，涉及改造 A 座、C 座，其中 A 座为高层研发大楼，地上 39 层，建筑高度 186.80m，幕墙高度 186.95m；C 座为高层综合楼，地上为 21 层，建筑高度 104.90m，幕墙高度 105.05m。

华为数字能源安托山总部项目中大量采用光伏幕墙，总面积约 28000m²，为行业内首次大规模运用 BIPV 技术的建筑之一；项目是目前国内面积最大、高度最高的光伏发电玻璃幕墙项目，也是目前全球最大的光伏幕墙项目和全球最大的"光储直柔"近零碳园区之一。根据测算，项目每年可生产 150 万 kW·h 光伏绿电，年耗电量从 1400 多万 kW·h 降到 700 万 kW·h，年省电达 50%，降低碳排放超过 60%。

华为数字能源安托山总部项目为改造项目，采用双层幕墙设计，四个立面外层光伏幕墙采用龙焱能源研发制造的碲化镉透光光伏发电玻璃；在双层玻璃幕墙的设计与施工中，保留原有的铝合金门窗的基础上，在外侧新建光伏发电玻璃幕墙。改造过程中，通过在两层幕墙间形成通风空腔，底部为 400mm 高穿孔铝板，顶部设置通风横梁，利用玻璃之间的间隙留置 30mm 高通风通道，既保证了幕墙的外观效果，又实现了内外新风的交互。

项目在外立面的优化过程中，采取转角斜面化处理，使得整体体态更加优雅，与周边环境的界面更柔和，虚实有致，层次清晰。同时，还考虑双层幕墙的设计，外幕墙框架与室内装饰线条双色处理。其中，在室内及与铝合金窗之间的封包铝板，全部采用白色，弱化外幕墙骨架带来的视觉冲击，而在室外搭配光伏幕墙玻璃，又都采用了深色系，形成统一色调，如图6.26所示。

图 6.26　华为数字能源安托山总部项目实景图

6.6.3　广州美术馆（BIPV）

广州美术馆是广州市"三馆一场""一馆一园"工程的重要组成部分，也是广州建设世界文化名城，建设"文化广州"的重要举措，同时对促进广州新型城市化发展、广州旅游文化发展有着举足轻重的意义。由世界著名建筑师托马斯·赫尔佐格亲自操刀设计的广州美术馆，其设计主题为"水中盛放的英雄花"。

广州美术馆总建筑面积 79947m^2，选址于广州塔以南地块，拟建成国际化大型综合美术馆。设计方案如一朵盛开的英雄花（木棉花）独立于舒展的水面中央，所有展厅都围绕一个圆形中庭。标识设计以双侧带弧形的亚克力板暗示其建筑立面特征，在底部加上红色毛笔笔触，象征水墨画意及岭南画派。

绝美的外形设计带来了世界级极复杂的幕墙工程系统，龙焱碲化镉薄膜九宫格光伏发电组件组成的光电幕墙为世界首创，立面四周及屋面全建筑光伏组件发电幕墙的应用方式，在大型场馆建设中，属于全球首创；项目设计使用年限 100 年，整体幕墙面积 7 万 m^2，其中光伏幕墙 2 万多 m^2，如图 6.27 所示。

图 6.27 广州美术馆项目实景图

6.6.4 清远奥体中心（BIPV）

清远奥体中心是广东省运会主场馆，由一个 30000 座位体育场、一个 9000 座位体育馆及一个 2000 座位的游泳馆组成。体育场建筑面积约 5.6 万 m^2，可容纳 3 万人观看体育赛事，屋盖采用空间桁架 + 拉索结构体系，屋面设置太阳能光伏发电系统，如图 6.28 所示。

场馆共安装了 2684 片定制化的龙焱蓝色碲化镉光伏发电建材，每一块的形状尺寸都不一样，上部的倾角较小，可以有较高的发电效率。清远奥体中心是华南区域首次应用公开闭式屋顶、新型太阳能光伏发电系统的体育场馆，该光伏系统投入使用后，预计每年可发电 35 万 kW·h，相当于减少排放 CO_2 约 33 万 t。

图 6.28　清远奥体中心项目实景图

6.6.5　中国建筑兴业集团远东珠海生产基地员工餐厅（BIPV）

中国建筑兴业集团远东珠海生产基地员工餐厅将低碳理念和先进技术贯穿设计建造过程，在技术上做加法，在能耗上做减法，打造出"近零碳"试点工程。餐厅的表面由顶部 192 块和立面 32 块龙焱碲化镉光伏发电建材组成，从外面看像一个披着节能外衣的"幕墙盒子"，如图 6.29 所示。

图 6.29　中国建筑兴业集团远东珠海生产基地员工餐厅项目实景图

餐厅立面采用仿天然大理石材、仿木纹、仿铝板和最新渐变色金属碲化镉光伏发电建材，层次丰富、颜色艳丽；顶部特别设计了 64 组透光率 20% 的碲化镉发电建材，组成远东幕墙"FE"品牌标志，每当夜幕降临时，整面墙都熠熠生辉。

餐厅的碲化镉光伏发电建材安装面积为 $322.56m^2$，装机容量 36kW，日均发电量 80 ~ 110 度，每年生产绿电约 3.9 万度，与相同发电量的火电相比，每年可节约标煤 11.9t，减少 CO_2 排放量约 38.8t。

6.6.6　海南淇水湾旅游度假综合体（BIPV）

海南淇水湾旅游度假综合体是海南省首个零能耗零碳示范建筑，成果达到国际领先水平，并对海南建设国家生态文明试验区和推广零碳示范区建设起到重要示范作用，对国家标准《零碳建筑技术标准》编制起到重要技术支撑作用。

项目进行节能减碳技术改造，系统性整合追日遮阳系统、建筑光伏一体化、储能系统、交直流配电系统、高效率空调及新风设备、智能化管理平台系统等多种建筑节能技术综合应用，通过光伏幕墙、光伏采光顶、屋顶光伏、追日光伏遮阳、光伏车棚、光伏椅、光伏垃圾桶、太阳能路灯等多种光伏应用形式，最大化利用了建筑的屋顶、立面及周边的太阳能资源，如图 6.30 所示。

图 6.30　海南淇水湾旅游度假综合体项目实景图

项目投入使用后，每年清洁能源发电量约 91 万 kW·h，在满足项目全部用电后，还可实现上网电 12.89 万 kW·h，预计每年可减少 530t CO_2 排放，可减少 112t 标准煤的燃烧。

2022 年 9 月 20 日，淇水湾旅游度假综合体项目通过整体节能减碳技术改造后正式投用，项目顺利获得"BRE 净零碳"和"零能耗建筑"认证。

6.6.7 博鳌东屿岛零碳示范区（BIPV）

博鳌东屿岛是博鳌亚洲论坛永久会址所在地，是中华人民共和国住房和城乡建设部与海南省共同创建的首个零碳示范区。该项目计划完成园林景观生态低碳化、建筑绿色化、可再生能源利用、固废资源化处理、水资源循环利用、交通绿色化、运营智慧化等 8 个方面 19 个子项目的建设。其中，以低碳建设展示为核心的综合性示范花园项目正全力推动建设中。在公园设计建造中，考虑到海南斗笠编制结构和高拔风形态，设计建设一组服务展示的低碳花园驿站——椰林聚落。椰林聚落主体采用具有稳定、散热快、美观且低碳环保特点的竹钢材料，既体现了地域文化，又使建筑被动节能，实现室内空气流通，改善室内环境，如图 6.31 所示。

图 6.31 博鳌东屿岛零碳示范区项目实景图

椰林聚落外立面采用龙焱碲化镉薄膜透光光伏发电玻璃，一方面增加了建筑物现代化的外观效果，另一方面利用光伏发电玻璃产生的电能为夜晚的椰林聚落照明，真正践行了节能环保的绿色理念。据统计，椰林聚落外立面选用 350mm × 350mm 尺寸结构，共计 1518 块碲化镉薄膜发电玻璃，光伏装机功率超 16.6kW，年发电量约 1.8 万 kW·h，相当于每年可减少近 18t CO_2 排放量。

除了低碳花园椰林聚落，零碳示范区还建设了有机废弃物处理车间，实现了有机垃圾处理闭环和废弃物零排放，就地利用率百分之百。根据处理车间屋顶可利用区域设计，共安装了 576 块龙焱标准碲化镉薄膜光伏组件，光伏装机量为 62.2kW，年发电量约为 8.1 万 kW·h，相当于每年可减少近 81t CO_2 排放量。

另外在处理车间西南立面玻璃幕墙还首创采用了 U 型玻璃与碲化镉薄膜光伏发电玻璃相结合的方式，不仅节约了土地面积，还解决了框架多、安装难、跨距大等传统幕墙的弊端。据统计，处理车间 U 型玻璃光伏幕墙装机量为 6.3kW，年发电量约 0.44 万 kW·h。

6.7 其他应用

南国弈园（景观结合）项目位于南宁市青秀区，是一座极具岭南及广西民族风情，同时融合了现代多种时尚元素的建筑，如图 6.32 所示。

项目在室外绿地设置树状造型的太阳能光电树获得电能，供地下车库、设备用房、公共照明回路用电。太阳能光电树白天工作，既能发电又能作为遮阳的挡板。光电树造型不仅点缀室外景观布景，其造型又体现了弈棋文化底蕴，营造出弈园与众不同的个性。

图 6.32 南国弈园项目实景图

本章习题

（1）光伏建筑一体化设计的形式有哪些？

（2）公共光伏建筑一体化特点有哪些？有几种应用方式？举几个典型案例。

（3）民用建筑光伏建筑一体特点有哪些？举几个典型案例。

（4）光伏电池应用到住宅时的设计步骤是什么？

（5）公共建筑与住宅建筑在光伏一体化建筑中有哪些异同？注意事项有哪些？

（6）光伏阳台和光伏天棚属于哪类光伏一体化建筑？

第7章 太阳能光热及建筑一体化应用

本章主要介绍太阳能在建筑中的应用技术,包括太阳能热水系统、太阳能光热与建筑一体化设计、太阳能热水系统和高层住宅外观一体化设计等。

7.1 太阳能热水系统

7.1.1 太阳能集热器的分类

碳达峰、碳中和背景下,太阳能作为一种新型可再生能源,因其储量丰富、稳定长久、清洁廉价等众多优势,成为各国实现碳中和目标的重要选择。太阳能热利用技术是实现太阳能直接利用的最简单高效的方式,其核心技术在于将低品位的太阳辐射能转换为高品位的热能并加以利用,太阳能集热器是实现这一能量转换过程中的核心部件。太阳能集热器按是否有真空空间分为平板型太阳能集热器和真空管型太阳能集热器两类。

1. 平板型太阳能集热器

平板型太阳能集热器的主体部件有吸热元件(包括吸热面、载热媒流道)、透明盖板、绝热材料、箱体等。太阳光通过透光罩照射到吸热面,转化为热能,从而提高传热工质的温度。同时,吸热板的温度上升,会通过传导、对流、辐射等方式向周围散热,从而造成集热器的热损耗。平板型结构不具有聚光作用,所以其工作温度通常被限制在100℃以下。目前国内大量采用铜材作为吸热板材料,也有采用铝合金、钢材、镀锌板等。平板型太阳能板实物图如图7.1所示,平板型太阳能集热器结构示意图7.2所示。

图 7.1 平板型太阳能板实物图

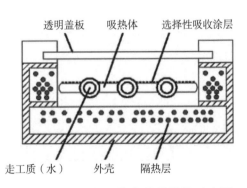

图 7.2 平板型太阳能集热器结构示意图

透明盖板是由单个或多个组合使用，具有太阳透射比高、红外透射比低等特点，起到透射太阳辐射，保护吸热板，形成温室效应并降低由于吸热板温度升高造成的与外界环境之间的对流换热作用。

为了尽可能多地吸收热量，吸热体通常涂有黑色涂层，选择性吸收涂层通常由具有对太阳短波辐射吸收率高的表层和对长波辐射具有高反射率、低发射率的底层构成。

由吸热体吸收的热量需要迅速转移到工质中，以防止系统过热，因此吸热系统的传热性能是非常重要的。

2. 真空管型太阳能集热器

（1）全玻璃真空太阳能集热管。全玻璃真空太阳能集热管的整体构造如同一条被拉长的暖瓶胆，主要由内外玻璃管、选择性吸收涂层、真空夹层、支撑件（弹簧支架）、吸气剂等部分组成，其中选择性吸收涂层主要是通过真空蒸镀、磁控溅射等制备工艺涂覆在内玻璃管的表面上，用来最大限度地吸收太阳辐射能，全玻璃真空太阳能集热管结构示意图如图 7.3 所示。

（2）热管式真空管集热器。热管式真空集热管由热管、金属吸热板、玻璃管、金属封盖、弹簧支架、蒸散型吸气剂和非蒸散型吸气剂等部分构成，其中热管又包括蒸发段和冷凝段两部分，热管式真空管集热器结构示意图如图 7.4 所示。

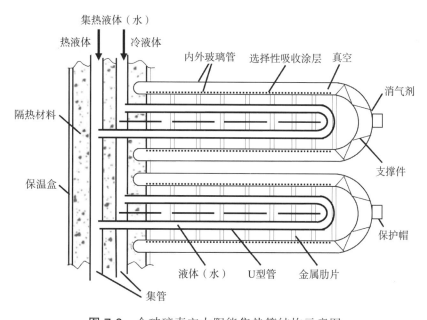

图 7.3 全玻璃真空太阳能集热管结构示意图

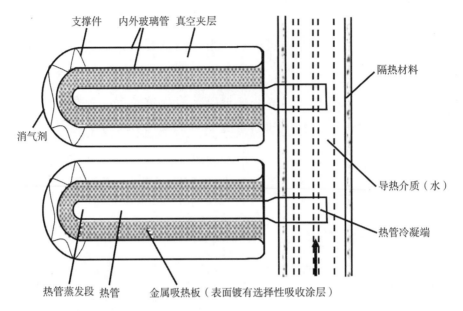

支撑件 内外玻璃管 真空夹层

隔热材料

消气剂

导热介质（水）

热管冷凝端

热管蒸发段 热管 金属吸热板（表面镀有选择性吸收涂层）

图 7.4 热管式真空管集热器结构示意图

7.1.2 太阳能热水系统原理及结构

1. 太阳能热水系统原理

太阳能集热器通过其中的热能吸收装置吸收太阳光中的热量，然后对保温水箱的水循环加热，因为热水的相对质量较轻，于是热水便会上浮，而水箱下部的冷水继续接受热量而加热冷水，这样循环往复。保温水箱还会定时补水。当水温达不到设定要求时，热泵自动启动，继续加热；当水温达到要求时，热泵自动停止。而太阳光不足时，辅助加热装置也会继续补充热量。这样便可以保证热水持续供应，实现系统全自动控制目的，同时也充分利用了太阳资源达到最佳节能效果。

2. 太阳能热水系统结构

太阳能热水系统是一种主动式太阳能光热利用技术，利用温室原理，把太阳能转变为热能，并向水传递热量，从而获得热水，主要由太阳能集热系统和热水供应系统组成，包括太阳能集热器、贮水箱、控制系统、循环管道、水泵等设备。此外，还有辅助的再加热装置如电热器等以供应无日照时使用。太阳能热水系统是目前应用最广的太阳能热利用系统。

最简单的太阳能热水系统即最常用的小型家用太阳能热水器，仅供一户制备生活热水；大型的太阳能热水系统可提供一幢住户甚至整个住宅小区的生活热水和采暖。太阳能热水系统结构图如图 7.5 所示。

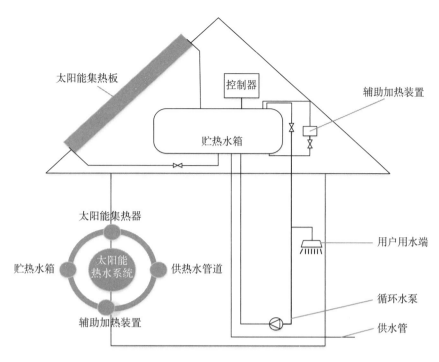

图 7.5 太阳能热水系统结构图

7.1.3 太阳能热水系统的分类

太阳能热水系统可以根据以下几种方式进行分类。

（1）循环运行方式：自然循环热水系统、强迫循环热水系统和直流循环热水系统。

（2）集热器内传热工质的换热方式：直接加热系统和间接加热系统。

（3）集热与供应热水范围：集中供热水系统、分散供热水系统，以及集中与分散结合的供热水系统。

（4）辅助热源的启动方式：全日自动启动系统、定时自动启动系统，以及按需手动启动系统。

（5）辅助热源的安装位置/连接方式分：内置并联加热热水系统和外置串联加热热水系统。

（6）平板集热器在建筑上安装的位置：屋顶太阳热水系统和阳台栏板、墙面太阳热水系统。

（7）集热器结构形式：真空管和平板两种类型。

（8）水箱与集热器的关系：紧凑式系统、分离式系统和闷晒式系统三种。

事实上，以上分类方法有时是互相交错重叠的。

7.1.4 太阳能热水系统的发展与问题

1. 我国太阳能热水系统现状

太阳能热水系统已成为太阳能热利用技术中最成熟、应用最广泛、产业化程度最高的一项技术。国内已形成完善的太阳能热水器产业链，系统各部件，如太阳能集热器、贮水箱、管道及配件的生产技术已经成熟，产品质量和性能正在不断完善。根据 IEA 截至 2021 年 11 月的统计，中国热泵安装量从 2010 年的 2.18 千万台提高至 2020 年的 5.77 千万台。广西部分太阳能热水系统项目实例如图 7.6 所示。

(a) 广西一建武鸣医科大校区太阳能热水项目　　　(b) 南宁龙光玖誉湖一期太阳能热水项目

图 7.6　太阳能热水系统项目实例

太阳能热水系统是我国在太阳能热利用领域具有自主知识产权、技术最成熟、依赖国内市场产业化发展最快、市场潜力最大的技术，也是我国在可再生能源领域达到国际领先水平的自主开发技术。目前实际使用的太阳能热水器按集热器结构形式可划分为真空管和平板两种类型。2020 年，全国太阳能热利用集热系统总销量 2703.7 万 m^2，其中，真空管型太阳能集热系统销量 2008.3 万 m^2，平板型太阳能集热系统销售 695.4 万 m^2，分别占总产量的 74.3% 和 25.7%，太阳能热水器产品市场结构分布图如图 7.7 所示。

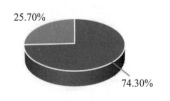

25.70%

74.30%

■真空管型号热水器　■平板型热水器

图 7.7　太阳能热水器产品市场结构

2．太阳能热水系统发展过程中的问题

（1）国内使用的太阳能热水系统绝大多数还是简单的紧凑型太阳能热水器，这种太阳能热水器自身性能存在较多问题。

（2）在没有统一安装的情况下，城市住户自发安装太阳能热水器也产生了大量问题：

① 建筑设计之初未考虑太阳能热水器的安装位置及构件之间的匹配性，用户后来自行安装导致集热器或其他构件外露，与建筑形象不协调，建筑屋面杂乱无章，城市景观被破坏如图 7.8 所示。

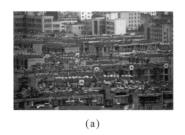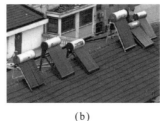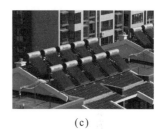

| (a) | (b) | (c) |

图 7.8　一体化程度低的光热屋顶示意图

② 遮挡问题。太阳能集热器应满足有效日照时数不低于 4h 的要求，在实际安装中集热器经常被其他建筑或建筑自身形体遮挡，影响了集热效率。

（3）太阳能热水系统在高层住宅中应用时由于高层住宅自身建筑上的特点，在结合时还存在特殊的问题和难点。

7.2　太阳能热水系统性能化设计

7.2.1　太阳能集热器布置方式研究

太阳能集热器首先需根据用热负荷进行面积计算，以确保其满足用户的热水用水要求，并核算建筑外界面有足够的面积进行安装。在安装时，应尽量避免周围建筑、绿化、建筑自身以及集热器相互之间的遮挡，使集热器尽可能暴露于阳光中，满足其表面在冬至日有不少于 4h 的日照时间。最为理想的安装位置是建筑屋顶，其次为建筑立面，如墙面、阳台等部位，应避免在建筑立面底部或建筑凹部造型处安装。满足基本需求的前提下，注意对集热器方位（太阳能集热器的安装朝向）和倾角的设计，使其收集的太阳辐射量尽可能多。

根据某地区某年各月平均日气候数值即可计算出不同纬度下大气上界各月

平均日的太阳日辐照量，从而分析出大气上界太阳日辐照量时空分布规律，计算仿真结果如图 7.9 所示。

由时空分布规律图可知，大气上界各月份的平均太阳日辐照量的规律为：

（1）低纬度地区年变化幅度较小，高纬度地区年变化幅度大。

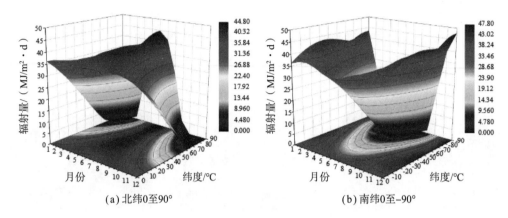

图 7.9 大气上界太阳日辐照量时空分布规律

（2）北半球夏季大，冬季小，南半球则相反。

（3）高纬度地区，北半球春季增大速率与秋季减小速率较快，南半球则相反。

（4）赤道地区太阳日辐照量在一年内存在两个峰值，而其他纬度地区均只有一个峰值。

对于北半球来说，朝向正南向时方位角等于 0°，偏东时小于 0°，偏西则大于 0°。北半球的太阳能集热器一般都宜南向布置，如果受条件限制无法正南朝向，在南向一定角度范围内（±30° 内为宜）变化都可以接受。当方位角为 0° 时，辐射量是最大的，随着方位角绝对值的增大（即偏离正南方向），倾斜表面上所接收的太阳辐射量将会逐渐减小。此外，我国冬季日照时间较夏季时间短，且冬季主要太阳辐射都集中在正午前后，若集热器的朝向偏离正南，所获得的直射辐射量减少量较夏季更多。因而在冬季使用的太阳能热水系统，集热器朝向应尽量朝向正南。我国地域宽广，南北跨越的纬度近 50°，东西跨越经度超 60°，太阳日照辐射量区别较大，高纬度地区太阳能集热器能接受的太阳辐射量随着方位角的变化会下降较多，因而高纬度地区要尽量减少方位角。

此外，太阳能集热器的安装倾角对其表面获得太阳辐射量的影响也挺大。最优情况下，集热器是能跟踪太阳轨迹或定期调整角角度的，但这样会大大提高初始投资，在操作上也有一定的困难。因此，目前大部分安装的太阳能集热器都为固定式。当集热器倾角和当地纬度一致时，可获得最多的年太阳直射辐射。因此，为获得最大年太阳辐射量，集热器倾角应与当地纬度一致，但应根据当地气候条件、太阳辐射情况、大气透明度、系统使用时间进行一定的调整。如果系统主要在夏季使用，其倾角宜为当地纬度减 10°，如果系统侧重在冬季使用，其倾角宜为当地纬度加 10°。这是由于夏季太阳高度角较大，倾角宜缓些；冬季太阳高度角较小，倾角陡些。

1. 太阳能集热器最佳倾角

在太阳能热水系统补充热量最小的倾角时，才能更有效地利用冬季的太阳能资源，从而实现全年太阳能的最大化利用。有研究表明，单个集热器的安装倾角，应根据热水的使用季节和地理纬度确定，太阳能集热器的安装倾角（α）与集热器安装地理纬度（ψ）宜符合下列规定：

（1）偏重考虑春、夏、秋三季使用效果时，$\alpha = \psi$。

（2）偏重考虑夏季使用效果时，$\alpha = \psi - (0 \sim 10)°$。

（3）偏重考虑冬季使用效果时，$\alpha = \psi + (0 \sim 10)°$。

表 7.1 列举了广西部分主要城市的纬度信息。

表 7.1 广西主要城市的纬度

城 市	南 宁	柳 州	桂 林	梧 州	玉 林	百 色	钦 州
纬 度	22°48′	24°20′	25°20′	23°29′	22°38′	23°55′	21°58′
城 市	北 海	防城港	贵 港	崇 左	来 宾	贺 州	河 池
纬 度	21°29′	21°47′	23°48′	22°25′	23°46′	24°26′	24°42′

2. 太阳能集热器最小间距

为了最大限度地收集太阳辐射，太阳能集热器需要多排放置时，须考虑周围建筑物和前排集热器对后排集热器的遮挡。每两排之间要留有一定的间隔距离，以免前排的阴影投射到后一排的采光面上，集热器与遮光物或集热器前后排间的最小距离可阴影长度即集热器距遮光物的水平最小净距（或集热器排间距）可依据 GB 50364《民用建筑太阳能热水系统应用技术标准》的相关规定进行计算：

$$D = H \times \cot\alpha_s \times \cot\gamma \qquad (7.1)$$

式中，D 为集热器与遮光物或集热器前后排间的最小距离（m）；H 为遮光物最高点与集热器最低点的垂直距离（m）；α_s 为太阳高度角（°）；γ 为集热器安装方位角（°）。

本文以广西南宁市为例，分别列举了季节性和全年性使用时，集热器与前方遮光物的最小安装间距的取值，详见表7.2。

表7.2　集热器与前方遮光物的最小安装间距计算成果表（以广西南宁为例）

季节性使用时										
遮光物高度 /m	安装方位角（东←正→西）									
	−50°	−40°	−30°	−20°	−10°	0	10°	20°	30°	40°	50°
0.5	0.1	0.2	0.2	0.2	0.2	0.2	0.2	0.2	0.2	0.2	0.1
1	0.3	0.3	0.4	0.4	0.4	0.4	0.4	0.4	0.4	0.3	0.3
1.5	0.4	0.5	0.6	0.6	0.6	0.6	0.6	0.6	0.6	0.5	0.4
2	0.5	0.7	0.7	0.8	0.8	0.9	0.8	0.8	0.7	0.7	0.5
2.5	0.7	0.8	0.9	1	1.1	1.1	1.1	1	0.9	0.8	0.7
3	0.8	1	1.1	1.2	1.3	1.3	1.3	1.2	1.1	1	0.8
3.5	1	1.1	1.3	1.4	1.5	1.5	1.5	1.4	1.3	1.1	1
4	1.1	1.3	1.5	1.6	1.7	1.7	1.7	1.6	1.5	1.3	1.1
4.5	1.2	1.5	1.7	1.8	1.9	1.9	1.9	1.8	1.7	1.5	1.2
5	1.4	1.6	1.9	2	2.1	2.1	2.1	2	1.9	1.6	1.4
5.5	1.5	1.8	2	2.2	2.3	2.4	2.3	2.2	2	1.8	1.5
6	1.6	2	2.2	2.4	2.5	2.6	2.5	2.4	2.2	2	1.6
6.5	1.8	2.1	2.4	2.6	2.7	2.8	2.7	2.6	2.4	2.1	1.8
7	1.9	2.3	2.6	2.8	2.9	3	2.9	2.8	2.6	2.3	1.9
全年性使用时										
遮光物高度 m	安装方位角（东←正→西）									
	−50°	−40°	−30°	−20°	−10°	0	10°	20°	30°	40°	50°
0.5	0.3	0.4	0.4	0.5	0.5	0.5	0.5	0.5	0.4	0.4	0.3
1	0.7	0.8	0.9	1	1	1	1	1	0.9	0.8	0.7
1.5	1	1.2	1.3	1.5	1.5	1.6	1.5	1.5	1.3	1.2	1
2	1.3	1.6	1.8	2	2	2.1	2	2	1.8	1.6	1.3
2.5	1.7	2	2.2	2.4	2.6	2.6	2.6	2.4	2.2	2	1.7
3	2	2.4	2.7	2.9	3.1	3.1	3.1	2.9	2.7	2.4	2
3.5	2.3	2.8	3.1	3.4	3.6	3.6	3.6	3.4	3.1	2.8	2.3
4	2.7	3.2	3.6	3.9	4.1	4.2	4.1	3.9	3.6	3.2	2.7
4.5	3	3.6	4	4.4	4.6	4.7	4.6	4.4	4	3.6	3
5	3.3	4	4.5	4.9	5.1	5.2	5.1	4.9	4.5	4	3.3
5.5	3.7	4.4	4.9	5.4	5.6	5.7	5.6	5.4	4.9	4.4	3.7
6	4	4.8	5.4	5.9	6.1	6.2	6.1	5.9	5.4	4.8	4
6.5	4.3	5.2	5.8	6.3	6.7	6.8	6.7	6.3	5.8	5.2	4.3
7	4.7	5.6	6.3	6.8	7.2	7.3	7.2	6.8	6.3	5.6	4.7

7.2.2　太阳能集热器面积计算与修正

集热器总面积应依据 GB 50364《民用建筑太阳能热水系统应用技术标准》和 GB 50015《建筑给水排水设计标准》进行确定：

$$A_{jz} = \frac{q_r m b_1 C p_r (t_r - t_1) f}{b_j J_t \eta_j (1 - \eta_1)}$$

（7.2）

式中，A_{jz} 为太阳能直接加热系统集热器总面积（m^2）；q_r 为设计日用水量（L/d）；b_j 为集热器面积补偿系数；b_1 为同日使用率的平均值，应按实际使用工况确定；m 为用水单位数；C 为水的比热，取 4.187kJ/（kg·℃）；ρ_r 为热水密度；t_r 为热水温度（℃）；t_1 为冷水温度（℃）；J_t 为当地集热器采光倾斜面上的年平均日太阳辐照量 [kJ/（m^2·d）]；f 为太阳能保证率（%），取 40%；η_j 为集热器年平均集热效率（%）；η_1 为贮热水箱和循环管路的热损失率（%）。

当集热器朝向和倾角受条件限制或其他特殊要求，没有处于正南朝向和当地纬度倾角时，应在计算结果的基础上进行修正：

$$A_z = b_1 A$$

（7.3）

式中，A_z 为修正后的太阳能集热器面积（m^2）；A 为依据现行标准计算得到的集热器面积（m^2），$A = H \times \cot\alpha_s \times \cos\gamma$；$b_1$ 为集热器面积修正系数，见表 7.3。

表 7.3　集热器面积修正系数表

倾角 / 方向角	0°	10°	20°	30°	40°	50°	60°	70°	80°	90°
东	1.02	1.03	1.05	1.10	1.16	1.25	1.35	1.49	1.67	1.89
−80°	1.02	1.03	1.05	1.09	1.15	1.22	1.33	1.45	1.64	1.85
−70°	1.02	1.02	1.04	1.08	1.12	1.19	1.30	1.43	1.59	1.82
−60°	1.02	1.02	1.03	1.05	1.11	1.18	1.27	1.39	1.56	1.79
−50°	1.02	1.01	1.02	1.04	1.09	1.16	1.25	1.37	1.54	1.75
−40°	1.02	1.01	1.01	1.03	1.08	1.14	1.23	1.35	1.52	1.75
−30°	1.02	1.01	1.01	1.03	1.06	1.12	1.22	1.33	1.52	1.72
−20°	1.02	1.00	1.00	1.02	1.06	1.12	1.20	1.33	1.49	1.72
−10°	1.02	1.00	1.00	1.02	1.05	1.11	1.20	1.33	1.49	1.72
0	1.02	1.00	1.00	1.02	1.05	1.11	1.20	1.33	1.49	1.75
10°	1.02	1.00	1.00	1.02	1.05	1.11	1.20	1.33	1.49	1.72
20°	1.02	1.00	1.00	1.02	1.06	1.12	1.20	1.33	1.49	1.72
30°	1.02	1.01	1.01	1.03	1.06	1.12	1.22	1.33	1.52	1.72
40°	1.02	1.01	1.01	1.03	1.08	1.14	1.23	1.35	1.52	1.75

倾 角 方向角	0°	10°	20°	30°	40°	50°	60°	70°	80°	90°
50°	1.02	1.01	1.02	1.04	1.09	1.16	1.25	1.37	1.54	1.75
60°	1.02	1.02	1.03	1.05	1.11	1.18	1.27	1.39	1.56	1.79
70°	1.02	1.02	1.04	1.08	1.12	1.19	1.30	1.43	1.59	1.82
80°	1.02	1.03	1.05	1.09	1.15	1.22	1.33	1.45	1.64	1.85
西	1.02	1.03	1.05	1.10	1.16	1.25	1.35	1.49	1.67	1.89

7.2.3 太阳能热水系统的节能环保效益分析

本文以广西地区为例,根据该地区的气候特点和生活习惯,将生活热水需求量按照夏季、冬季和过渡季节进行划分。夏季为 5 月至 9 月,共计 153 天,热水需求系数取 0.6;冬季为 1 月、2 月和 12 月,共计 90 天,热水需求系数取 1;过渡季节为 3 月、4 月、10 月和 11 月,共计 122 天,热水需求系数取 0.8。一般而言,各季的初始水温均有差别,其中夏季初始水温最高,过渡季节次之,冬季最低。因此,本文以最高日热水量为 $1m^3/d$ 的条件为例,分别基于夏季、冬季和过渡季节的初始水温和目标水温进行全年热水需热量计算,计算结果如表 7.4 所示。

表 7.4 全年热水制备相关参数表 (以最高日热水量 $1m^3/d$ 为例)

类 别	夏 季	冬 季	过渡季
目标水温 /℃	60.00	60.00	60.00
初始水温 /℃	28.40	18.30	23.40
热水需求系数	0.60	1.00	0.80
供应天数 / 天	153.00	90.00	122.00
需热量 /MJ	12143.08	15710.06	14953.06
全年需热量 /MJ	42806.20		

1. 节能效益分析

太阳能利用是绿色建筑评价中的一项重要内容,是节能的有效手段之一。本文将在相同设计条件下,通过与传统几种靠电能驱动的热水系统进行平行对比(表 7.5),比较运行期 15 年间各系统的运行能耗,进一步对太阳能光热耦合空气源热泵系统的节能效益进行分析,分析结果如图 7.10 所示。

2. 环保效益分析

目前常用的 CO_2 排放量的计算方法是将系统寿命期内的运行能耗折算成标准煤质量,然后根据该种能源所对应的碳排放因子,将标准煤中的碳含量折算

表 7.5 全年热水制备相关参数表（以最高日热水量 1m³/d 为例）

能源形式	热源形式	每吨热水需热量 /kJ	年需热量 /MJ	理论热值 /（MJ/kW·h）	制备吨热水消耗的能源量 /kW·h	系统设备效率 /%
电	电热水机组	209350	42806.2	3.6	61.21	95
电	空气源热泵	209350	42806.2	3.6	19.38	440
电	太阳能光热耦合空气源热泵系统	209350	42806.2	3.6	7.92	440

注：（1）太阳能光热耦合空气源热泵系统的太阳能保证率按不低于 40% 要求计算。
（2）表中系统设备效率均按国家现行标准规定的最低限度计。

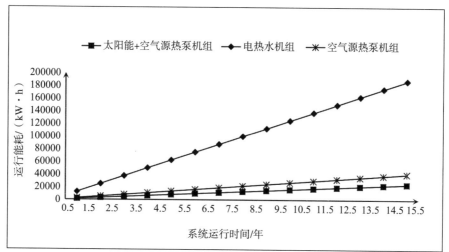

图 7.10 不同运行期下（15 年）各系统运行能耗对比图（最高日热水量：1m³/d）

成系统的 CO_2 排放量。CO_2 排放量的计算公式如下：

$$C_{CO2} = \frac{M_{能} \cdot n}{W} F_{CO2} \tag{7.4}$$

式中：C_{CO2} 为热水系统的 CO_2 排放量；$M_{能}$ 为热水系统的能源消耗量；n 为热水系统的运行时间（年）；W 为等价折标系数；F_{CO2} 为碳排放因子，为 2.46kgCO_2/千克标准煤。

本文将在相同设计条件下，通过将太阳能热水系统同几种传统形式的热水系统进行平行对比（表 7.6），比较运行期 15 年间各系统的运行能耗等价标准煤量和碳排放量，分析结果如图 7.11 所示。

综合分析可知，从系统 15 年运行期来看，系统运行碳排放量由小到大依次为：太阳能 + 空气源热泵系统、燃气热水机组、电热水机组。随着运行时间的增加，太阳能 + 空气源热泵系统的节能减排优势日益明显。其中，太阳能 +

空气源热泵系统、燃气热水机组和电热水机组的能耗分别为 24321.75kW·h、20495.70Nm³ 和 187746.45kW·h，对应的碳排放量为 21.53t、63.02t 和 166.26t，太阳能 + 空气源热泵系统相较燃气热水机组和电热水机组分别减少约 65.80% 和 86.91% 的碳排放量。

表 7.6 热水系统运行能耗计算参数表（最高日热水量：1m³/d）

能源形式	热源配置方案	年耗热量 /MJ	理论年消耗的能源量	等价折标系数	等价标煤 /t	系统设备效率 /%
电	电热水机组	42806.2	12516.43kW·h	3.6t/ 万 kW·h	0.02	95
电	太阳能光热耦合空气源热泵系统	42806.2	1621.45kW·h	3.6t/ 万 kW·h	0.02	440
天然气	燃气热水机组	42806.2	1366.38Nm³	1.25 kgce/Nm³	0.00835	88

注：（1）太阳能光热耦合空气源热泵系统的太阳能保证率按不低于 40% 要求计算。
（2）表中系统设备效率均按国家现行标准规定的最低限度计。

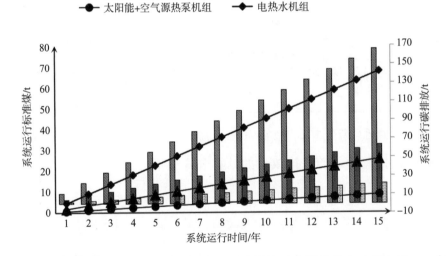

图 7.11 不同运行期下（15 年）各系统运行碳排放对比图（最高日热水量：1m³/d）

7.3 太阳能光热与建筑一体化设计

太阳能光热与建筑一体化设计的原则在于将太阳能热水系统与建筑物本身设计结合在一起，达到节能环保、效果优化的目的，同时兼顾满足功能性、安全性以及美观性的需求：

（1）功能性要求：太阳能热水系统与建筑应该根据实际使用需求和经济承受能力进行综合考虑。在满足用户热水需求的同时，合理地确定朝向和布局，尽量避免周围环境及建筑自身对太阳能集热器的遮挡，以最大化吸收太阳能，满足其不小于 4h 的日照时间要求；在系统运行方面，要求可靠、稳定、安全、便于安装、维修，最大程度上确保热水系统的稳定性和可靠性。

（2）安全性要求：妥善解决太阳能热水系统安装问题，确保设置防止太阳能集热器损坏后部件坠落伤人的安全防护措施，且太阳能集热器应具有抗强风、暴雪、冰雹等能力，其刚度、强度应满足其所替代构件的防护功能要求。

（3）美观性要求：对建筑和太阳能集热器的外观造型进行深度分析，从美观性的角度出发，遵循建筑立面规律性变化的建筑逻辑，注重建筑立面的肌理变化和色彩协调对比，通过一种或几种组合方式的连续运用和有组织排列进一步增强建筑的韵律感和协调性，提升建筑整体的美学价值。

7.3.1 太阳能热水系统与建筑一体化设计

一体化设计不是把太阳能热水系统和建筑简单相加，为保证太阳能热水系统既美观又实用的要求，需要建筑、结构、给排水、电气等各种专业人员的配合，要求建筑从设计到施工，再到建成的整个过程中，都要考虑太阳能热水系统的各方面问题。事先考虑到太阳能热水系统的安装位置、构造节点、管线布置等，并能很好地在施工阶段落实，使太阳能热水系统成为建筑的有机组成部分，发挥其最大的作用。

从设计的角度来看，太阳能热水系统与建筑一体化设计更注重将太阳能集热器作为建筑构件融入整体设计。通过合理的设计，将太阳能热水系统与建筑设计元素相协调，这种建设方式可以进一步降低太阳能集热器对建筑外观的影响，提高建筑的美观性，达到全面协同、优化设计效果。太阳能热水系统与建筑一体化设计是一种具有双重优势的绿色建筑方式，有助于实现低碳经济和可持续发展的目标。太阳能热水系统与建筑一体化效果图如图 7.12 所示。

太阳能集热器
绝缘材料
贮热水箱
太阳能
管 线

图 7.12 太阳能热水系统与建筑一体化效果图

7.3.2 太阳能集热器和建筑外观一体化设计

太阳能集热器和建筑外观一体化设计主要优点如下：

（1）让建筑更节能环保。随着现代建筑技术的发展，不仅需要注重建筑本身的美学构成，同时还需要兼顾功能性和环保性。在这样的背景下，将太阳能集热器和建筑外观进行一体化设计，可以在满足建筑功能性的基础上，实现更加高效的能源利用。

（2）提升建筑的美学价值。美学是人类普遍追求的一种审美体验，建筑作为一种载体，其美感主要是通过视觉感受。通过将其与太阳能集热器进行深度结合，可以进一步体现出建筑与环境的和谐统一，增强建筑的视觉冲击力和秩序感与和谐感。

太阳能集热器和建筑外观一体化设计最常见的方式是将太阳能集热器作为建筑构件融入建筑屋顶、外墙、阳台栏板、空调机位格栅以及屋顶飘板和构架等部位。太阳能集热器安装位置示意图如图 7.13 所示。

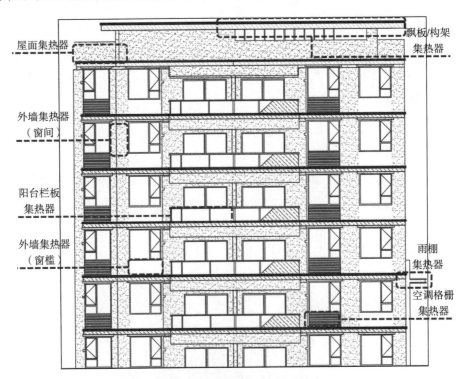

图 7.13 太阳能集热器安装位置示意图

在住宅中应用太阳能热水系统，可以制备居民生活热水，减少常规能源的使用，而建筑的外界面也可以为太阳能热水系统提供集热界面。因此，太阳能热水系统和建筑相结合，是一种很好的可再生能源利用形式。太阳能热水系统和建筑的一体化设计应运而生，并将成为今后太阳能热水系统应用的发展趋势。

1. 总体设计原则

（1）建筑设计与太阳能热水系统的设计同步进行。

（2）建筑设计应满足太阳能热水系统与建筑结合安装的技术要求。

（3）选择实用的、性能价格比高的太阳能集热系统。

（4）在建筑上合理设计太阳能集热器的安装位置。

（5）若在既有建筑物上增设或改造应用太阳能热利用系统，则必须经建筑结构复核，满足建筑结构及其相应的安全性要求。

（6）考虑太阳能热水系统的维护。

2. 技术要求

（1）太阳能集热器本身整体性好、故障率低、使用寿命长。

（2）热水的储存相对集中，贮水箱与集热器分开布置。

（3）设备及系统在零度以下运行保证不会冻损。

（4）系统自动运行，并保证24h供应热水。

（5）集热器与建筑的结合，除应符合建筑外观的要求外，其防水是十分重要的。

7.3.3　太阳能热水系统与建筑一体化结构

所谓太阳能热水系统与建筑一体化，概括来说就是指太阳能热水器与建筑物充分结合并实现功能和外观的和谐统一。太阳能热水系统与建筑一体化的设计能较好地解决城市多层住宅家用太阳能热水器安装凌乱而影响城市市容的问题。理想的太阳能建筑一体化是太阳能与建筑完全融为一体。与建筑有效结合且最普遍的应用是太阳能热水系统。安装在建筑阳台护栏上的太阳能热水器，以及安装在建筑立面或者坡屋顶上的集热器面板可以有效利用建筑空间，节省独立热水系统安装时需要的支架等其他额外构件。

1. 太阳能热水系统与建筑结合的基本要求

（1）将建筑的使用功能与太阳能热水系统的利用有机结合起来，高效地利用空间，使可利用太阳能的建筑部分充分地利用起来。

（2）太阳能产品及工程系统纳入建筑规划与建筑设计，同步规划、同步设计、同步施工，与建筑工程同时投入使用。一次安装到位，这样做可以避免后期施工对用户造成的不便以及对建筑已有结构的破坏，同时可以节约建筑成本与住户二次安装成本。

（3）太阳能热水系统的设计、安装、调试和工程验收应执行行业制定的规程、规范和标准。

（4）综合使用材料，降低总造价。根据不同建筑功能要求采用不同的太阳能系统形式，利于平衡负荷和提高设备的利用率。

2. 太阳能热水系统与建筑物的结合方式

太阳能热水系统能否成功运用于建筑当中，主要取决于系统组件恰当的设计和选取。太阳能热水系统包括集热器、连接集热器和水箱的循环管路、控制系统和辅助加热系统，只有通过合理的设计理念和设计方法，才能综合解决建筑功能、空间组合及造型等多种问题，并进行一体化太阳能构件的研制。

太阳能热水系统与建筑物的结合有多种形式，最常见的有两种，如图7.14所示，一种是工业化生产的建筑构件直接取代建筑的围护结构，另一种是与建筑围护结构相结合提供热水或实现室内采暖等功能。同时，作为建筑的围护结构降低了透过建筑物墙体的热量，可以有效降低空调冷负荷和采暖热负荷。

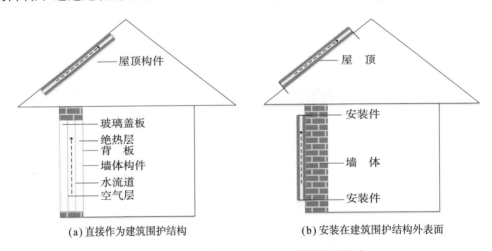

图7.14 太阳能热水系统与建筑物的结合

7.3.4 太阳能热水系统的选择

太阳能热水系统按其在建筑中的应用和运行特点可分为集中式（集中集热、

集中储热）、半集中式（集中集热、分散储热）、分散式（分散集热、分散储热）三种形式。

　　集中式太阳能热水系统的太阳集热器根据用水负荷确定面积，集中布置在建筑屋顶或墙面，如图 7.15 所示。集中设置的大容积贮水箱布置在屋顶、地下室或设备层等位置。通过集热器加热的热水集中储存在集热水箱中，用户端一般不设水箱，用水时直接从管道中获取热水，并通过计量装置记录热水用量。适用于旅馆、医院、学校、住宅等民用建筑。

　　半集中式太阳能热水系统采用集中太阳能集热器集热和分户布置贮水箱相结合的形式，集热器可集中布置于屋顶和墙面，贮热水箱可灵活地布置于室内和阳台，如图 7.16 所示。一般采用间接循环方式，即传热介质在集热器中加热后，经循环管道经过用户贮水箱，通过换热盘管和水箱内的水进行热交换，将水加热。该系统投资相对较大，适用于城市多层和高层住宅。

　　分散式太阳能热水系统功能是目前较常见的一种系统，每户系统独立，多用于别墅、排屋、多层住宅及高层住宅等建筑。如图 7.17 所示，每户有独立的内集热器、贮热水箱、循环管道、辅助加热设备和简单的控制元件。集热器可布置在屋顶，也可和建筑墙面、阳台等结合，贮热水箱可灵活地布置于室内和阳台。

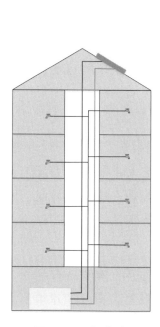

图 7.15　集中式

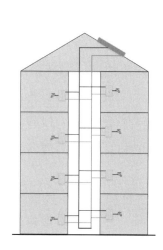

图 7.16　半集中式

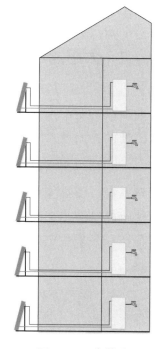

图 7.17　分散式

7.3.5 太阳能热水系统与建筑一体化设计的一般原则

（1）考虑气候和建筑的使用是否适合太阳能热水系统，进行经济可行性分析。

（2）集热器在建筑物上的安装位置合理，尽量避免遮挡，最大限度地接收太阳辐射。

（3）由于集热器的玻璃易碎，因此安装和使用时，还要消除安全隐患。

（4）集热器要便于清洗，确保系统构件在将来的维修过程中易于更换。

（5）尽量减小从集热器到水箱的距离，优化集热器、管道和热水箱的保温层。

（6）最优化控制。

7.4 太阳能热水系统和高层住宅外观一体化设计

我国太阳能热水系统从20世纪70年代开始在农村大量使用，主要应用于农居住房和城镇低层、多层住宅。随着城镇化的进程加快，我国城市住宅以高层为主，太阳能热水系统要成为城市居民基本的生活配套设施，就必须解决在高层住宅上的应用问题。

7.4.1 太阳能热水系统和住宅外观结合的难点

自20世纪90年代以来，我国太阳能热水技术经过三十余年的快速发展，已经形成一定的产业规模，在太阳能利用领域能够做出实质性的贡献。目前我国已是世界上最大的太阳能热水器生产国和消费国。

太阳能热水系统包含太阳能集热器、循环系统、控制系统、辅助能源系统、储热系统、支撑架等多个部分。大量高层住宅的出现，给太阳能热水系统与住宅建筑的结合提出新的要求。太阳能集热器与高层住宅外观一体化设计时，除了存在和一般住宅建筑结合的问题外，由于高层建筑的特殊性，还存在以下几个难点。

（1）屋顶面积有限。屋顶面积大，集热器放置较理想的角度，有利于太阳辐射的收集。但当楼层较高时，屋顶安装集热器的面积无法满足本建筑所有用户的使用要求。

（2）墙面面积有限。屋顶面积不足时，集热器可安装于建筑的立面。对于高层住宅来说，南向房间为了讲究通透性和景观效果，常采用落地窗或飘窗，开窗面积较大，适用于集热器安装的墙面面积有限。此外，周围建筑的遮挡使高层住宅建筑立面上下太阳辐照资源分布不均，往往顶层住户太阳能资源过剩，低层住户日照时数不足。

（3）安装安全性要求高。安装太阳能热水系统时，需慎重考虑太阳能热水系统使用时的安全问题，目前太阳能集热器坠落伤人事件仍有发生。高层住宅建筑随着高度的增加，外界面受风力影响逐渐加大，对集热器稳固性的不良影响加大。特别是集热器安装于建筑立面，万一掉落，高空坠物的危险性更大。因此集热器安装和选型的安全性较多层建筑更应受到重视。

（4）太阳能产品的适配性有限。普通的直插式热水器由于水箱重量大，不适合与高层住宅结合。分体式太阳能热水系统集热器和水箱分离，集热器可结合建筑外观放置，水箱则安装于每户室内，较适合与高层住宅结合。但目前市场上还是以直插式太阳能热水器为主，分体式太阳能热水系统的选择较少，尺寸规格、颜色、式样和建筑构件的适配性仍十分有限。

（5）建筑设计之初未考虑太阳能集热器安装位置，集热器和建筑形象不协调，影响建筑美观性。

7.4.2 太阳能集热器和高层住宅外观一体化设计

1. 基本功能要求

在进行太阳能集热器和高层住宅外观的一体化设计时，要考虑建筑的造型，考虑太阳能集热器安装的位置和形式，以及和其他建筑构件的协调关系，使太阳能集热器和高层建筑外观很好地结合，否则就会破坏建筑原有的造型。

除了在造型上使其与建筑融合外，让太阳能集热器获得充足的太阳辐射量，以维持系统的正常运行和负荷要求，是一体化设计必须满足的前提和基础，不能因为其他因素而忽视了最基本的要求，使太阳能热水系统无法正常发挥作用，而纯粹成为摆设。

2. 安全性要求

太阳能热水系统在安装时应注意以下三方面的安全问题：

（1）安装太阳能热水器对建筑的破坏性。

（2）太阳能热水器本身的安全问题，如跌落、雷击等。

（3）维修人员维修时的安全保障。

7.4.3 具体结合方式

1. 太阳能集热器和平屋顶一体化设计

屋顶是建筑的"第五立面"，太阳能集热器在平屋顶上安装是最为简易可行的一种方式，对于集热器和建筑的朝向也没有特殊的要求，太阳能集热器可直接集成在其表面上，有利于建筑空间的最大化利用。在设计和安装时，首先需要考虑相邻两排太阳能集热器保持恰当的距离，防止因互相遮挡引起效率下降；其次还需要考虑集热器安装方式，避免对屋面的排水、防水和保温防护造成不利影响。太阳能集热器在平屋顶上的安装实例如图7.18所示，图7.19为太阳能集热器在平屋顶上安装大样图。

图7.18 太阳能集热器在平屋顶上安装实例

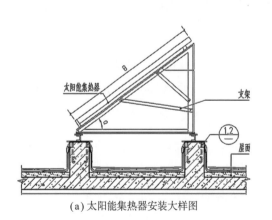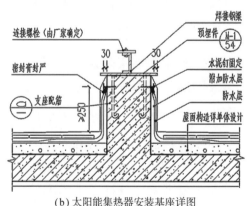

（a）太阳能集热器安装大样图 　　（b）太阳能集热器安装基座详图

图7.19 太阳能集热器在平屋顶上安装大样图
（来源：《太阳能热水系统建筑应用及一体化安装图集》桂11TJ04）

2. 太阳能集热器和外墙一体化设计

太阳能集热器作为一种高效清洁的能源利用设备，采用环保节能的方式对热能进行利用。建筑外墙是与太阳光接触面积最大的位置之一，将太阳能集热器安装在外墙上可以充分利用太阳光，从而大幅提高能源利用效率。太阳能集热器的安装位置对其性能和效率有着至关重要的影响。一般而言，南向的太阳辐射总量最为充足，而东、西向次之，北向最少。因此在选择安装位置时，我们通常会选择南向墙面进行集热器的安装。太阳能集热器和外墙一体化设计，可在保证墙体自身保温隔热等物理性能的同时，又能在建筑立面上形成有组织排列的统一整体，能进一步增强建筑的韵律感和协调性，提升建筑整体的美学价值。

按太阳能集热器在墙面上的安装方式划分，通常可分为直立式、倾斜式两种，如图 7.20 所示，太阳能集热器在建筑外墙安装的设计大样图如图 7.21 所示。其中，直立式安装是太阳能集热器完全平行于墙面，与墙面充分结合的一种方

(a) 太阳能集热器倾斜式安装实例　　　(b) 太阳能集热器直立式安装实例

图 7.20　太阳能集热器在建筑外墙上安装的实例

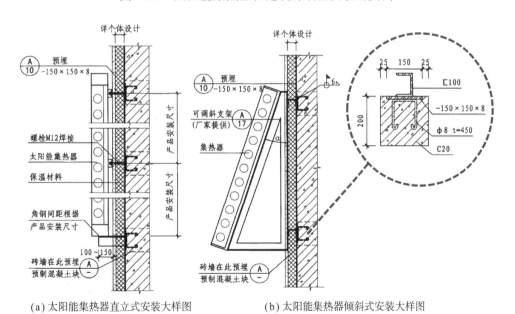

(a) 太阳能集热器直立式安装大样图　　　(b) 太阳能集热器倾斜式安装大样图

图 7.21　太阳能集热器在建筑外墙安装的设计大样图
（来源：《住宅太阳能热水系统选用及安装》11CJ32）

式，与建筑外观的结合度较高，但集热效率一般较低。倾斜式安装是使太阳能集热器与墙体呈一定角度安装，以便于更好地吸收日照辐射，该种安装方式虽在外立面美观程度上不如直立式安装，但集热效率相对较好。设计师在规划设计之初，需要考虑多方面因素，全面比较后再做出选择。

按太阳能集热器在墙面上的安装位置划分，一般可分为窗间式和窗槛式两种，如图 7.22 所示。窗槛式安装是指在窗户下方位置的墙面上安装太阳能集热器，当窗槛的高度及宽度足够时，可以把太阳能集热器安装于窗槛的位置，在实现能源利用的同时也可以起到遮阳的作用，是集热器常用的安装位置之一；窗间式安装是指在窗户两侧的墙体中间安装太阳能集热器，此种安装方式不会影响房屋其他空间的采光效果，但后期维护相对而言较为不便，且需要在窗间有足够的墙面面积以满足集热器的安装要求。

(a) 太阳能集热器窗槛式安装实例   (b) 太阳能集热器窗间式安装实例

图 7.22 太阳能集热器在建筑外墙上安装的实例

3. 太阳能集热器和坡屋顶一体化设计

坡屋顶是一种沿用较久的屋面形式，应用较广。太阳能集热器和坡屋顶一体化设计是将太阳能集热器整合到坡屋顶的建筑结构中，设计时可以将太阳能集热器安装在坡屋顶南向坡面，通过利用和协调坡屋面的倾角，使屋面坡度和集热器最佳安装倾角保持一致，从而提高太阳能的收集效率。按照集热器和坡屋面的关系，可将其分为架空式和顺坡嵌入式两种，如图 7.23 所示。

（1）架空式安装。架空式安装是一种常见的安装方式，主要通过在原有屋面结构上预制基座或者安装金属支架来实现。相比于其他安装方式，架空式安装的集热底部架高基座会对建筑物的美观性产生一定影响，同时支架和基座也会在一定程度上阻挡雨水的流动，延长滞水时间，从而对屋面的排水产生影响。太阳能集热器在坡屋顶上架空式安装的实例如图 7.24 所示，太阳能集热器在坡屋顶上架空式安装大样图如图 7.25 所示。

图 7.23 太阳能集热器在坡屋顶上安装的实例

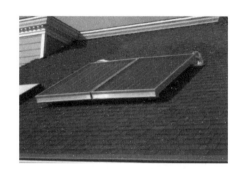

图 7.24 太阳能集热器在坡屋顶上架空式安装的实例

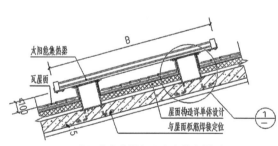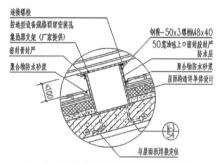

(a) 太阳能集热器架空式安装大样图　　(b) 太阳能集热器架空式安装基座详图

图 7.25 太阳能集热器在坡屋顶上架空式安装大样图
（来源：《太阳能热水系统建筑应用及一体化安装图集》桂 11TJ04）

（2）顺坡嵌入式安装。顺坡嵌入式安装是将太阳能集热器完全嵌入屋面保温和防水层中进行安装，与建筑的外观结合度最高。虽然这种方式较架空式安装而言，可以降低对建筑美观性的影响，但同时也对安装技术水平提出了较高的要求。对于采用这种安装方式的集热器，需要考虑集热器与周围屋面材料的结合连接部位的建筑构造处理，同时关键部位还需要加强防水措施。除此之外，在建设时还需要注意不破坏原有保温和防水措施，确保屋面排水畅通，避免雨水在集热器安装处积存、下渗。太阳能集热器在坡屋顶上顺坡嵌入式安装大样图如图 7.26 所示。

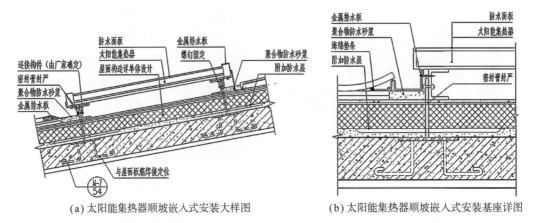

(a) 太阳能集热器顺坡嵌入式安装大样图　　　(b) 太阳能集热器顺坡嵌入式安装基座详图

图 7.26 太阳能集热器在坡屋顶上顺坡嵌入式安装大样图
（来源：《太阳能热水系统建筑应用及一体化安装图集》桂 11TJ04）

7.4.4 太阳能集热器和阳台一体化设计

平板型太阳能集热器采用平板式的吸热板来接收太阳能，其外观与阳台栏板非常相似，如图 7.27（a）所示；真空管型太阳能集热器由许多直立排列的

(a) 平板型太阳能集热器阳台安装实例　　　(b) 真空管型集热器阳台安装

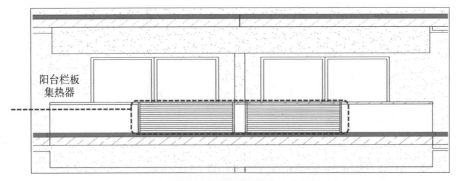

(c) 真空管型太阳能集热器阳台安装实例

图 7.27 太阳能集热器在阳台安装的设计实例

真空玻璃管组成，它的格栅状肌理与阳台栏杆的契合度很高，如图 7.27（b）（c）所示。在实际应用中，平板型和真空管型太阳能集热器都有各自的优缺点，需要设计师根据具体的应用场景和需求，选择最适合的太阳能集热器类型和安装方式。太阳能集热器在阳台安装的设计大样图如图 7.28 所示。

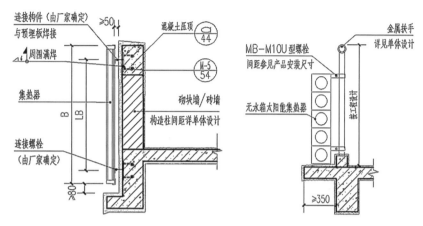

图 7.28 太阳能集热器在阳台安装的设计大样图
（来源：《太阳能热水系统建筑应用及一体化安装图集》桂 11TJ04）

7.4.5 太阳能集热器和格栅一体化设计

建筑预留的空调室外机位一般会安装格栅或百叶进行遮挡，真空管型集热器在质感上和格栅或百叶的横向栅条结构十分相似，在建筑设计时可用真空管型集热器替代部分的空调机位的格栅或百叶，搭配好肌理和颜色，将集热器和空调装饰格栅有机地融为一体，这样既能增加集热器集热面积，又不增加额外的立面要素，是一种适合的光热建筑一体化设计方式。真空管型太阳能集热器格栅处安装图如图 7.29 所示，太阳能集热器格栅处安装实例如图 7.30 所示。

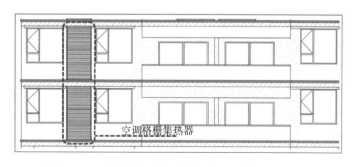

图 7.29 真空管型太阳能集热器格栅处安装图

贮热水箱
太阳能
集热器
空调
室外机
通风百叶

图 7.30   太阳能集热器格栅处安装实例

7.4.6   太阳能集热器和飘板/构架一体化设计

在建筑设计中，常常会运用构架或飘板来营造建筑的美学效果，一方面可以通过将构架作为支撑结构搭载集热器，拓展、利用构架上的空间，提升空间利用率，同时，节省下来的屋顶空间也可以成为居民日常生活的场所；另一方面，太阳能集热器还能起到很好的遮阳作用，而且可以形成丰富的阴影变化，突出建筑风格和丰富立面，同时也可以提高建筑的功能性，是一种较好的结合方案。在实际运用过程中，设计师需要综合考虑多方面因素，如集热器的安装位置和角度等，根据实际情况进行合理的设计和布局，更好地将太阳能集热器、飘板、构架等元件融合在一起，使集热器能够最大程度地接收到太阳能辐射，从而保证太阳能热水系统的高效、稳定运行。太阳能集热器和飘板/构架一体化设计如图 7.31 所示。

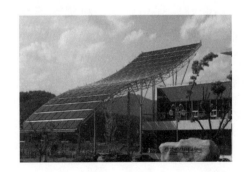

图 7.31   太阳能集热器和飘板/构架一体化设计实例

太阳能集热器在构架安装的设计大样图如图 7.32 所示。

7.4.7   太阳能集热器和雨棚一体化设计

直接在雨棚上固定安装太阳能集热器或直接利用集热器自身的结构作为遮阳构件，可兼顾建筑雨棚的防雨和遮阳等功能。这种设计方式不仅能够有效地

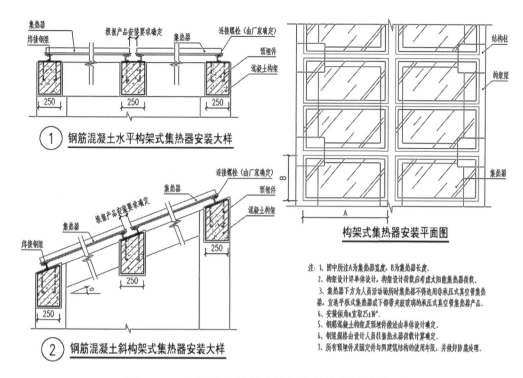

图 7.32 太阳能集热器在构架安装的设计大样图

利用太阳能资源，降低居民热水供暖的能源成本，还能使雨棚兼具更多的功能和实用性。

在实际应用中，设计师需考虑到太阳能集热器和雨棚的结构安全等问题。通常情况下，高层建筑的雨棚面积相对较小，而供热需求量较大，导致这种一体化结合方式在此类型建筑中的能源利用效益较低。因此，这种方式相对而言更适用于多层建筑或天地楼等热水需求量适中类型的建筑。太阳能集热器在雨棚安装的设计大样图和实物图如图 7.33 所示。

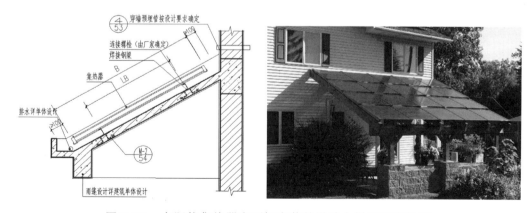

图 7.33 太阳能集热器在雨棚安装的设计大样图和实物图
（来源：《太阳能热水系统建筑应用及一体化安装图集》桂 11TJ04）

本章习题

（1）太阳能热水系统在建筑中的运行方式有哪些？

（2）太阳能热水系统按其循环种类可分为哪些？

（3）太阳能热水系统和高层住宅外观结合有哪些技术难点？

（4）为满足太阳能集热器和高层住宅外观的一体化设计时的功能性要求，应该如何设计集热器的安装？

（5）试结合所学内容分析太阳能集热器和建筑外观一体化进一步发展的趋势。

（6）太阳能集热器与住宅外观结合的常见方式有哪些？

（7）太阳能热水系统在安装时对安全性有什么要求？

第8章 光伏光热建筑综合利用研究与示范

本章主要介绍 BIPV/T 基本结构、复合光伏热水墙、复合光伏热水墙的理论模型、光伏双层窗和太阳能光伏光热建筑一体化技术示范建筑等

8.1 BIPV/T基本结构

太阳能建筑一体化的主要形式包括光伏建筑一体化（BIPV）、光热建筑一体化（BIST）和光伏光热建筑一体化（BIPV/T）等。其中 BIPV 和 BIST 已得到广泛的应用，然而 BIPV 存在发电效率低、夏季室内过热、功能单一、光斑污染等问题，阻碍了其大规模应用。BIST 包含太阳能热水技术和被动采暖技术，也存在夏季室内过热、功能单一、温度波动大、全年利用率低、室内舒适欠佳等问题。

BIPV/T 正是基于综合、有效利用光伏与光热两种效应的新概念，在建筑表面安装光伏组件或用光伏组件取代建筑结构的外表面，在组件背面使用水冷或风冷的方式降温，在降低组件温度以提高光伏发电效率的同时，有效利用热能产生热水或热空气，为建筑提供热水或采暖。此外，冷却水或冷气流的流动可有效改变建筑围护结构的传热、蓄热和热惰性等性能，从而大大改善室内的热环境。满足用户对高品质电力和低品质热能的需求，是实现太阳能高效利用的重要方式。

BIPV/T 大致分为光伏空气建筑一体化和光伏热水建筑一体化。

8.1.1 光伏空气建筑一体化（BIPV/Air）

BIPV/Air 的冷却介质是空气，分为主动式和被动式两种。主动式通常是在风机作用下，将空气引入光伏组件背面的空气流道中，降低电池工作温度以提高发电效率，同时回收热能加以利用，系统中风机的噪声是阻碍其应用的主要问题；被动式则是利用自然对流，在热虹吸作用下，通过 Trombe 墙原理将热空气送入室内或排出室外，实现被动采暖或通风冷却。BIPV/Air 具有低成本、免维护和无冻结损坏等优点。

以碲化镉（CdTe）光伏通风窗系统为例，该系统利用碲化镉太阳能电池低

温度系数、弱光性和半透过性的特点，通过太阳能被动冷却/供热原理，解决传统窗户夏季过热、保温性差、功能单一等问题。该系统从外到内依次为光伏玻璃、外侧通风口、空气流道、普通钢化玻璃和内侧通风口，如图8.1所示。系统在光伏发电的同时，兼具被动采暖/冷却的功能。在冬季，打开内侧通风口并关闭外侧通风口，光伏玻璃吸收的太阳辐射除少量用于电力输出外，其余均转化为热能加热流道内的空气，通过虹吸作用与室内空气形成内循环，既增加了电效率，又对室内供暖；而在夏季，打开外侧通风口并关闭内侧通风口，流道内空气与室外空气形成外循环，光伏玻璃上的废热被带到室外，在提高光伏电力输出的同时，降低了室内的温度。

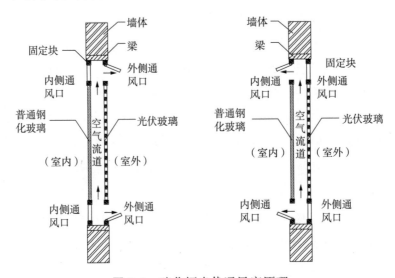

图 8.1　碲化镉光伏通风窗原理

通过对芜湖某农居实验和模拟研究，碲化镉光伏通风窗的平均电效率为7.2%，全年光伏发电量约为148.75kW·h，如图8.2所示。室内照度白天为300～800lx，如图8.3所示，始终在UDI（200～2000lx）范围内，可以满足

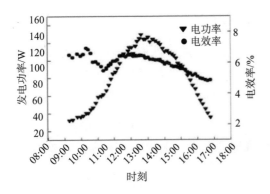

图 8.2　光伏通风窗的日电功率和电效率

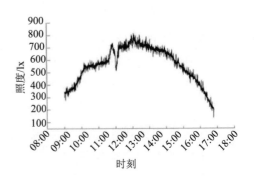

图 8.3　室内照度变化

日常室内照明的需求且不会发生眩光。在冬季和夏季模式下，系统的平均太阳能得热系数分别为 0.2845 和 0.1108，相比单层玻璃窗，系统可减少夏季得热 205.76kW·h，减少冬季热损 333.09kW·h，综合考虑光伏发电、照明和空调，系统全年省电量可达 153.38kW·h。

8.1.2 光伏热水建筑一体化（BIPV/Water）

BIPV/Water 是指在建筑物设计和建造过程中，将光伏发电和热水供应系统相结合，实现能源的高效利用。它将太阳能光伏发电技术与热水供应技术有机地结合在一起，通过光伏组件的安装，将太阳能转化为电能，供给建筑内部的用电设备，并通过热水系统将太阳能转化为热能，用于满足建筑内部的热水需求。

BIPV/Water 的冷却介质是水，分为自然循环式和强迫循环式。自然循环式是将水箱置于集热器上方，依靠水的浮升力进行集热循环；强迫循环式如图 8.4 所示，通过水泵驱动水循环，水吸收热能同时冷却电池以提高发电效率。BIPV/Water 具有构造简单、热效率高、成本低、易于与建筑结合等优点。近年来对于 BIPV/Water 系统的研究集中于集热器结构改进及设计优化上。

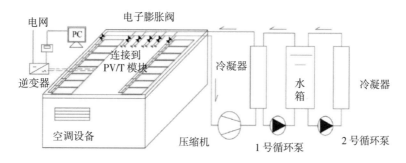

图 8.4 与热泵系统集成的强迫循环式 BIPV/Water 示意图

8.2 复合光伏热水墙

复合光伏热水墙是一种集成了光伏发电和太阳能热水系统的建筑外墙材料，它结合了光伏技术和太阳能热水技术，旨在提供电能和热水供应的双重功能。

复合光伏热水墙通常由以下几个主要组件构成：

（1）光伏组件：复合光伏热水墙表面覆盖着光伏组件，太阳能电池组件能够将太阳能转化为直流电能，供电给建筑物内部的电气设备使用或者输送到电网中。

（2）热水集热器：复合光伏热水墙的背后通常安装有太阳能热水集热器，这些集热器利用太阳辐射将热能吸收并转换为热水，供应给建筑物内部的热水系统。

（3）绝缘层和保护层：为了保护光伏组件和热水集热器，复合光伏热水墙通常具有适当的绝缘层和保护层，以防止环境中的湿气和其他不利因素对其造成损害。

（4）控制系统：复合光伏热水墙通常配备一个控制系统，用于监测和控制光伏组件和热水集热器的运行。该系统可以确保光伏发电和热水供应的有效协调和优化。

复合光伏热水墙的优势在于它提供了一种可持续的能源解决方案，将太阳能光伏发电和热水供应集成在建筑物的外墙中，最大限度地利用太阳能资源。它可以降低建筑物的能源消耗，减少对传统能源的依赖，并减少温室气体的排放。此外，复合光伏热水墙的外观设计也可以与建筑整体风格融合，提高建筑的美观性。

总而言之，复合光伏热水墙是一种集成了光伏发电和太阳能热水系统的建筑外墙材料，通过有效地利用太阳能资源，提供可再生能源和热水供应，实现建筑的能源可持续发展。

8.2.1 新型耐寒PV/T模块的开发

传统热水型PV/T系统易受高温和严寒的影响，而硅电池与金属吸热板之间的热膨胀系数存在量级差，在温度波动时会产生热应力，系统易产生电绝缘和吸热板变形等问题。这些影响了PV/T系统的可靠性，限制了其广泛应用。

针对热水型PV/T系统实际应用中存在的热应力及冬季冻结问题，通过建立PV/T热应力弯曲模型，揭示温度-应力耦合机制，结合激光焊接工艺和真空层压技术，研发出多种新型耐寒PV/T模块，包括微通道热管型、闭式环路热管型、相变蓄热型、外置式、真空玻璃盖板型等，不仅改善了非均匀温度场引起的光伏电路失配问题，而且解决了由热应力导致的电池损坏、电线断裂及电绝缘破坏等问题，提高了冬季抗冻能力，拓宽了PV/T模块在寒冷地区冬季的应用范围。

8.2.2 外置式PV/T系统的研究

外置式 PV/T 系统如图 8.5 所示，是将太阳能电池由层压在吸热板上改为层压到玻璃盖板的背面，由于玻璃盖板与硅电池的热膨胀系数相近，热应力减弱，电池不再受到上述吸热板形变、绝缘问题的影响。此外，由于太阳能电池位于空气层前部，可减少阳光通过玻璃、空气、TPT 等不同介质时反复产生的折、反射，提高了阳光入射到电池上的等效透过率，也避免了在入射角较大时，侧边框阴影对光电性能的影响。

通过对内置式 PV/T 和外置式 PV/T 系统对比实验发现，外置式系统可增强太阳能电池散热，温度由 79℃明显降低到 62℃且分布更加均匀，全天平均光电效率从 9.7% 提升到 11.7%。另一方面，内置式 PV/T 和外置式 PV/T 系统的热效率分别为 43% 和 28%，虽然外置式会降低系统的热性能，但 46℃的水温足以满足炎热地区居民生活用水的温度需求。此外，通过 ANSYS 模拟发现，在实测电池温度下，外置式 PV/T 中太阳能电池所受的热应力仅为内置式 PV/T 的 1/4。

图 8.5　外置式 PV/T 系统实验设置

8.3　复合光伏热水墙的理论模型

复合光伏热水墙的理论模型主要包括对光伏组件和热水集热器的性能建模以及能量转换和传递过程的数学描述。通过建立复合光伏热水墙的理论模型，可以预测和优化系统的性能，例如预测光伏发电量和热水产量，评估系统的能源效率和经济性，指导设计和优化复合光伏热水墙系统的参数和运行策略。

8.3.1 光伏/空气/热水复合被动墙体系统模型

为了提高太阳能全年利用率,研发了光伏/空气/热水复合被动墙体系统,集全年发电、热水、被动式采暖/冷却于一体,满足了建筑的季节性需求。该系统从外到内依次为玻璃盖板、空气夹层、光伏阵列、吸热板、集排管、空气流道、绝热层及建筑墙体,如图8.6所示。

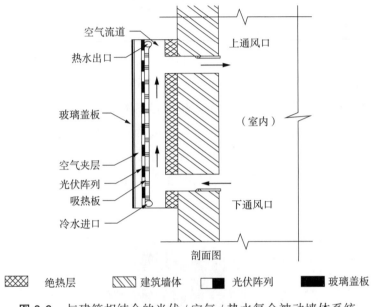

图8.6 与建筑相结合的光伏/空气/热水复合被动墙体系统

在采暖季,空气流道的上下通风口打开并关闭水路,太阳辐射透过玻璃盖板后,部分通过光伏阵列转化为电能输出,其余被吸热板吸收转化为热能加热空气,热空气在虹吸作用下与室内冷空气经空气流道形成内循环。在非采暖季,打开水路并关闭上下通风口,冷水流经吸热板带走绝大部分热量,降低了光伏组件温度,在发电的同时获取生活热水,减少通过墙体的室内得热,降低空调负荷,提高了系统的可靠性和太阳能全年利用率。

实验表明,单位面积的系统在光伏热水模式下,全天发电量为0.12kW·h,平均电效率为7.6%,水箱内的最终水温超过40℃,如图8.7所示,日均热水效率为47%;光伏热空气模式下,全天发电量为0.65kW·h,平均电效率为12.5%,如图8.8所示。并且随着辐照增加,实验间与对比间温差逐渐增大,最大达8.4℃。实验结果证明,该系统在采暖季可以显著降低空调负荷,在非采暖季可以满足居民用水需求。

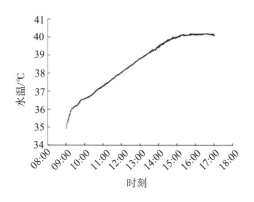

图 8.7 光伏热水模式系统的水温

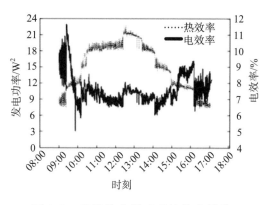

图 8.8 光伏热水模式系统的电性能

8.3.2 太阳能光伏光热–热催化/除菌杀毒复合墙体系统

太阳能光伏光热 – 热催化 / 除菌杀毒复合墙体系统是将热催化材料 MnOx-CeO₂ 涂覆于吸热板背面，通过太阳辐射，在光伏发电的同时，吸热板加热涂层和空气，驱动热催化降解甲醛，在热虹吸作用下实现流道内空气循环。同时空气中以气溶胶形式存在的细菌和病毒暴露在高温环境下迅速失活，且温度越高，失活速度越快。新型复合墙体充分利用太阳能，实现发电、采暖、降解甲醛及除菌杀毒等多种功能，提升了建筑墙体的综合性能，如图 8.9 所示。

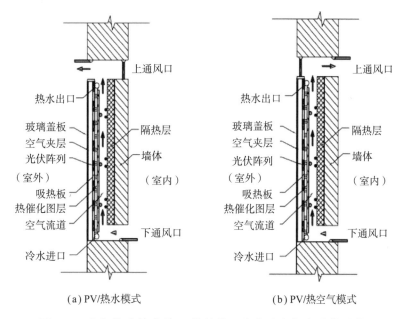

(a) PV/热水模式　　　　(b) PV/热空气模式

图 8.9 太阳能光伏光热 – 热催化 / 除菌杀毒复合墙体系统

热催化氧化是在热的作用下，气态污染物与催化剂发生催化氧化的异相反应过程。当温度达到热催化剂的启动温度时晶格氧会挥发出来与污染物反应，将污染物降解，空气中的氧气将补充到氧化物中缺失的晶格氧，完成氧化还原过程，如图 8.10 所示。基于制备的 MnOx-CeO$_2$ 热催化剂，在典型的室内甲醛浓度下（0.3 ~ 0.9μg/m^3），太阳能装置容易获得的 40 ~ 80℃温度范围内，甲醛转化率接近30% ~ 60%，如图 8.11 所示。热催化氧化反应具有净化效率高、易与 BIPV/Air 系统结合的优点。

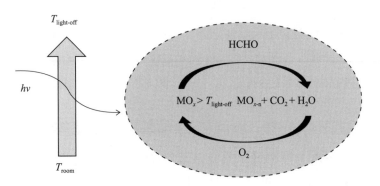

图 8.10 热催化剂催化降解甲醛（HCHO）反应

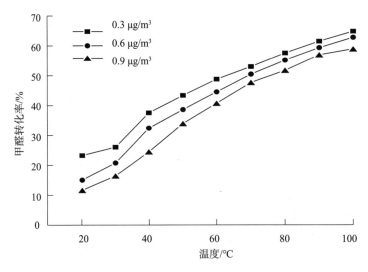

图 8.11 MnOx-CeO$_2$ 对甲醛（HCHO）的热催化转化率

热除菌和热杀毒是细菌和病毒在高温下失活的过程，主要与温度和停留时间相关。Gauss-Eyring 模型可用来描述细菌热失活率与温度和停留时间的关系，即：

$$\lg\left(\frac{N(t,T)}{N_0}\right)=\lg\left(\frac{1}{2}\operatorname{erfc}\frac{T-T_c}{\sigma\sqrt{2}}\right) \tag{8.1}$$

$$T_c(t)=T_r-Z\lg\left(\frac{t}{\tau}\right) \tag{8.2}$$

式中，N_0 为初始细菌浓度；$N(t, T)$ 为时间 t 时的细菌浓度；T 为除菌温度；T_r、Z、σ 是与细菌有关的特性参数。

病毒在一定温度下失活可由一级动力学模型阿伦尼乌斯公式描述，即：

$$N(t) = N_0 \exp(-kt) \tag{8.3}$$

$$k = A \exp\left(-\frac{E_a}{RT}\right) \tag{8.4}$$

式中，N_0 为初始病毒滴度；$N(t)$ 为 t 时刻病毒滴度；k 为速率常数；A 为指前因子；E_a 为活化能；R 为通用气体常数；T 为热力学温度。

通过计算，细菌在 50℃ 开始灭活，在 70℃ 完全灭活。较细菌而言，病毒虽然在较低温度下便开始失活，但在短时间内完全失活所需的温度更高。

以青海某民居为对象，不同电池覆盖率下的光电光热、热催化及除菌杀毒性能如图 8.12 所示。当电池覆盖率为 0 即无电池时，具有最高的热效率和温度；随电池覆盖率增加，热效率逐渐降低，电效率逐渐上升。当空气入口的甲醛浓度设定为 0.6μg/m³，细菌浓度设定为 3000CFU/m³，病毒入口浓度设定为 1000TCID50/m³ 时，热催化降解甲醛、热失活细菌和病毒的性能均逐渐降低。并且，当电池覆盖率约为 0.5 时，空气所达到的温度并不足以使病毒在短时间内失活。

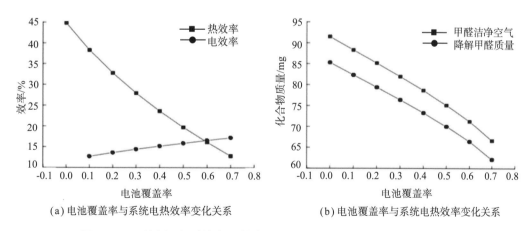

(a) 电池覆盖率与系统电热效率变化关系　　(b) 电池覆盖率与系统电热效率变化关系

图 8.12　不同电池覆盖率下的光电、光热、热催化及除菌杀毒性能

未来太阳能建筑一体化的目标依然是低成本、高效率、高可靠、长寿命。而因地制宜地利用 BIPV/T 系统是实现目标的最佳途径，今后的研究和应用应关注以下方面：

（1）提高太阳能综合利用效率。由于 BIPV 系统在发电时会产生大量热量，不仅影响光伏发电效率，且易导致室内过热及增加空调负荷，如何避免其不利影响并利用这部分热能来降低建筑能耗，是 BIPV/T 重要的研究方向。

（2）提升太阳能全年利用率。传统的太阳能被动采暖只在冬季工作，而在其他季节处于闲置状态，易造成夏季室内过热，空调负荷增加。因此针对不同地区、不同需求，采用相应的 BIPV/T 技术，是提升太阳能全年利用率的重要思路。

（3）增加太阳能建筑一体化的多功能性。BIPV/T 系统因其在发电的同时回收余热，兼具被动采暖、被动冷却、供应热水、降低负荷、增加遮阳、强化通风、除菌杀毒和催化甲醛等其功能，实现了太阳能的多功能应用，既解决了建筑能耗问题，又保证了室内环境健康，真正实现了建筑的节能低碳和更健康舒适。

（4）增强太阳能建筑一体化系统的可靠性。稳定可靠的 BIPV/T 系统极为重要，直接影响到其大规模应用，如何解决电池与吸热板的热应力造成的系统破坏和失效是关键。虽然外置式 PV/T 比内置式 PV/T 系统热效率低，但具有更好的电效率和极佳的可靠性，是未来应用的主要形式。

（5）注重太阳能建筑一体化系统的安全性和美观性。"适用、安全、经济、美观"是我国建筑的基本方针，太阳能与建筑结合必须满足安全性要求，不仅包括光伏电气安全，还包括建筑结构安全，尤其是 PV/T 复合墙体系统和窗户、阳台系统。同时应当关注建筑风格特征和形式美的基本法则，使 BIPV/T 建筑更具魅力。

8.4　光伏双层窗

光伏双层窗是一种结合了光伏发电和窗户功能的建筑材料，由两层玻璃或透明材料构成，中间夹层内置光伏组件，同时实现窗户的透光功能和太阳能光伏发电。

光伏双层窗的主要特点如下：

（1）光伏发电功能：光伏双层窗内置光伏组件，可以将太阳能转换为电能。这些组件通常采用薄膜太阳能电池或透明的有机光伏材料，能够在透明的窗户表面收集太阳能，将其转化为直流电能。

（2）透光性：光伏双层窗的外层玻璃或透明材料保持窗户的透光性，可以让自然光线透过，提高室内的自然采光效果。这样可以减少对室内照明的需求，节约能源。

（3）热隔离性：光伏双层窗的双层结构中间有夹层，夹层中的空气或绝缘材料具有一定的隔热性能。有效地隔离室内和室外的热传导，提高建筑物的隔热性能，减少能源损失。

（4）美观性和可定制性：光伏双层窗的外观设计与建筑整体风格融合，提供美观的外观效果。此外，光伏组件根据需求进行定制，例如透明度、颜色和形状等方面的个性化设计。

光伏双层窗的应用可以在建筑物中实现可持续能源的利用和节能减排。它可以为建筑物提供一部分电力需求，减少对传统能源的依赖，同时满足建筑物的采光需求。此外，光伏双层窗还可以与其他能源系统集成，如电池储能系统，实现对光伏电能的存储和管理。

8.4.1 通风光伏双层窗的原理与结构

通风光伏双层窗是在光伏双层窗基础上增加了通风功能，以提高建筑的通风效果和热管理性能，采用双层玻璃或透明材料构成，中间夹层内置光伏组件，具有通风通道和调节装置。

通风光伏双层窗的优势在于它结合了光伏发电、窗户透光和通风功能，提供了可持续能源利用、节能降耗和室内舒适性的综合解决方案。它为建筑物提供电力供应、室内自然采光和通风换气，减少对传统能源的依赖，改善室内环境质量，为建筑能源系统的整体性能提供增益。

8.4.2 光伏双层窗的实验平台

光伏双层窗的实验平台是为了评估和验证其性能、效益以及与其他系统的集成等方面而建立的实验设施。通过建立光伏双层窗的实验平台，研究人员可以对其性能进行定量评估和验证。实验数据和结果可以用于改进设计、优化参数，以及指导实际应用和系统集成的决策。

实验平台及参数测量如图8.13所示，在太原（37°78′N，112°55′E）某建筑楼顶搭建了几何尺寸为3.1m（长）×1.5m（宽）×2.8m（高）的光伏外窗实验平台。南向立面安装有1.1m（宽）×1.3m（高）的非晶硅双层光伏外窗，窗墙比为35%。

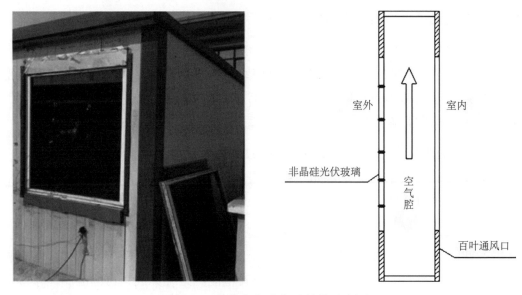

图 8.13　光伏窗实验台及结构示意图

光伏双层窗的外层是透过率为 10% 的薄膜光伏玻璃，内层是 6mm 的普通白玻，中间是 120mm 宽的空气夹层。其中，太阳能电池组件性能参数如表 8.1 所示。在光伏双层外窗的上下两端分别装尺寸为 1.1m（宽）×0.1m（高）的通风百叶，通过控制通风百叶的开启和关闭来改变光伏双层外窗的运行模式。

本文通过测量封闭式、内循环式和送风式三种不同运行模式下光伏双层窗的热电性能，来验证数值模型的可靠性。

三种不同运行模式下光伏双层窗结构示意如图 8.14 所示。

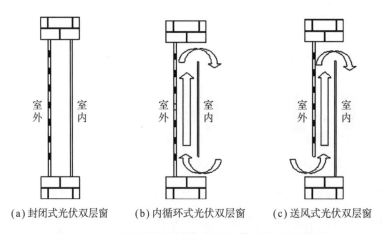

(a) 封闭式光伏双层窗　　(b) 内循环式光伏双层窗　　(c) 送风式光伏双层窗

图 8.14　三种不同运行模式下光伏双层窗示意图

表 8.1 非晶硅太阳能电池组件性能参数

相关参数	数 值
最大输出功率 P/W	85
电池片转换效率 η/%	5.9
开路电压 U/V	134.4
短路电流 I/A	1.01
传热系数	5
短路电流温度系数 I_s/（%/K）	0.03
开路电压温度系数 V_o/（%/K）	−0.28
最佳工作电流 I_m/A	0.85
最佳工作电压 V_m/V	100.3

实验测量时间为 12 月到 3 月每天的 9：00 ~ 17：00，测量参数包括室外温度、风速、风向、太阳辐射强度、光伏玻璃表面温度和太阳能电池的输出功率等。双层光伏窗外表面温度测量采用 T 型热电偶。室外气象参数采用安装在楼顶的锦州阳光 PC-4 自动气象站以及相应的辐射仪进行测量。光伏窗发电输出功率采用日本 EKO 公司生产的 MP-11 型 I-V 曲线仪进行测量，数据采集的时间间隔都为 30min。

8.4.3 光伏双层窗性能的模拟与分析

双层光伏窗性能的模拟与分析可以通过建立数学模型和进行计算仿真来实现。

1. 模拟方案

为了验证 Energyplus 软件传热和发电模型的可靠性，建立了与实验平台一致的光伏双层窗房间模型，如图 8.15 所示。图 8.16 为 Energyplus 软件模拟工

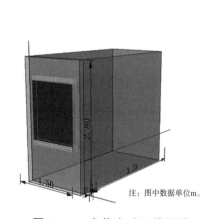

图 8.15 光伏窗验证模拟模型

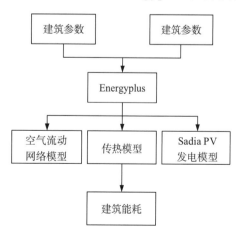

图 8.16 模拟流程图

作流程图，不同运行模式下双层光伏窗的表面温度及发电量分别用空气流动网络模型、传热模型和 SandiaPV 发电模型进行模拟。

2. 模拟验证

本文选取 12 月 26 日、2 月 25 日和 3 月 4 日典型晴天工况下的数据，对比分析了不同运行模式光伏玻璃发电功率以及表面温度的实测与模拟值吻合情况，结果如图 8.17 ～ 图 8.19 所示。

可以看出，实测和模拟值吻合情况较好。为了更准确分析实验测量数据与模拟结果之间的误差，本文采用平均偏差（mean bias error，MBE）与均方根误差（root mean square error，RMSE）2 个误差分析参数，当平均偏差的绝对值小于 15%，且均方根误差小于 35% 时，认为模拟结果可靠。不同运行模式双层光伏窗实测和模拟结果的误差如表 8.2 所示。由表 8.2 可知，平均偏差和均方根误差均在可接受范围之内，实测值与模拟值吻合情况较好。因此，可以认为，本文所采用的 Energyplus 模型可用于模拟不同运行模式下光伏双层窗的发电量和建筑采暖能耗。

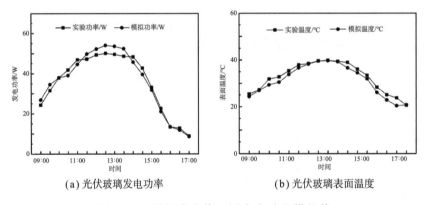

(a) 光伏玻璃发电功率　　　　　　(b) 光伏玻璃表面温度

图 8.17　封闭式光伏双层窗实验和模拟值

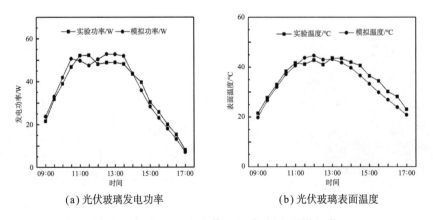

(a) 光伏玻璃发电功率　　　　　　(b) 光伏玻璃表面温度

图 8.18　内循环式光伏双层窗实验和模拟值

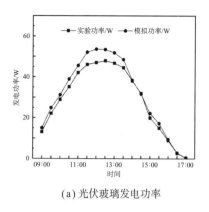
(a) 光伏玻璃发电功率

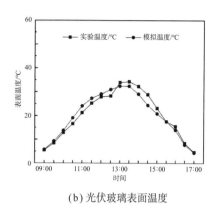
(b) 光伏玻璃表面温度

图 8.19 送风式光伏双层窗实验和模拟值

表 8.2 实测和 Energyplus 模拟不同运行模式光伏双层窗的发电功率和表面温度偏差

		平均偏差 /%	均方根误差 /%
封闭式双光伏层窗	发电功率	0.83	6.92
	表面温度	4.4	5.84
内循环式光伏双层窗	发电功率	−1.11	8.52
	表面温度	−4.9	7.73
送风式光伏双层窗	发电功率	9.3	10.29
	表面温度	−0.19	9.65

本文利用典型气象条件下光伏窗发电功率和表面温度的实验测量数据与模拟计算结果对比分析，验证了 Energyplus 软件传热和发电模型的可靠性。通过模拟对比研究了寒冷地区冬季工况下封闭式、内循环式、送风式光伏双层窗发电性能及其对建筑采暖能耗的影响，研究结论如下：

（1）寒冷地区供暖季光伏双层窗单位面积大约产生电能 29.5kW·h，由于非晶硅太阳能电池的功率温度系数较小，所以不同运行模式光伏双层窗产生的电能差别较小，送风式光伏双层窗产生电能最大，封闭式光伏双层窗产生电能最小。若采用功率温度系数较大的晶硅光伏组件，则不同运行模式光伏双层窗产生的电能差别会明显增加。

（2）送风式光伏双层窗空腔对送入室内的新风有预热作用，而封闭式和内循环式光伏双层窗需要耗能将这部分新风预热送入室内。数据显示，当考虑建筑新风需求与新风负荷时，送风式光伏双层窗相比于封闭式和内循环式光伏双层窗的建筑净能耗分别下降了 18.5% 和 20.2%。

（3）当光伏玻璃内表面和空腔温度低于室内温度时，封闭式光伏双层窗的保温性能更好，建筑采暖能耗最低。当光伏玻璃内表面和空腔温度高于室内温度时，内循环式光伏双层窗不仅能够降低建筑采暖能耗，而且还可以提高太阳能电池的发电性能。因此,可以根据光伏玻璃内表面和空腔温度与室温的温差确定光伏双层窗百叶自动运行控制的优化策略。结果显示,优化运行光伏双层窗通风外窗相比于完全为封闭式和内循环式光伏双层窗的建筑净能耗分别下降了 3.5% 和 12.3%。从而得出,科学合理地设计光伏双层窗可以显著提高建筑节能潜力。

8.5 光伏光热建筑一体化技术示范建筑

8.5.1 光伏光热组件概述

光伏光热组件是一种综合利用太阳能的设备,将光伏发电和太阳能热水供应功能集成在一起。它通过结合光伏技术和热能转换技术,同时产生电能和热能,实现能源的综合利用。

光伏光热组件通常由光伏组件和热水集热器两部分组成。光伏组件使用光伏电池将太阳能光子转化为直流电能,供给建筑内部的用电设备使用。同时,热水集热器收集太阳能辐射,将其转化为热能,并通过热交换器将热能传递给热水供应系统,满足建筑物的热水需求。

光伏光热组件的工作原理是通过光伏发电和太阳能热水供应相结合,实现能源的多重利用,实物图如图 8.20 所示。当太阳光照射到光伏组件上时,光伏电池将光子吸收并转化为电能,同时光伏组件的背面或周围的热水集热器收集太阳能辐射,并将其转化为热能。电能供给建筑内部的用电设备,热能通过热交换器传递给热水供应系统,满足建筑物的热水需求。

图 8.20 用于测试研究的 PV/T 组件

光伏光热组件具有综合利用太阳能、减少能源消耗和碳排放的优势,可以在建筑物的屋顶、墙面等位置进行安装,不占用额外空间,并且可以与建筑物的外观融合,具有美观的特点。通过光伏发电和太阳能热水供应的双重功效,光伏光热组件在可再生能源利用和节能减排方面具有重要意义。

太阳能是未来人类发展最主要的能量来源之一,但相对于传统能源,目前太阳能的利用效率依然很低。在最常见的光电转换和光热转换方式中，两者往往相互独立利用，其中在光电转换过程中，大部分太阳辐射能以热能的形式散发到周围环境中，不仅造成了能量的浪费，还增加了组件的温度。光电效率和温度呈负相关，组件的高温降低了组件的发电效率，局部过高的温度还会导致热斑效应，对光伏组件造成严重损坏。

为了提高光伏组件的发电效率，要尽可能降低其表面温度。在光伏组件背板上设冷却管道，光电、光热耦合利用，设计成为太阳能光伏光热一体化系统。通过传热介质将光伏组件背板上产生的热量带走并利用，可有效降低组件温度并获取一定热量，提高系统对太阳能的综合利用效率，同时减少了占地面积，具有强大的应用市场和发展潜力。

空气型 PV/T 组件结构的示意图如图 8.21 所示，组件主要由太阳能电池组件、扰流板、绝热层、抽风机构成。太阳能电池组件的铝边框内侧四周为40mm 绝热层，将长 800mm、高 40mm、厚 1mm 的扰流板以交错的形式粘贴到太阳能电池背板上，相邻两肋片间隔 190mm，形成蛇形流道，使空气与肋片充分换热，扰流板间距即为流道宽度，扰流板的高度即为流道高度。冷空气由组件下端进入，加热后的空气由上端抽风机抽出。

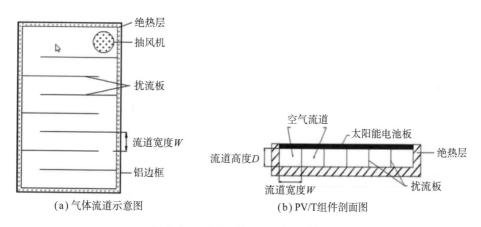

(a) 气体流道示意图　　　　(b) PV/T 组件剖面图

图 8.21　空气型 PV/T 组件结构

上述 PV/T 组件的工作原理是：当有太阳光照射到组件表面时，组件吸收太阳辐射中的光子产生电能，同时吸收太阳辐射能中的热能传递到空腔内加热空气。抽风机开始工作后，空气流道内的气体加速流动，出口则输出加热后的热空气，同时带走组件本身的热量，组件温度下降，使发电效率得以提升。

8.5.2　光伏光热组件与建筑一体化设计

光伏建筑系统是通过集成的方式将光伏模块和传统建筑结合在一起，使其不仅能够起到保护建筑的作用，还能产生建筑所需的电能。一般综合评定来看，光伏建筑系统的经济效益要远远大于单个的光伏电站。一个完整的光伏建筑系统如图 8.22 所示。

（1）光伏电池模块：包括透光、非透光光伏电池、柔性电池和刚性电池等。

（2）充放电控制器：用于调节蓄电池的进出电量。

（3）储能系统：分为并网所连接的电压线和离网状态下的蓄电池组两种。

（4）交流逆变电源：可将电路调节成用户所需的电压值。

（5）电路保护系统。

（6）备用电源，一般备用电源只用于离网系统中。光伏建筑系统应采用节能设计技术，并仔细选择和指定设备组件。应从生命周期成本的角度来看待，而不仅仅是初始成本。

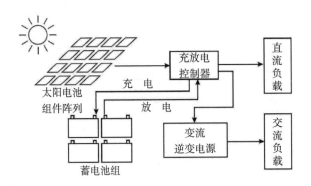

图 8.22   光伏建筑系统示意图

设计光伏建筑系统时应考虑建筑物的使用和电力负荷、其位置和方向、适当的建筑和安全规范以及相关的公用事业问题和成本等因素，具体如下：

（1）采用节能设计和节能措施，以降低建筑的电力需求，这将提高舒适性并节省资金，同时使给定的 BIPV 系统能够提供更大比例的负荷贡献。

（2）在公用事业交互式太阳能光伏系统和离网光伏系统之间进行正确选择。

（3）整个系统必须保证充足的通风，否则由于温度的上升会降低系统的工作效率，并降低使用寿命。有条件的可以考虑如何能够利用这一过程中产生的热能。

（4）要充分考虑到光伏组件的选择是否有利于室内的采光或者遮光。BIPV 组件可以帮助减少与大面积建筑玻璃相关的不必要的冷负荷和眩光。

（5）要针对当地气候和环境进行设计，设计师应了解气候和环境对光伏阵列输出的影响。寒冷、晴朗的天气将增加发电量，而炎热、阴天将减少光伏电量输出。

（6）要充分考虑到光伏发电的效率，确保在中午太阳峰值的 3h 内光伏组件能充分吸收光谱。

（7）光伏安装组件要便于安装和后续的维修拆卸，必须保证在后续拆卸过程中不能影响整个建筑的结构安全。

（8）参与设计、安装及维护的相关人员务必有良好的专业素养，因为光伏建筑的安全要求要远大于普通的光伏电站，否则建筑将有风险。

（9）要尽可能地将光伏材料与传统建筑材料有机融合，使其不仅能体现出高科技美感，更要符合当地的特色，让住户真正能体验到绿色建筑带来的舒适感。

8.5.3 光伏光热综合利用系统的设计

惠州潼湖科技创新小镇建筑光伏一体化是国家能源局规划的 6 个铜铟镓硒（CIGS）太阳能薄膜发电技术示范项目之一，亦是光伏光热建筑一体化典型案例。

该项目于 2018 年 11 月 5 日建成，建成后成为国内首座 CIGS 光伏示范建筑项目。该项目成功投入使用发电，意味着惠州潼湖科技创新小镇进入绿色能源自发电时代，更标志着 CIGS 技术拥有更加广阔的市场前景。

惠州市潼湖科技创新小镇位于深圳、东莞、惠州三市交界处，地处粤港澳大湾区的重要节点。本示范项目共包括 3 栋 CIGS-BIPV 示范建筑，分别为 2# 楼、6# 楼和 7# 楼，均位于园区的核心位置。其中，2# 楼为园区智慧控制中心，共 5 层，总建筑面积为 $3964m^2$；6# 楼和 7# 楼均是 3 层的办公楼，建筑面积分别为 $853m^2$ 和 $991m^2$。3 栋示范建筑的方位均是以正南为 0° 向东偏转 42.77°，即建筑物的四面朝向分别为东南（ $-42.77°$ ）、西南（ $47.23°$ ）、东北（ $-132.77°$ ）、西北（ $137.23°$ ）。2# 楼和 6# 楼在建筑的东南侧、西南侧、东北侧这 3 个建筑立面安装 CIGS 薄膜光伏组件；7# 楼在建筑的东南侧和西南侧安装 CIGS 薄膜光伏组件。3 栋示范建筑在园区的位置如图 8.23 所示，CIGS 薄膜光伏组件的安装效果图如图 8.24 所示。

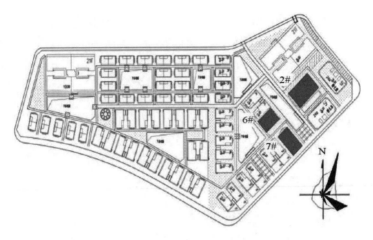

图 8.23　几栋示范建筑在园区的位置示意图

(a) 2#楼　　　　　　　　　　　　　　(b) 6#楼和7#楼

图 8.24　CIGS 薄膜光伏组件的安装效果图

根据国家能源集团的公开资料显示，该项目总计面积 5468.52m²，项目的 CIGS 组件全部具备自主的知识产权，整个项目一共使用 CIGS 组件 2037 块，采用自发自用、余电并网的发电模式。

该项目的总装机量为 198.61kW，在设计周期内预计年发电量超过 12 万 kW·h，能够满足辖区建筑 10% 的电力需求，同时远远大于国标对绿色建筑 4% 的定义要求。

该项目还采用了热效能光伏技术，示范建筑的光伏幕墙与内墙之间有一个可通风的封闭式竖向空间，该设计不仅能够大幅度降低光伏模块的温度，提高发电效能，还可以有效地解决建筑层间的防火问题，并且借助空气源热泵能有效地收集封闭空间内的热空气流，通过换热满足日常的生活用水。

光伏光热建筑是未来光伏建筑发展的新趋势。CIGS 太阳能薄膜发电技术已成为国家能源集团战略性转型的主攻技术之一，各项技术性能也均远超或符合标准。相信不久的将来，CIGS 太阳能薄膜发电技术会带来一场全新的能源技术转型革命，预计将会达到千亿级的市场规模。

8.5.4 一体化建筑的数据采集与监测系统

惠州市潼湖科技创新小镇示范建筑位于 23.08°N、114.20°E；地处东江中下游平原，靠近南海海域，海拔高度为 42m；所在地气候属于亚热带海洋季风气候区，冬暖夏热，年平均气温 22.0℃；雨量充沛，年均降雨量为 1936.0mm，干、湿季节分明，降水集中在 3 ~ 9 月，10 月~次年 2 月多为晴朗天气。

以应用于能源行业的气象软件 Meteonorm 提供的数据为基础，并利用距离项目所在地较近的气象站多年的观测记录数据，对 Meteonorm 提供的数据进行修正，得到项目所在地的地面月均太阳辐照量数据，如图 8.25 所示。

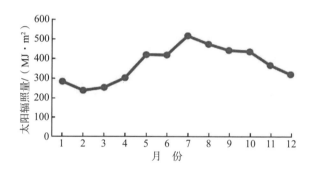

图 8.25 项目所在地的地面月均太阳辐照量

5 ~ 10 月（夏秋季节）时，项目所在地的地面月均太阳辐照量处于较高水平，尤其在 7 月达到最大值；地面太阳年辐照量约为 4500MJ/m²，稳定度为 0.46，说明项目所在地的太阳能资源丰富、稳定，适宜建设光伏发电系统。

在示范建筑立面安装的是 CIGS 薄膜光伏组件。CIGS 薄膜太阳能电池的吸收层是 Cu（In，Ga）Se_2 四元化合物，属于直接带隙半导体，光吸收系数高达 $10^2 cm^{-1}$，吸收层的厚度可低至 1 ~ 2μm。

该类太阳能电池的实验室最高光电转换效率已达 23.35%，其构造示意如图 8.26 所示，微观结构如 8.27 所示。CIGS 薄膜光伏组件具有弱光发电性好、温度系数低、抗衰减性强、安全性高、稳定耐用、便于维护、外观漂亮等特点，适合 BIPV 应用场景。

应用于 BIPV 建筑的 CIGS 薄膜光伏组件既要满足光伏发电需求，又要满足建筑的形式需要，还要符合幕墙建筑材料的相关规范和标准。此外，还需要考虑此类光伏组件的安装、防火、运输、储存等一系列问题。本示范项目

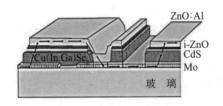

图 8.26 CIGS 薄膜太阳能电池的构造示意图

图 8.27 CIGS 薄膜太阳能电池的
微观结构

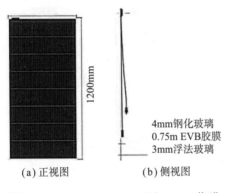

(a) 正视图　　　(b) 侧视图

图 8.28 N-G1012E097 型 CIGS 薄膜
光伏组件的正视图和侧视图

中的示范建筑均选用国家能源集团开发的 N-G1012E097 型 CIGS 薄膜光伏组件，该类光伏组件采用 4mm 钢化玻璃（盖板）+0.75mm EVB 胶膜 +3mm 浮法玻璃（背板）的结构，已通过中国强制性产品认证（3C），达到了作为建筑材料和建筑幕墙的标准。N-G1012E097 型 CIGS 薄膜光伏组件的正视图和侧视图如图 8.28 所示，标准测试条件（STC）下该类光伏组件的主要技术参数及其规格分别如表 8.3、表 8.4 所示。

表 8.3　N-G1012E097 型 CIGS 薄膜光伏组件的主要技术参数

参　　数	数　　值
额定功率 /W	97.5
额定电压 /V	79.2
额定电流 /A	123
开路电压 /N	99.6
短路电流 /A	1.34

表 8.4　N-G1012E097 型 CIGS 薄膜光伏组件的规格

参　　数	数　　值
尺寸（长度 × 宽度）/mm	1200 × 600
光伏组件厚度（含接线盒、线缆等）/mm	27
盖板玻璃厚度 /mm	4
光伏组件净重 /kg	12.8

8.5.5　光伏光热综合利用示范建筑的运行效果

3 栋示范建筑自 2018 年 11 月建成并投运以来，运行安全可靠、发电稳定。

本文仅以 2# 楼为例对该建筑的东南侧、西南侧和东北侧建筑立面安装的 CIGS 薄膜光伏组件的发电量情况进行分析。2# 楼的东南侧、西南侧和东北侧建筑立面除去功能性门窗位置和易被遮挡的首层墙面外，其余位置均安装了 CIGS 薄膜光伏组件，且 3 个建筑立面分别面对较开阔的绿地、广场、主街道，基本不受其他建筑物阴影遮挡的影响。考虑到季节、天气因素，以及设备、仪表记录数据的完整性，选择 2019 年中全天有日照的初夏季节的 5 月 12 日和初冬季节的 11 月 22 日作为典型日，分析 2# 楼的东南侧、西南侧和东北侧这 3 个建筑立面安装的 CIGS 薄膜光伏组件在 1 天内各发电时段的发电量情况。

1. 5 月 12 日各建筑立面安装的 CIGS 薄膜光伏组件的发电情况

5 月 12 日各建筑立面安装的 CIGS 薄膜光伏组件的发电情况以 5min 为一个发电量记录时间间隔，记录 5 月 12 日全天发电时段 2# 楼各建筑立面安装的 CIGS 薄膜光伏组件单位面积发电量，具体如图 8.29 所示。

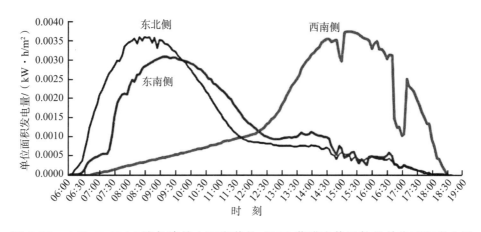

图 8.29　5 月 12 日 2# 楼各建筑立面安装的 CIGS 薄膜光伏组件的单位面积发电量

由图 8.29 可知，东南侧、西南侧安装的 CIGS 薄膜光伏组件开始发电后，在发电量为各自峰值发电量约 40% 的时刻，发电量有相对明显的跃升。为分析 CIGS 薄膜光伏组件全天发电量的集中度，将各建筑立面发电量超过其当天峰值发电量 40% 的部分定义为主要发电时段，各建筑立面安装的 CIGS 薄膜光伏组件的日发电量情况如表 8.5 所示。对项目所在地当天的气象信息进行查询，结果如表 8.6 所示。

结合图 8.29、表 8.5、表 8.6 可以发现：

（1）示范建筑东北侧安装的 CIGS 薄膜光伏组件在日出 19min 后最早开始发电，而西南侧安装的 CIGS 薄膜光伏组件在日落前 16min 结束发电，整个示范建筑全天的发电时长为 12.62h。

表 8.5　5 月 12 日各建筑立面安装的 CIGS 薄膜光伏组件的日发电量情况

参　数	东南侧	西南侧	东北侧
发电起止时刻	06：10 ~ 18：36	06：19 ~ 18：39	06：02 ~ 18：32
发电时长 /h	12.43	12.33	12.50
主要发电时段	07：30 ~ 12：05	12：45 ~ 17：45	06：45 ~ 11：05
主要发电时段时长 /h	4.58	5.00	4.33
主要发电时段发电量占该建筑立面总发电量的比例 /%	72.3	77.6	73.5
最大发电量时刻	09：10	15：20	08：40

表 8.6　5 月 12 日项目所在地的气象信息

项　目	数　据
日出时刻	05：43
日落时刻	18：55
白昼时长 /h	13.20
白昼天气	晴转多云
气温 /℃	23 ~ 32

（2）上午时段，东南侧、东北侧安装的 CIGS 薄膜光伏组件的发电量曲线大致呈抛物线形，东北侧安装的 CIGS 薄膜光伏组件的开始发电时刻、最大发电量时刻、主要发电时段均早于东南侧安装的 CIGS 薄膜光伏组件。下午时段，东南侧安装的 CIGS 薄膜光伏组件的发电量在 12：40 ~ 14：30 时段较平稳，然后大致呈线性下降；东北侧安装的 CIGS 薄膜光伏组件的发电量整体呈线性下降。西南侧安装的 CIGS 薄膜光伏组件在上午时段的发电量较小，但呈线性上升趋势；而下午时段的发电量曲线大致呈抛物线形。

（3）5 月 12 日是初夏季节，太阳的白昼运行轨迹接近在示范建筑正东西方向。2# 楼东南侧、东北侧立面全天接收太阳辐照量的变化相近，西南侧立面全天接收太阳辐照量的变化与东南侧及东北侧立面接收的太阳辐照量均大致呈镜像关系。各建筑立面安装的 CIGS 薄膜光伏组件全天发电量的变化关系与立面接收的太阳辐射量变化成正比。

（4）东南侧、东北侧安装的 CIGS 薄膜光伏组件的主要发电时段均集中在 12：00 前 4.5h 左右，均可产生超过其全天发电量 72% 的发电量。西南侧安装的 CIGS 薄膜光伏组件的主要发电时段在午后至日落前（12：45 ~ 17：45）的 5h 左右，可产生其超过全天发电量 77% 的发电量。全天内这 3 个建筑立面安装的 CIGS 薄膜光伏组件的单位面积发电量基本相同，发电量的平均差为 0.01。

（5）各建筑立面安装的 CIGS 光伏组件的发电量曲线有所跳跃，尤其是下午个别时段有较大的跌落，这是由于天气、云量等影响太阳辐照量的短时气象因子发生变化造成的。

2. 11 月 22 日各建筑立面安装的 CIGS 薄膜光伏组件的发电情况

以 5min 为一个发电量记录时间间隔，记录 11 月 22 日全天发电时段 2# 楼各建筑立面安装的 CIGS 薄膜光伏组件的单位面积发电量，具体如图 8.30 所示。将各建筑立面发电量超过其当天发电量峰值 40% 的时段定义为主要发电时段，11 月 22 日各建筑立面安装的 CIGS 薄膜光伏组件的日发电量情况如表 8.7 所示。对项目所在地当天的气象信息进行查询，结果如表 8.8 所示。

结合图 8.30、表 8.7、表 8.8 可以发现：

（1）示范建筑东南侧、东北侧安装的 CIGS 薄膜光伏组件在日出 11min 后最早开始发电，西南侧安装的 CIGS 薄膜光伏组件在日落前 3 min 最后结束发电，建筑全天的发电时长为 10.70h。

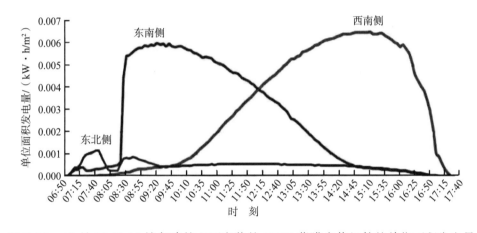

图 8.30　11 月 22 日 2# 楼各建筑立面安装的 CIGS 薄膜光伏组件的单位面积发电量

表 8.7　11 月 22 日各建筑立面安装的 CIGS 薄膜光伏组件的日发电量情况

参　　数	东南侧	西南侧	东北侧
发电起止时刻	06：51 ~ 17：23	07：08 ~ 17：33	06：51 ~ 17：18
发电时长 /h	10.53	10.42	10.45
主要发电时段	08：25 ~ 13：10	11：20 ~ 16：50	07：15 ~ 07：55，08：20 ~ 09：20
主要发电时段时长 /h	4.75	5.50	1.67
主要发电时段发电量占该建筑立面总发电量的比例 /%	88.6	90.8	29.4
最大发电量时刻	09：20	15：30	07：40

表 8.8　11 月 22 日项目所在地的气象信息

项　　目	数　据
日出时刻	06：40
日落时刻	17：36
白昼时长 /h	10.93
白昼天气	晴
气温 /℃	17 ~ 29

（2）东南侧安装的 CIGS 薄膜光伏组件在开始发电 30min 后的 07：20 出现一个小的发电量极值，然后发电量有所下降；后 1h（07：25 ~ 08：20）发电量整体呈现较低的平稳增长的趋势；08：25 时光伏组件的发电量急剧增大，随后以上升抛物线形状平滑增加，在 09：40 左右达到峰值，然后以下降抛物线的形状降低。西南侧安装的 CIGS 薄膜光伏组件在开始发电时呈线性缓慢增加趋势，并从 09：50 开始发电量以上升抛物线形状增长，在 15：30 左右达到其峰值，然后以曲率更大的下降抛物线形状降低。东北侧安装的 CIGS 薄膜光伏组件在初始发电的约 3h 内，发电量曲线呈现马鞍形，2 个发电量极大值分别出现在 07：40 和 08：40 左右，随后发电量呈现平缓的抛物线形。

（3）11 月 22 日是初冬季节，太阳直射点在示范建筑的南侧，太阳直射辐射在建筑南侧立面的入射角（太阳直射方向与建筑立面法线的夹角）为 1 年中的较小值，因此，建筑南侧立面可接收到 1 年中较大的太阳直射辐射时长和太阳辐照量。东北侧安装的 CIGS 薄膜光伏组件在除日出后 3h 内的部分时段可接收到以较大入射角照射的太阳直射辐射外，全天大部分时间段都是背对着太阳直射，太阳直射辐射被遮挡，以接收散射辐射为主。东南侧安装的 CIGS 薄膜光伏组件在上午时段的发电量先增大后减小，之后又快速增大；东北侧安装的 CIGS 薄膜光伏组件在上午时段的发电量呈马鞍形曲线，这是由于太阳运行轨迹与建筑方位共同造成该建筑立面上安装的 CIGS 薄膜光伏组件先接收到太阳直射辐射，然后太阳直射辐射被遮挡，之后又接收到太阳直射辐射所导致的。

（4）东南侧安装的 CIGS 薄膜光伏组件的主要发电时段在上午至午后（08：25 ~ 13：10），接近 5h；西南侧安装的 CIGS 薄膜光伏组件主要发电时段在中午至日落前的 46min（11：20 ~ 16：50），时长为 5.5h。东南侧、西南侧安装的 CIGS 薄膜光伏组件在主要发电时段产生了占其总发电量约 90% 的发电量；东北侧安装的 CIGS 薄膜光伏组件的整体发电量偏小，发电时段不集中。东南侧、西南侧安装的 CIGS 薄膜光伏组件全天的单位面积发电量基本相同，且分别是东北侧安装的 CIGS 薄膜光伏组件的 3.0 倍和 3.1 倍。

（5）各建筑立面安装的 CIGS 薄膜光伏组件的发电量曲线均较为平滑，原因是当天白昼时间的天气、云量等短时气象因子稳定。

在 5 月 12 日和 11 月 22 日，东南侧、西南侧、东北侧 3 个建筑立面安装的 CIGS 薄膜光伏组件的单位面积发电量对比如图 8.31 所示，东南侧和西南侧安装的 CIGS 薄膜光伏组件在 5 月 12 日和 11 月 22 日时的发电量曲线形状类似。此外，相较于 11 月 22 日，5 月 12 日的白昼时间更长，光伏组件的发电时间开

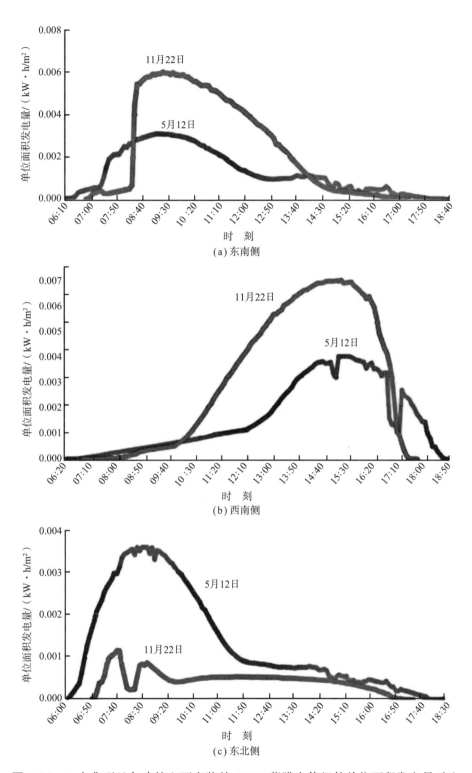

图 8.31　2 个典型日各建筑立面安装的 CIGS 薄膜光伏组件单位面积发电量对比

始的较早，结束的较晚，11月22日光伏组件的发电时长比5月12日时的约少2h，但这2个建筑立面安装的CIGS薄膜光伏组件在11月22日的发电量曲线的峰值更高，上升、下降斜率更大，其发电量均是5月12日时的1.2倍左右。

对于东北侧安装的CIGS薄膜光伏组件，其在5月12日的发电时间开始的较早，结束的较晚，发电量峰值高，发电时长比其在11月22日时约长2h，发电量是11月22日时的2.5倍。

3. 结　论

本节以惠州市潼湖科技创新小镇的铜铟镓硒建筑光伏一体化（CIGS-BIPV）示范项目为例，对该示范项目中示范建筑不同朝向立面上安装的CIGS薄膜光伏组件在夏季、冬季典型日的发电量特点和变化规律进行了分析，得出以下结论：

（1）初夏的5月12日，安装在东南侧、西南侧、东北侧的CIGS薄膜光伏组件的日发电量大体相当。西南侧安装的CIGS薄膜光伏组件与东南侧及东北侧安装的CIGS薄膜光伏组件的日发电量曲线均大致呈镜像关系。

（2）初冬的11月22日，安装在东南侧、西南侧的CIGS薄膜光伏组件的日发电量大体相当，均是安装在东北侧的CIGS薄膜光伏组件的约3倍。太阳运行轨迹和建筑方位造成东南侧、东北侧立面上安装的光伏组件在部分时段断续接收到太阳直射辐射，造成其发电量曲线有高低交替的变化。

（3）安装在东南侧、西南侧的CIGS薄膜光伏组件在11月22日的高效率发电时长比5月12日的更长，发电量更大；安装在东北侧的CIGS薄膜光伏组件在5月12日的发电量是其在11月22日的2.5倍。

本章习题

（1）光伏光热建筑一体化主要包括哪些内容？

（2）什么是复合光伏热水墙？

（3）光伏双层窗是什么样的建筑材料？有什么功能？

（4）复合光伏热水墙由几个主要组件构成？

第9章 太阳能分布式光伏电站部分案例

本章主要介绍部分新能源公司的实际案例，包括光伏电站选址、气候条件、设计内容、电池板阵列设计、组件排列与方阵间距、系统组成、交流并网箱及防雷设计、系统数据记录展示与传输、光伏电站发电量效益、环境影响评价和投资经济预算等。

9.1 南国乡村农房建筑科技博物馆54kW$_p$光伏发电项目

9.1.1 工程概况

1. 项目名称

南国乡村农房建筑科技博物馆 54kW$_p$ 光伏发电项目。

2. 建设地址

广西南宁武鸣区双桥镇南国乡村农房建筑科技博物馆屋顶。

3. 建设单位

广西那园旅游投资有限公司，经营范围包括对旅游业的投资、旅游项目开发、房地产开发经营、建筑工程、园林绿化工程、道路旅客运输、旅游项目宣传策划、展览展示服务等。

4. 设计单位

华蓝设计（集团）有限公司，2021 年入选中国建筑学会评选的"当代中国建筑设计百家名院"，连续九年入选美国《工程纪录》（ENR）/《建筑时报》评选的"中国工程设计企业 60 强"，累计七年入选"中国十大民营工程设计企业"。业务分布于国内 25 个省（区）市，海外业务延伸至非洲和东南亚国家地区，与美国、日本、加拿大、德国、法国和澳大利亚等国的设计机构长期保持业务合作与交流。

5. 概 况

南宁市水平面日均辐射量为 12515kJ/m^2，水平面太阳年辐照量为

4567.98MJ/m^2，折合为 1268.88kW·h/m^2，根据《太阳能资源评估方法》（QX/T89-2008），该区域的太阳能资源属于三类地区（3780～5040MJ/m^2·a）。该资源条件良好，有开发价值，能有效优化当地电力系统能源结构，减轻环保压力。

本项目屋顶面积约 520m^2，四周无遮挡，拟建设 54kW$_p$ 小型并网光伏电站及其配套设施。

太阳能光伏发电是绿色能源产业，可以减少温室气体排放，是国家大力提倡和扶持的电力产业。该电站并网发电平均每年节约 15.64t 标准煤，同时减少 38.95t CO$_2$ 排放。

9.1.2 光伏电站方案设计

1. 气候条件

南宁市地处北回归线南侧，广西中部偏南，平均海拔 76.5m，年均气温 21.8℃，年均降雨量 1286mm，属于典型的亚热带季风气候，降水充沛，长夏短冬。极端最高气温 40.4℃，极端最低气温 −2.4℃。冬季最冷的 1 月平均气温 12.8℃，夏季最热的 7、8 月平均气温 28.2℃。年均降雨量达 1304.2mm，平均相对湿度为 79%，气候特点是炎热潮湿，太阳年辐照量为 4567.98MJ/m^2。

2. 设计内容

项目拟建设 54kW$_p$ 分布式并网光伏电站，系统不配置储能装置，太阳能电池将日光转换成直流电，通过逆变器变换成三相 380V 交流电，并网供电，项目所需要建设的内容如下：

（1）本项目采用光伏瓦片，对光伏瓦与屋面衔接进行光伏建筑一体化设计，如图 9.1 所示。

（2）分布式光伏电站并网接入系统设计。

（3）电站运行参数监测及远程数据传输和远程控制技术。

（4）分布式并网光伏电站技术、经济、环境评价。

3. 系统组成

54kW$_p$ 分布式并网光伏电站主要由太阳能电池组件、光伏并网逆变器、交流防雷并网计量箱及相关配件组成。另外，系统还配置 1 套综合监控装置，用来监测系统的运行状态和工作参数。设计采用"自发自用，余电上网"模式，低压 AC380V 电压等级并网方案。太阳能电池组件和并网逆变器是模块化的设

图 9.1 南国乡村农房建筑科技博物馆光伏瓦 BIPV 屋面图实景图

备，54kW$_p$ 光伏电站通过合理配置，分为 1 2 个直流组串，接入逆变器不同的 MPPT 端口，每个 MPPT 端口独立调节与控制，可提高发电量。每个光伏并网发电单元的电池组件采用串并联的方式组成多个太阳能电池阵列，太阳能电池阵列输入逆变器逆变后，接入交流并网箱，最后 T 接入楼下供电局市电 AC380V 架空线路，实现并网。

4. 电池板阵列设计

系统选用汉能薄膜发电瓦片（图 9.2），将柔性薄膜太阳能发电芯片与传统屋面瓦的形态结合，可全面替代传统的屋面瓦，成为节能建筑材料。汉能薄膜发电瓦片单片功率 30W$_p$，产品尺寸 700mm（宽）× 500mm（高）× 35mm（厚）。

图 9.2 汉能薄膜发电瓦片

其开路电压 10V；最大功率电流为 3.8A，短路电流 4.3A。考虑到逆变器的容量及其效率，采用 150 块 30Wp 电池组件串联，整个 54kW$_p$ 并网系统配置 150 × 12 = 1800 块 30W$_p$ 电池板组件，共 12 个组串并联。

5. 交流并网箱设计

配置一个 1 进 1 出的交流并网箱，即逆变器输出交流电缆接入配电箱侧，经过配电开关输出接入到供电局的计量表箱，具有以下特点：

（1）防护等级 IP65，防水、防锈、防晒，完全满足户外安装使用要求。

（2）输入开关最大允许电流可达 100A。

（3）具备明显开断点。

（4）能实现过压、欠压、过频、欠频、过载跳闸以及自动重新合闸功能。

（5）配有专用防雷保护器，$I_{imp} \geq 12.5kA$，$U_p \leq 2.5kV$。

6．主要设备配置清单

南国乡村农房建筑科技博物馆 54kW$_p$ 光伏发电项目主要设备配置清单如表 9.1 所示。

表 9.1　南国乡村农房建筑科技博物馆 54kW$_p$ 光伏发电项目主要设备配置清单

序　号	名　　称	型号规格	数　量
1	太阳能电池组件	汉能薄膜发电瓦片 30W$_p$	1800 块
2	光伏并网逆变器	60kW，AC380V，50Hz	1 台
3	交流并网配电箱	并　网	1 台
4	手机 APP 监控软件	监　控	1 套
5	系统的防雷和接地装置	防　雷	1 套
6	系统辅材配件及杂项	国　标	1 套

7．系统数据记录展示与传输部分

（1）系统各个数据采集装置：为数据记录通信装置提供环境数据（日照、温度、风力等）与电力数据（直流分列电压和电流、直流分组电压和电流、交流电压和电流及频率等）信息。

（2）数据记录通信装置：记录保存各种环境与电力信息同时将数据整理汇总以定义的格式提供给展示装置与外部电力监测中心。

（3）数据记录通信装置通过通信功能可以实时向远端提供系统运行状态以及各种历史数据，为远程快速售后服务提供便利。

（4）系统检测数据表：通过手机 APP 软件，可以查看到南国乡村农房建筑科技博物馆 54kW$_p$ 光伏发电项目基本信息。

9.1.3　光伏电站发电量及效益

1．光伏电站发电量

光伏发电系统效率受很多因素的影响，包括当地温度、污染情况、光伏组件安装倾角、方位角、光伏发电系统年利用率、太阳能电池组件转换效率、周围障碍物遮光、逆变损失以及光伏电站线损等。将计算方法简化后，光伏并网发电系统的总效率由光伏阵列的效率、光伏并网逆变器转换效率和其他效率三部分组成。

光伏发电系统发电量计算公式为：

$$E_p = H_A \times P_{AZ} / E_s \times K = H_A \times A\eta_i \times K$$

其中，E_p 为上网发电量（kW·h）；H_A 为水平面太阳年辐照量（kW·h/m²，峰值小时数，与参考气象站标准观测数据一致）；E_s 为标准条件下的辐照量（常数 = 1kW·h/m²）；P_{AZ} 为组件安装容量（kW$_p$）；K 为综合效率系数，包括光伏组件类型修正系数、光伏方阵的倾角、方位角修正系数、光伏发电系统可用率、光照利用率、逆变器效率、集点线路损耗、光伏组件表面污染修正系数、光伏组件转换效率修正系数；A 为组件安装面积（m²）；η_i 为组件转换效率（%）。

南宁市水平面日均辐射量为 12515kJ/m²，水平面太阳年辐照量为 4567.98MJ/m²，折合为 1268.88kW·h/m²。该系统光伏组件安装面积 A 为 520m²，太阳能光伏组件转化率 η_i 取 0.15，考虑到光伏瓦片的实际布置，系统综合效率 K 取 0.5，则项目太阳能光电系统初始年发电量约为：

$$1268.88 \times 520 \times 0.15 \times 0.5 = 49486.32 \text{kW·h}$$

故本项目光伏发电系统理论年发电量约为 4.95 万 kW·h。

2. 光伏电站效益

本项目建设投资约 12 元 /W，54kW$_p$ 并网光伏电站预计总投资约 64.8 万元，预估效益表如表 9.2 所示。

表 9.2　南国乡村农房建筑科技博物馆 54kW$_p$ 光伏发电项目预估效益表

1	光伏电站容量	54kW$_p$
2	该项目投入资金总量	64.8 万元
3	项目屋面使用面积	520m²
4	25 年总发电量	1237158kW·h
5	平均每年发电量	49486.32kW·h
6	消纳电价	0.6 元 /kW·h
7	上网电价	0.4207 元 /kW·h
8	电站平均每年发电收益	23306.32 元
9	电站 25 年发电收益总值	582658.05 元

9.2　广东新盟食品有限公司2438kW$_p$ 分布式光伏发电项目

9.2.1　工程概况

1. 项目名称

广东新盟食品有限公司 2438kW$_p$ 分布式光伏发电项目。

2．建设地址

广东省东莞市茶山镇增埗村卢屋鲤鱼山工业区新盟厂区。

3．建设单位

广东华蓝能源开发有限公司，以"零碳智慧能源，绿色科技生活"为理念，致力于绿色智慧能源集成解决方案，专注于清洁能源电站（光伏、储能）的开发、设计、建设和运营，东莞市光伏协会副会长单位、广东省太阳能协会理事单位。

4．概　况

本工程利用广东新盟食品有限公司厂区（厂房一、办公楼、宿舍一、厂房二、厂房三、宿舍二、研究楼）屋顶安装 2438kWp 光伏发电系统，采用用户侧 0.4kV 并网，"自发自用，余量上网"的接入方式。一期装机容量为 2186kWp，采用 545W 单晶硅光伏组件 4011 块，平均年发电量为 251.38 万 kW·h，占用屋顶面积约 20000m²，混凝土屋面采用阵列式安装，彩钢瓦屋面屋顶斜面铺设；二期装机容量为 252.00kWp，采用 500W 单晶硅光伏组件 504 块，平均年发电量为 28.98 万 kW·h，占用屋顶面积为 1500m²，采用光伏建筑一体化（BIPV）防水屋面安装方式；厂区优先消纳该发电设备所发电能，消纳不足的电量返送到公共电网。

9.2.2　光伏系统设计

1．气候条件

茶山镇隶属东莞市，位于广东省南部，珠江口东岸，东江下游的珠江三角洲。地理坐标为东经 113°31′ ~ 114°15′，北纬 22°39′ ~ 23°09′，属亚热带季风气候，长夏无冬，日照充足，雨量充沛，温差振幅小，季风明显。历年平均气温 24.5℃，年平均日照时数为 1346.85h，一年中 2 ~ 3 月份日照最少，7 月份日照最多，日平均日照时间 3.69h，太阳年辐照量 4868.6MJ/m²，属于三类地区。雨量集中在 4 ~ 9 月份，其中 4 ~ 6 月为前汛期，以锋面低槽降水为多。7 ~ 9 月为后汛期，台风降水活跃。平均降雨量 1656.5mm，常受台风、暴雨、春秋干旱、寒露风及冻害的侵袭。参考 NASA 的气象资料，2022 年平均气象统计数据如图 9.3 所示，项目当地峰值日照时数 3.69h/d。

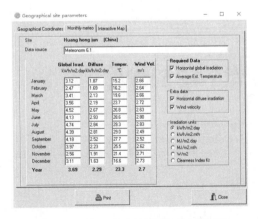

图 9.3　2022 年平均气象统计数据

2．设计依据

（1）《混凝土结构设计规范》GB 50010-2010。

（2）《钢结构工程施工质量验收规范》GB 50205-2001。

（3）《太阳能光伏系统支架通用技术要求》JG/T 490-2016。

（4）《光伏发电站设计规范》GB 50797-2012。

（5）《民用建筑太阳能光伏系统应用技术规范》JGJ203-2010。

（6）《供配电系统设计规范》GB 50052-2009。

（7）《低压配电设计规范》GB 50054-2011。

（8）《交流电气装置的接地设计规范》GB/T 50065-2011。

（9）《建筑设计防火规范》GB 50016-2018。

（10）《交流电气装置的过电压保护和绝缘配合》DL/T 620-1997。

（11）《光伏系统并网技术要求》GB/T 19939-2005。

（12）《光伏系统性能监测测量、数据交换和分析导则》GB/T 20513-2006。

（13）《光伏（PV）发电系统过电保护—导则》SJ/T 11127-1997。

（14）南方电网公司 10kV 及以下业扩受电工程典型设计技术导则及图集。

3．系统组成

（1）直流部分：由光伏组件及直流线缆等设备组成。

（2）交流部分：由组串式逆变器、交流电缆、0.4kV 并网配电柜、计量装置、防雷接地等设备组成。另外系统配置了一套监控系统，为用户提供系统运行状态的监测和工作参数的输出。

4．光伏组件方阵设计

1）荷载设计要求

（1）光伏建筑一体化方阵荷载。光伏单晶组件（双玻）RSM150-8-500BMDG 自重 12.76kg/m^2，锌铝镁防水支架支架自重 1.8kg/m^2，钢结构基础自重 98.20kg/m^2（按照设计要求不同，可能会有所增减），厂房屋面增加的总荷载 112.76kg/m^2，未超过屋面设计的恒荷载，如图 9.4 所示。

（2）厂房混凝土屋顶荷载。本工程在不破坏原有混凝土屋面基础上，采

图 9.4 广东新盟食品有限公司 2438kW$_p$ 分布式光伏发电项目二期（BIPV 防水屋面）

用负重式水泥墩 + 锌铝镁支架结构，利用锌铝镁支架作为承重支撑点，铝合金压块通过螺栓组压紧固定好光伏组件。光伏单组件 JKM545-72HL4-V 自重 11.2kg/m^2，热镀锌支架自重 3.6kg/m^2，混凝土基础自重 62.80kg/m^2（按照设计要求不同，可能会有所增减）。车间屋面增加的总荷载 77.6kg/m^2，未超过屋面设计的恒荷载，如表 9.3 所示。

表 9.3 混凝土屋顶荷载要求

恒荷载	活荷载	风荷载
2.5kN/m^2	2.0kN/m^2	0.5kN/m^2

（3）彩钢瓦厂房屋顶荷载。承重要求新增光伏荷载 15kg/m^2。项目选用 0.476mm 华冠角驰型 820 彩钢瓦，波峰间距 760 ~ 820mm，防水性好，寿命长，符合安装光伏的需求，如图 9.5 所示。

图 9.5 广东新盟食品有限公司 2438kW$_p$ 分布式光伏发电项目一期
（混凝土与彩钢瓦屋面）

（4）厂房屋顶风荷载（抗台风）。根据国家规定，建筑物允许风荷载为 50kg/m^2，对于高层建筑、高耸结构以及对风荷载较为敏感的其他结构，基本风压应适当提高。

2）光伏组件阵列设计

系统选用晶科 545W$_p$ 光伏组件，其最大功率电压为 40.8V，开路电压 49.52V；最大功率电流为 13.36A，短路电流 13.94A。选用的锦浪 GCI-100K-5G-MAX 并网逆变器的直流工作电压范围为 160 ~ 1000V$_{dc}$，较佳的直流电压工作点约为 600V$_{dc}$。

经过计算：1000V/49.52 ≈ 20.19，每个光伏阵列最多采用 20 块电池组件串联。考虑到串联总数的容量限制及其损耗，每个光伏阵列采用 18 块电池组件串联效率较好。每个光伏阵列的峰值工作电压为 18 × 49.52 = 891.36V，满足逆变器的工作电压范围。

考虑到逆变器的容量及其效率，采用 18 块 545W$_p$ 电池组件串联，单独接入逆变器 MPPT 端子，每个 MPPT 端子最多接入 2 路直流组串，每个光伏组串的峰值工作电压为 891.36V，容量为 9810W。每台并网逆变器配置 216 块 545W$_p$ 电池板组件，共 12 个组串并联。

3）组件角度设计

（1）方位角：太阳能电池方阵的方位角是方阵的垂直面与正南方向的夹角，一般情况下，方阵朝向正南时，太阳能电池发电量是最大的。在偏离正南 30° 时，方阵的发电量将减少 10% ~ 15%；在偏离正南 60° 时，方阵的发电量将减少 20% ~ 30%。但是，在晴朗的夏天，太阳辐射能量的最大时刻是在中午稍后。方位角可根据以下公式粗略计算：

方位角 = [一天中负载的峰值时刻 (24 小时制)–12] × 15+(经度 –116)

东莞市茶山镇经度为 113°，一天中负荷的峰值时刻通常取值 13 时，则

方位角 = (13–12) × 15+(113–116) = 12(°)

（2）倾斜角：倾斜角是太阳能电池方阵平面与水平地面的夹角，光伏组件倾角的设计主要取决于光伏发电系统所处纬度和对一年四季发电量分配的要求，光伏组件的安装倾角可以根据当地纬度粗略计算，根据参阅相关资料可知，东莞市茶山镇于东经 113°51′，北纬 23°02′。其所在地光伏组件安装的倾斜角应等于当地纬度，即 23°。

根据各倾斜面太阳能辐射量计算结果可知，安装倾角为 10° ~ 18° 为最佳倾角范围，在该范围内太阳能辐照峰值时数为 3.69h。在选择最优角度时，充分利用屋顶的面积，增大安装容量，接受最大的辐射量，尽量减小台风对光伏组件的影响以及安全等因素。

综上考虑，水泥墩阵列式组件选择正南向安装，倾角为 10°；彩钢瓦方阵沿着彩钢瓦角度平铺；光伏建筑一体化方阵选择钢结构架高安装/人字形双坡 5°。

4）组件排列与方阵间距

为了避免阴影影响，前后组件间应有足够间距，阵列的距离对电站的输出功率和转换效率非常重要。确定原则为冬至当天的 9：00 至 15：00，光伏方阵不应被遮挡。方阵间距大小可根据以下公式计算（图 9.6）：

$$D = L\cos\beta + L\sin\beta\frac{0.707\tan\phi + 0.4338}{0.707 - 0.4338\tan\phi}$$

式中，L 为阵列倾斜面长度（4576mm）；β 为阵列倾角（10°）；α 为当地纬度（23°）；D 为两排阵列之间距离（1500mm）。

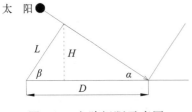

图 9.6　方阵间距示意图

组件的排列既要考虑降低以后的施工难度，又要考虑能最大化地利用安装面积，同时结合现场情况预留足够的维修空间。综合考虑，现场的组件采用竖向两排布置，朝正南向安装，安装倾角设置为 10°。由于屋顶空间有限，光伏方阵间距取值 1.5m，可满足现场安装要求。

5. 并网光伏逆变器要求

并网光伏逆变器除了具有过/欠电压、过/欠频率、防孤岛效应、短路保护、逆向功率保护等保护功能外，同时应将其电压（或者电流）总谐波畸变率控制在较小的范围内，尽可能减少对电网的干扰。并网光伏系统使用的逆变器均配置有高性能滤波电路，满足各项国家标准对公共电网电能质量的要求。

6. 交流并网柜设计

一期装机容量为 2186kWp，分为五个并网点：1 号并网点装机容量为 400.58kWp，接至 4 台 100kW 组串式逆变器；2 号并网点装机容量为 461.07kWp，接至 4 台 100kW 组串式逆变器；3 号并网点装机容量为 461.07kWp，接至 4 台 100kW 组串式逆变器；4 号并网点装机容量为 461.07kWp，接至 4 台 100kW 组串式逆变器；5 号并网点装机容量为 402.21kWp，接至 4 台 100kW 组串式逆变器。通过进线柜、并网计量柜，利用交流电缆连接到原有 0.4kV 低压侧铜排上。

二期装机容量为 252.00kWp，采用一个并网点：6 号并网点装机容量为

252.00kW$_p$，接至 2 台 125kW 组串式逆变器，通过进线柜、并网计量柜，利用交流电缆连接到原有 0.4kV 低压侧铜排上。

7．电能计量

市电供电计量采用高供高计，保留原计量方式，原电表需改为双向电表（供电局提供），用于计量园区厂房的市电用电量和光伏发电的上网电量；光伏电站发电计量表由供电局提供，为双向电表，用于计量光伏发电的电量。

9.2.3 发电量估算

1．系统效率

光伏发电系统效率受当地温度、污染情况、光伏组件安装倾角、方位角、光伏发电系统年利用率、太阳能电池组件转换效率、周围障碍物遮光、逆变损失以及光伏电站线损等因素影响。简化后，光伏并网发电系统的总效率由光伏阵列的效率、光伏并网逆变器转换效率和其他效率三部分组成：

（1）光伏阵列效率 η_1：光伏阵列在 1000W/m^2 太阳辐射强度下，实际的直流输出功率与标称功率之比。光伏阵列在能量转换过程中的损失包括组件的匹配损失、表面尘埃遮挡损失、不可利用的太阳辐射损失、温度影响、最大功率点跟踪精度及直流线路损失等，按当地纬度设定光伏阵列表面倾斜度，可提高光伏阵列的效率，取效率 92% 计算。

（2）光伏并网逆变器转换效率 η_2：光伏并网逆变器输出的交流电功率与直流输入功率之比，取效率 97% 计算。

（3）其他效率 η_3：从逆变器输出至电网的传输效率等因素，取效率 96% 计算。

因此，系统总效率为：

$$\eta_{总} = \eta_1 \times \eta_2 \times \eta_3 = 92\% \times 97\% \times 96\% \approx 85.67\%$$

2．衰减率预测

经测试，采用的光伏组件首年衰减率为 2%，其余每年平均年衰减率（即光致衰退率）约为 0.55%，使用寿命可达 25 年。

3．发电量估算

茶山镇的年光热辐射平均 4868.6MJ/m^2，平均每日峰值日照时数为

1346.85/365 = 3.69（h），年峰值发电时间为 3.69×365×85.67% = 1153.8（h），本项目总装机容量为 2438kW$_p$，首年发电量约为：

$$2438×1153.8=2812964 (kW·h)$$

因此，该光伏电站理论上一年可发电约 281.3 万 kW·h。综合考虑光伏发电系统效率、衰减率等因素，该光伏电站 20 年运营期内发电量预测情况如表 9.4 所示。

表 9.4　广东新盟食品有限公司 2438kW$_p$ 光伏电站项目年发电量预测

年　份	等效利用小时数 /h	当年发电量 /万 kW·h	年　份	等效利用小时数 /h	当年发电量 /万 kW·h
第 1 年	1153.8	281.30	第 11 年	1092.01	266.23
第 2 年	1147.58	279.78	第 12 年	1086.01	264.77
第 3 年	1141.27	278.24	第 13 年	1080.03	263.31
第 4 年	1134.99	276.71	第 14 年	1074.09	261.86
第 5 年	1128.75	275.19	第 15 年	1068.19	260.42
第 6 年	1122.54	273.68	第 16 年	1062.31	258.99
第 7 年	1116.37	272.17	第 17 年	1056.47	257.57
第 8 年	1110.23	270.67	第 18 年	1050.66	256.15
第 9 年	1104.12	269.19	第 19 年	1044.88	254.74
第 10 年	1098.05	267.70	第 20 年	1039.13	253.34
20 年总量	21911.49	5342.05	20 年平均	1095.55	267.10

9.2.4　环境效益

我国以火力发电为主，节能减排和使用可再生能源是减少 CO_2 排放的关键，广东新盟食品有限公司 2438kW$_p$ 分布式光伏发电项目可带来的环境效益如表 9.5 所示。

表 9.5　广东新盟食品有限公司 2438kW$_p$ 项目环境效益转换表

类　别	换算数值	年均发电量 / 万 kW·h	年均 /t	20 年 /t
替代标准煤 /（kg/kW·h）	0.36		961.56	19231.20
减少废水排放量 /（kg/kW·h）	4		10684	213680
减少烟尘排放量 /（kg/kW·h）	0.272		726.51	14530.24
减少 CO_2/（kg/kW·h）	0.997	267.1	2662.99	53259.74
减少 SO_2/（kg/kW·h）	0.03		80.13	1602.60
减少 NOx/（kg/kW·h）	0.015		40.07	801.30
种　树	106		283126	5662520

9.2.5　参考大样

1. 支架安装大样一

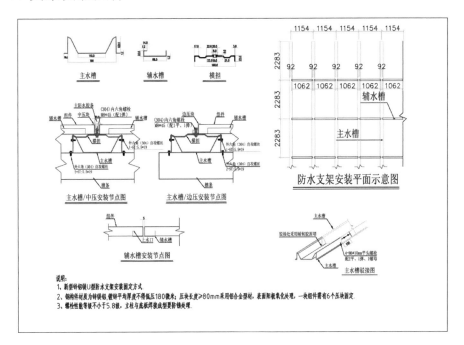

2. 支架安装大样二

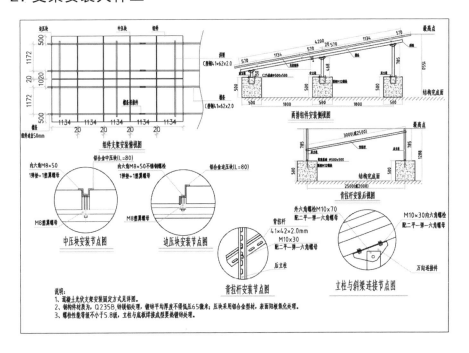

3．支架安装大样三

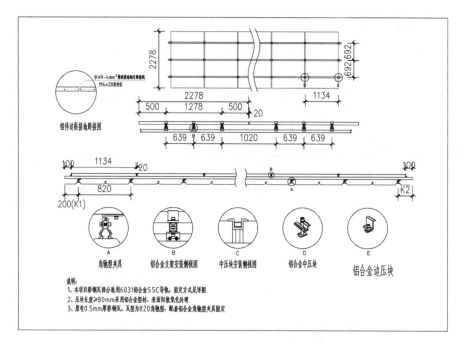

9.3 广州市创兴服装集团有限公司4165.92kW_p 分布式光伏发电项目

9.3.1 工程概况

1．项目名称

广州市创兴服装集团有限公司 4165.92kW_p 分布式光伏发电项目。

2．建设地址

广东省广州市增城区新塘镇沙浦荔新十路 22 号创兴工业园。

3．建设单位

广东华蓝能源开发有限公司。

4．概　况

本工程利用创兴工业园厂区（厂房 1～厂房 17、办公楼、宿舍 1～宿舍 4）屋顶安装 4165.92kW_p 光伏发电系统，采用用户侧 10kV 并网方式，"自发自用，余量上网"接入方式。一期装机容量为 3453.12kW_p，采用 545W 单晶硅光伏组件

6336 块，平均年发电量为 397.10 万 kW·h，占用屋顶面积为 30000m^2，混凝土屋面采用阵列式安装，彩钢瓦屋面屋顶斜面铺设；二期装机容量为 712.80kW$_p$，采用 550W 单晶硅光伏组件 1296 块，平均年发电量为 81.97 万 kW·h；占用屋顶面积为 7000m^2，采用光伏建筑一体化（BIPV）防水屋面安装方式。创兴工业园厂区优先消纳该发电设备所发电能，消纳不足的电量返送到公共电网。

9.3.2 光伏系统设计

1. 气候条件

新塘镇隶属于广东省广州市增城区，位于珠江三角洲东江下游北岸，广州市东部，东邻仙村镇，南与东莞市隔江相望，西靠黄埔区，北接永宁街，地处广州、深圳、东莞等多个城市区间，是广佛都市圈和深莞都市圈的交集区域，被称为广州东部板块的黄金走廊。地理坐标为东经 113°32′ ~ 114°0′，北纬 23°5′ ~ 23°37′，属南亚热带典型的季风海洋气候，温暖、多雨、湿润，夏长冬短，夏季长达半年之久，四季气候可概括为夏少酷热，冬无冰雪，春常阴雨，秋高气爽。日照时数充足，年平均日照时数为 1346.85h，日平均日照时间 3.69h，太阳年辐照量 4868.6MJ/m^2，属于三类地区。雨量充沛，分布不均，年平均降雨量 2039.5mm，年平均相对湿度 78.8%，年平均风速 2.1m/s。最主要的气象灾害有寒潮、干旱、台风、大风、雷电、高温、暴雨、大雾。

2. 光伏系统设计

1）设计内容

本项目拟建设 4165.92kW$_p$ 并网光伏电站，系统采用用户侧高压 10kV 电压等级接入，"自发自用，余电上网"模式并网，未配置储能装置。

2）系统组成

系统由电气部分和土建部分组成。电气部分包括光伏组件、并网光伏逆变器、升压箱式变压器、10kV 光伏配电开关站、电气自动化监控系统、视频监控系统等；土建部分包括光伏支架及其基础、电缆沟道、箱变基础、10kV 开关站基础、电气自动化监控系统监控室基础等。

系统设计采用分区发电、分块并网、集中上网的方案。项目配置 2 台 SCB14-2000kVA/10.5 ± 2 × 2.5%/0.54 箱式变压器，以及 2 套 10kV 汇流开关站。光伏组件分布于 22 幢建筑屋面上，配置 136kW$_p$ 逆变器 22 台、110kW$_p$ 逆变器

6台。系统的每个箱式变压器配置1套综合采集监控装置，用来采集监测系统的运行状态和工作参数，此外在办公楼面上安装了一套环境监测系统，用于监测当地的环境。

每个光伏并网发电单元的光伏组件均采用先串后并联的方式组成多个光伏阵列，光伏阵列直接输入136kW光伏逆变器。光伏直流端经过逆变器逆变后，接入升压箱式变压器的低压侧开关，12台136kW和3台110kW各自接入1台升压箱式变压器，光伏电升压后，各自接入1套10kV汇流开关站，再接入原配电房的光伏并网柜，实现与市电并网发电。10kV汇流开关站内置高压进线柜、高压计量柜、高压母线柜以及高压出线柜。为了便于控制线缆的敷设，二次自动化保护站设置于10kV汇流开关站附近。

3）光伏阵列设计

系统选用晶科JKM545-72HL4-V单晶硅光伏电池组件，组件具备抗PID功能，其最大功率电压为40.8V，开路电压49.52V；最大功率电流为13.36A，短路电流13.94A，最大系统电压1000/1500V；采用锦浪GCI-136K/110K-BHV-5G-PLUS并网逆变器，其最大直流输入功率为163.20kW/132.00kW，最大直流输入电压为1100V，启动电压为195V，MPPT电压范围/额定输入电压为180～1000V/785V，各组串最大输入电流为32A。

经过计算：1000V/49.52 ≈ 20.19，每个光伏阵列最多采用20块电池组件串联。考虑到串联总数的容量限制及其损耗，每个光伏阵列采用18块电池组件串联效率较好。每个光伏阵列的峰值工作电压为18 × 49.52 = 891.36V，满足逆变器的工作电压范围。

考虑到逆变器的容量及其效率，采用18块545W_p电池组件串联，单独接入逆变器MPPT端子，每个MPPT端子最多接入2路直流组串，每个光伏组串的峰值工作电压为891.36V，容量为9810W。136kW_p并网逆变器配置288块545W_p光伏组件，共16个组串并联；110kW_p并网系统配置216块550W_p光伏组件，共12个组串并联。

3. 组件排布设计

1）倾角设计

为了与厂房屋面保持一致性，光伏建筑一体化方阵采用钢结构架高安装/人字形双坡5°；彩钢瓦方阵的倾斜角度和朝向跟随原屋顶的倾斜角度和朝向；混凝土结构部分在选择最优角度时，充分利用屋顶的面积，增大安装容量，接受最大的辐射量，尽量减小台风对光伏组件的影响以及安全等因素；选择正南向安装，倾角为 10°。

2）组件排列与方阵间距

光伏阵列各排、列的布置间距应保证冬至日当天 9：00 ～ 15：00 当地真太阳时段内互不遮挡。阵列式方阵朝正南向安装，结合屋顶空间，光伏方阵间距取值 1.5m，可满足现场安装要求。

4．并网光伏逆变器要求

选用 22 台锦浪 136kW、6 台锦浪 110kW 的组串式并网逆变器，具有以下特点：

（1）防护等级 IP65，防水、防锈、防晒，完全满足户外安装使用要求。

（2）最高效率 99%，MPPT 效率 98.51%。

（3）宽直流电压输入范围，电池组串最大允许开路电压可达 1100V。

（4）逆变器本身带有漏电、过载、防雷及短路保护。

（5）逆变器具有 PID 调节功能，本项目通过光伏通信箱实现。

5．升压箱式变压器的选用设计

（1）防护等级 IP65，防水、防锈、防晒，完全满足户外安装使用要求。

（2）最多可接入 11 台 136kW 和 3 台 110kW 的光伏逆变器。

（3）低压抽头具备 10.5±2×2.5%/0.54 调整功能。

6．光伏高压开关柜的选用设计

（1）防护等级 IP32，板材厚度 ≥ 2.0mm，电气设备采用一线品牌。

（2）内置电气设备与安装的总容量匹配，最多可接入 1 台 1600kVA 箱式变压器。

（3）电气设备可监控实时电压、电流、功率、频率等参数。

（4）具备过流、速断、零序以及三摇功能。

7．监控系统的设计

因本系统采用中压并网逆变器，为方便对各个逆变器的实时监控，使用逆变器厂家配备的 PLC 光伏通信箱。通信箱安装于箱式变压器低压侧总母排，通过 PLC 通信可同时采集到接入本项目低压侧母排的所有逆变器，并以有线形式上传到本地二次保护站的采集中心，统一监控管理。

相比以往的逆变器监控方案，使用了光伏通信箱后，不需要另外再敷设通信线至逆变器，减少通信箱的衰减影响，消除因通信箱故障导致逆变器失联的隐患。此外在通信箱内部增加光伏抗 PID 模块，可以很好地调节光伏组件 PID，增加光伏组件的抗衰减能力。

8. 系统数据记录展示与传输部分

（1）系统各个数据采集装置：为数据记录通信装置提供环境数据（日照、温度、风力等）与电力数据（直流分列电压和电流、直流分组电压和电流、交流电压和电流及频率等）信息。

（2）数据记录通信装置：记录保存各种环境与电力信息同时将数据整理汇总以定义的格式提供给展示装置与外部电力监测中心。

（3）数据记录通信装置通过通信功能可以实时向远端提供系统运行状态以及各种历史数据，为远程快速售后服务提供便利。

如图 9.7、图 9.8 分别是厂房 14 和厂房 15 光伏建筑一体化（BIPV）防水屋面安装效果图。

9. 电能计量

光伏电站接入电网前，应明确上网电量和用网电量计量点。计量点原则上设置在产权分界的光伏电站并网点。每个计量点均应装设电能计量装置，其设备配置和技术要求符合 DL/T448《电能计量装置技术管理规程》，以及相关标准、规程要求。

(a) 厂房14光伏光伏屋面俯瞰图　　　　(b) 厂房14光伏建筑一体化防水屋面实景图

图 9.7　厂房 14 光伏建筑一体化防水屋面安装效果图

(a) 厂房15光伏屋面俯瞰图

(b) 厂房15光伏建筑一体化防水屋面实景图

图 9.8 光伏建筑一体化防水屋面安装效果图

电能表采用静止式多功能电能表,技术性能符合 GB/T 17883《0.2S 和 0.5S 级静止式交流有功电度表》和 DL/T 614《多功能电能表》的要求。电能表至少应具备双向有功和四象限无功计量功能、事件记录功能,配有标准通信接口,具备本地通信和通过电能信息采集终端远程通信的功能,电能表通信协议符合 DL/T 645《多功能电能表通信协议》。采集信息应接入电网调度机构的电能信息采集系统。高压并网发电系统应由供电部门进行接入系统的审批,高、低压开关柜应设有开关保护、计量和防雷保护装置,实际并网的发电量应在高压侧计量。大中型光伏电站的同一计量点应安装同型号、同规格、准确度相同的主、副电能表各一套。主、副表应有明确标志。

10. 通信与调度

大中型光伏电站必须具备与电网调度机构之间进行数据通信的能力。该项目并网双方的通信系统以满足电网安全经济运行对电力通信业务的要求为前提,满足继电保护、安全自动装置、调度自动化及调度电话等业务对电力通信的要求。光伏电站与电网调度机构之间通信方式和信息传输由双方协商一致后作出规定,包括互相提供的模拟和开断信号种类、提供信号的方式和实时性要求等。

创兴服装集团有限公司 4165.92kW$_p$ 分布式光伏发电项目俯瞰图如图 9.9 所示。

图 9.9 创兴服装集团有限公司 4165.92kW$_p$ 分布式光伏发电项目俯瞰图

9.4 平南县大安镇长塘屯19.2kW$_p$ 户用光伏电站项目

9.4.1 光伏电站工程概况

1. 项目名称

平南县大安镇长塘屯 19.2kW$_p$ 户用光伏电站。

2. 建设地址

广西平南县大安镇长塘屯蒙德金家屋顶。

3. 实施单位

拓瑞能源集团有限公司，专业的可再生能源利用企业，广西建筑节能协会副理事长单位。公司目前在建或已经完成几十个分布式光伏项目，拥有《一种可变拓扑结构的太阳能光伏发电系统》《一种可变拓扑结构的太阳能光伏组件集成单元》等多项专利授权。

4. 平南县太阳能资源分析

年平均日照 1270.2h，日平均日照时间 3.48h，年光总辐射量平均 4572.6MJ/m^2，属于三类地区；水平面总辐射稳定度（GHRS）值为 0.34；直射比为 0.38，属于散射辐射较多。该资源开发价值良好，能优化当地电力系统能源结构，减轻环保压力。

5. 概 况

项目屋顶面积约 187m^2，四周无遮挡，拟建设 19.2kW$_p$ 小型并网光伏电站及其配套设施。

9.4.2 光伏电站方案设计

1. 气候条件

平南县隶属贵港市，居北回归线上，地处东经 110°3′54″ ~ 110°39′42″，北纬 23°2′19″ ~ 24°2′19″ 之间，属于南亚热带季风气候，历年平均温度 22.0℃，历年平均降雨量 1556.5mm。

2．设计内容

项目拟建设 19.2kW$_p$ 户用分布式并网光伏电站，系统不配置储能装置，太阳能电池将日光转换成直流电，通过逆变器变换成三相 380V 交流电，并网供电，项目所需要建设的内容如下：

（1）钢结构支架验算与设计。

（2）户用分布式光伏电站并网接入系统设计。

（3）房屋结构荷载评估与鉴定。

（4）研究不同方位角、倾斜角度对发电量的影响。

（5）电站运行参数监测及远程数据传输和远程控制技术。

（6）户用分布式并网光伏电站技术、经济、环境评价。

3．系统组成

19.2kW$_p$ 户用分布式并网光伏电站，设计采用"自发自用，余电上网"模式，低压 AC380V 电压等级并网方案。太阳能电池组件和并网逆变器是模块化的设备，19.2kW$_p$ 户用光伏电站通过合理配置，分为 3 个直流组串，接入逆变器不同的 MPPT 端口，每个 MPPT 端口独立调节与控制，可提高发电量。每个光伏并网发电单元的电池组件采用串并联的方式组成多个太阳能电池阵列，太阳能电池阵列输入逆变器逆变后，接入交流并网箱，最后 T 接入楼下供电局市电 AC380V 架空线路，实现并网。光伏电站系统拓扑结构如图 9.10 所示，由太阳能电池组件、光伏并网逆变器、交流防雷并网计量箱及相关配件组成。另外，系统还配置 1 套综合监控装置，用来监测系统的运行状态和工作参数。

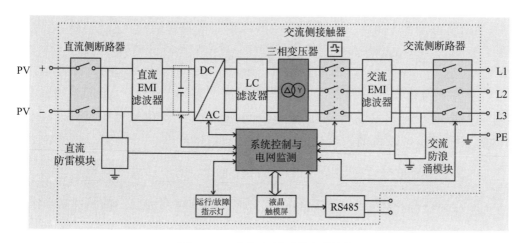

图 9.10　光伏电站系统拓扑图

4. 电池板阵列设计

系统选用天合光能 400Wp 太阳能电池组件，其最大功率电压为 41.1V，开路电压 50.4V；最大功率电流为 9.74A，短路电流 10.18A。深圳首航 20kW 并网逆变器的直流工作电压范围为 140 ~ 1000V_{dc}，较好的直流电压工作点约为 650V_{dc}。

经过计算：1000V/50.4 ≈ 19.8，每个光伏阵列最多采用 19 块电池组件串联。最佳效率为 650V/41.1V ≈ 15.8，考虑到串联总数的容量限制及其损耗，每个光伏阵列采用 16 块电池组件串联效率较好。每个光伏阵列的峰值工作电压为 16×50.4＝806.4V，满足逆变器的工作电压范围。

1）电池板阵列设计

考虑到逆变器的容量及其效率，采用 16 块 400W_p 电池组件串联，单独接入逆变器 MPPT 端子，每个 MPPT 端子最多接入 2 路直流组串，每个光伏组串的峰值工作电压为 657.6V，容量为 6400W，满足 20kW 逆变器的工作范围。整个 19.2kW$_p$ 并网系统配置 16×3＝48 块 400W_p 电池板组件，共 3 个组串并联。

2）最优角度设计

（1）方位角：太阳能电池方阵的方位角是方阵的垂直面与正南方向的夹角，一般情况下，方阵朝向正南时，太阳能电池发电量是最大的。在偏离正南 30° 时，方阵的发电量将减少 10% ~ 15%；在偏离正南 60° 时，方阵的发电量将减少 20% ~ 30%。但是，在晴朗的夏天，太阳辐射能量的最大时刻是在中午稍后。方位角可根据以下公式粗略计算：

方位角 = [一天中负载的峰值时刻 (24 小时制)–12]×15+(经度 –116)

平南县经度为 110°，一天中负荷的峰值时刻通常取值 13 时，则

方位角 = (13–12)×15+(110–116) = 9（°）

（2）倾斜角：太阳能电池方阵平面与水平地面的夹角。光伏组件倾角的设计主要取决于光伏发电系统所处纬度和对一年四季发电量分配的要求，光伏组件的安装倾角可以根据当地纬度由下列关系粗略计算：

① 在我国大部分地区可以采用所在纬度加 7° 的组件水平倾角。

② 对于要求冬季发电量较多情况，可以采用所在纬度加 11° 的组件水平倾角。

③ 对于要求夏季发电量较多情况，可以采用所在纬度减 11° 的组件水平倾角。

表 9.6 示出光伏发电系统所处纬度与光伏组件水平倾角之间的关系。

表 9.6 光伏发电系统所处纬度与光伏组件水平倾角关系表

光伏发电系统所处纬度	光伏组件水平倾角
纬度 0° ~ 25°	倾角等于纬度
纬度 26° ~ 40°	倾角等于纬度加 5° ~ 10°
纬度 41° ~ 55°	倾角等于纬度加 10° ~ 15°
纬度 > 55°	倾角等于纬度加 15° ~ 20°

根据参阅相关资料可知，平南县大安镇长塘屯位于东经 110.459576°，北纬 23.798893°，其所在地光伏组件安装的倾斜角应等于当地纬度，即 23°。

根据各倾斜面太阳能辐射量计算结果可知：每日水平面上日平均太阳能辐照峰值时数为 3.48kW·h；安装倾角以 14° ~ 17° 为最佳倾角范围，在该范围内太阳能辐照峰值时数为 3.53kW·h。在选择最优角度时，充分利用屋顶的面积，增大安装容量，接受最大的辐射量，尽量减小风力对光伏组件的影响以及安全等因素。综上考虑，最佳的安装方式为正南向安装，倾角为 23°。

3）组件排列与方阵间距

在太阳能光伏设计中，电池阵列的布置很重要。阵列间的距离对电站的输出功率和转换效率非常重要，错误的安装会导致后排的太阳光被前排遮挡。确定原则为冬至当天的 9:00 至 15:00，太阳能方阵不应被遮挡。方阵间距大小可根据以下公式计算（图 9.6）：

$$D = L\cos\beta + L\sin\beta \frac{0.707\tan\varphi + 0.4338}{0.707 - 0.4338\tan\varphi}$$

式中，L 为阵列倾斜面长度（2015mm）；β 为阵列倾角（15°）；α 为当地纬度（23°）；D 为两排阵列之间距离（2694mm）。

组件的排列既要考虑降低以后的施工难度，又要考虑能最大化地利用安装面积，同时结合现场情况预留足够的维修空间。综合考虑，现场组件竖向 1 排布置为主要安装方式，太阳能发电板以正南向安装，安装倾角设置为 15°。另外屋顶空间有限，太阳能方阵间距取 2.7m 为最佳，可以满足现场安装要求。

5. 防雷交流并网箱设计

配置一个 1 进 1 出的交流并网箱，即逆变器输出交流电缆接入配电箱侧，经过配电开关输出接入供电局的计量表箱，具有以下特点：

（1）防护等级 IP65，防水、防锈、防晒，完全满足户外安装使用要求。

（2）输入开关最大允许电流可达40A。

（3）具备明显开断点。

（4）能实现过压、欠压、过频、欠频、过载跳闸以及自动重新合闸功能。

（5）配有专用防雷保护器，$I_{imp} \geq 12.5kA$，$U_p \leq 2.5kV$。

6. 主要设备配置清单

平南县大安镇长塘屯$19.2kW_p$户用光伏电站项目主要设备配置清单如表9.7所示

表9.7　平南县大安镇长塘屯$19.2kW_p$户用光伏电站项目

序 号	名 称	型号规格	数 量
1	太阳能电池组件	天合光能$400W_p$	48块
2	光伏并网逆变器	SOFAR 20KTLC-G3	1台
3	交流防雷配电柜	鑫禾防雷	1台
4	手机APP监控软件	SOFAR	1套
5	系统的防雷和接地装置	防雷	1套
6	系统辅材配件及杂项	国标	1套

7. 系统数据记录展示与传输部分

（1）系统各个数据采集装置：为数据记录通信装置提供环境数据（日照、温度、风力等）与电力数据（直流分列电压和电流、直流分组电压和电流、交流电压和电流及频率等）信息。

（2）数据记录通信装置：记录保存各种环境与电力信息同时将数据整理汇总以定义的格式提供给展示装置与外部电力监测中心。

（3）数据记录通信装置通过通信功能可以实时向远端提供系统运行状态以及各种历史数据，为远程快速售后服务提供便利。

（4）系统检测数据表：通过手机APP软件，可以随时随地查看到平南县大安镇长塘屯$19.2kW_p$户用光伏电站项目基本信息。

9.4.3　光伏电站发电量及效益

1. 光伏发电系统效率

光伏发电系统效率受很多因素的影响，包括当地温度、污染情况、光伏组件安装倾角、方位角、光伏发电系统年利用率、太阳能电池组件转换效率、周围障碍物遮光、逆变损失以及光伏电站线损等。将计算方法简化后，光伏并网发电系统的总效率由光伏阵列的效率、光伏并网逆变器转换效率和其他效率三部分组成。

（1）光伏阵列效率 η_1：光伏阵列在 1000W/m^2 太阳辐射强度下，实际的直流输出功率与标称功率之比。光伏阵列在能量转换过程中的损失包括组件的匹配损失、表面尘埃遮挡损失、不可利用的太阳辐射损失、温度影响、最大功率点跟踪精度及直流线路损失等，按当地纬度设定光伏阵列表面倾斜度，可以大大提高光伏阵列的效率，取效率 90% 计算。

（2）光伏并网逆变器转换效率 η_2：光伏并网逆变器输出的交流电功率与直流输入功率之比，取效率 97% 计算。

（3）其他效率 η_3：从逆变器输出至电网的传输效率等因素，取效率 $\eta_3 =$ 95% 计算。

因此，系统总效率为：

$$\eta_{总}=\eta_1 \times \eta_2 \times \eta_3 = 90\% \times 97\% \times 95\% \approx 82.94\%$$

2. 衰减率预测

经测试，采用的太阳能电池组件首年衰减率为 2%，其余每年平均年衰减率（即光致衰退率）约为 0.55%，使用寿命长。

3. 发电量估算

平南县的年光热辐射平均 4572.6MJ/m2，平均每日峰值日照时数为 1270.2h/365 = 3.48h，年峰值发电时间为 3.48 × 365 × 82.94% = 1053.5h，本项目总装机容量为 19.2kW$_p$，首年发电量约为：

$$19.2 \times 1053.5 = 20227.2 \text{ (kW·h)}$$

因此，该光伏电站理论上一年可发电 20227.2kW·h。考虑光伏发电系统效率为 82.94%，光伏组件首年衰减率为 2%，其余每年平均年衰减率为 0.55%，综合计算可得出并网光伏示范电站 25 年发电量，如表 9.8 所示。

表 9.8 平南县大安镇长塘屯 19.2kW$_p$ 户用光伏电站项目年发电量预测

年 份	发电量 /kW·h	年 份	发电量 /kW·h
第 1 年	20227.20	第 14 年	18799.76
第 2 年	20086.06	第 15 年	18696.36

年 份	发电量 /kW·h	年 份	发电量 /kW·h
第 3 年	19975.59	第 16 年	18593.53
第 4 年	19865.72	第 17 年	18491.26
第 5 年	19756.46	第 18 年	18389.56
第 6 年	19647.80	第 19 年	18288.42
第 7 年	19539.74	第 20 年	18187.83
第 8 年	19432.27	第 21 年	18087.80
第 9 年	19325.39	第 22 年	17988.32
第 10 年	19219.10	第 23 年	17889.38
第 11 年	19113.40	第 24 年	17790.99
第 12 年	19008.27	第 25 年	17693.14
第 13 年	18903.73		
25 年发电量总和	472997.1	年均发电量	18919.88

9.4.4 环境影响评价及投资经济预算

1. 环境影响评价

平南县大安镇长塘屯 $19.2kW_p$ 户用光伏电站采用支架基础，土建工程量小，整个施工对该区域的环境质量及生态环境影响基本可以忽略。没有运动部件，没有噪声，对周围环境没有不利影响。随着工程的建设，该区域将出现新的人文景观，改善区域的面貌，美化环境。对于促进当地的工业发展，乃至西部地区经济发展有重大意义。

年节约标煤：$18919.88 \times 0.404 \approx 7.64$（t）。

年减排 CO_2：$18919.88 \times 0.977 \approx 18.48$（t）。

年减排 SO_2：$18919.88 \times 0.03 \approx 0.57$（t）。

年减排 NO_X：$18919.88 \times 0.015 \approx 0.28$（t）。

年减排碳粉尘污染：$18919.88 \times 0.272 \approx 5.15$（t）。

注：电力折算标准煤系数为 0.404，CO_2 减排量折算系数为 0.977，SO_2 减排量折算系数为 0.03，NO_X 减排量折算系数为 0.015，碳粉尘污染减排量折算系数为 0.272。

2. 投资经济预算

根据现在国内的光伏发电的行情标准，按 4 元 /W 进行预算，$19.2kW_p$ 并网光伏电站项目预计总投资约 7.68 万元，南方电网公布的家庭用电单价 0.58

元 /kW·h。平南县大安镇长塘屯 19.2kW_p 户用光伏电站项目环境效益表如表 9.9 所示。

表 9.9 平南县大安镇长塘屯 19.2kW_p 户用光伏电站项目环境效益表

1	光伏电站容量	19.2kW_p
2	该项目投入资金总量	7.68 万元
3	项目规划用地	187m²
4	25 年总发电量	472997.1kWh
5	平均每年发电量	18919.88kWh
6	消纳电价	0.58 元 /kWh
7	上网电价	0.4207 元 /kWh
8	电站平均每年发电收益	9466.56 元
9	电站 25 年发电收益总值	236664.05 元
10	项目的投资回收期	8.1 年

9.5 赛尔康（贵港）3.2485MW_p光伏发电项目

9.5.1 工程概况

1. 项目名称

赛尔康（贵港）3.2485MW_p 光伏发电项目

2. 建设地址

广西壮族自治区贵港市赛尔康（贵港）有限公司园区内

3. 实施单位

拓瑞能源集团有限公司。

4. 概 况

赛尔康（贵港）有限公司用于建设太阳能光伏电站的建筑共计 4 幢，分别是阿尔法厂房、非阿尔法厂房、原材料仓库 / 成品仓库以及办公楼，其中办公楼为混凝土结构，其余为门式钢架彩钢瓦屋顶。层高均不高于 20m，总建筑面积达到 3.4865 万 m²。建设共约 3.2485MW_p 的光伏发电系统，共设置 2 个 10kV 并网点，逆变器逆变后集中到 10kV 升压箱式变压器低压侧汇流，经过 10kV 配电室，接入厂区配电房中，最后接入赛尔康公司 10kV 配电房预留的高压进线柜，全部采取 10kV 高压并网的方式，每个接入点均配置计量表，采用"自发自用，余电上网"模式。

9.5.2 光伏电站方案设计

1. 气候条件

港北区属于贵港市辖区范围，贵港市属亚热带季风气候区，年均气温21.5℃，年均降雨日166天，年均降雨量1600mm，无霜期353天。2007年，贵港市各地平均气温22.3℃～22.8℃，比常年高0.8℃～1.2℃；贵港市平均气温22.5℃，比常年高1.0℃。年降水量1322.1～1699.8mm，贵港市平均为1461.6mm，属正常。年日照时数为1631～1784h，属正常。四季气候特点是：冬季偏暖，降水偏少；春季温度正常，降水稍偏少；夏季气温偏高，降水正常；秋季偏暖，降水偏少。

2. 设计内容

本项目拟建设 3.2485MW$_p$ 并网光伏电站，系统采用用户侧高压10kV电压等级，"自发自用，余电上网"模式并网，不配置储能装置。电气部分设备主要有光伏组件、并网光伏逆变器、升压箱式变压器、10kV光伏配电开关站、电气自动化监控系统、视频监控系统等；土建部分主要有光伏支架及其基础、电缆沟道、箱式变压器基础、10kV开关站基础、电气自动化监控系统监控室基础等。

3. 系统组成

3.2485MW$_p$ 并网光伏电站采用分块发电、分块并网、集中上网方案。太阳能电池组件和并网逆变器都是模块化的设备，3.2485MW$_p$ 光伏电站分别位于4幢建筑楼上，其中办公楼混凝土屋顶布置光伏直流侧容量186.12kW$_p$（配置136kW$_p$逆变器1台）；阿尔法厂房、非阿尔法厂房、原材料仓库/成品仓库分别布置光伏直流侧容量1480.5kW$_p$（配置136kW$_p$逆变器9台）、473.76kW$_p$（配置136kW$_p$逆变器3台）、955.98kW$_p$（配置136kW$_p$逆变器6台）。

项目配置2台SCB14-1600kVA/10.5±2×2.5%/0.54箱式变压器，配置2套10kV汇流开关站。每个光伏并网发电单元的电池组件采用先串后并联的方式组成多个太阳能电池阵列，太阳能电池阵列直接输入136kW光伏逆变器。光伏直流端经过逆变器逆变后，接入升压箱式变压器的低压侧开关，每10台、9台各自接入1台升压箱式变压器，光伏电升压后，各自接入1套10kV汇流开关站，再接入原配电房的光伏并网柜，实现与市电并网发电。10kV汇流开关站内置高压进线柜、高压计量柜、高压母线柜以及高压出线柜。为了便于控制线缆的敷设，二次自动化保护站设置于10kV汇流开关站附近。

系统主要由太阳能电池组件、光伏逆变器、电力电缆、升压箱式变压器、一次汇流站、二次控制站及相关配件组成。另外，系统的每个箱式变压器还配置 1 套综合采集监控装置，用来采集监测系统的运行状态和工作参数，办公楼面上还配置一套环境监测系统，用于监测当地的环境。

4. 电池板阵列设计

系统选用晶科 470Wp 单晶硅单面太阳能电池组件，组件具备抗 PID 功能，其最佳工作电压 34.56V，开路电压 41.78V，最大系统电压 1000/1500V；最大功率电流为 13.6A，短路电流 14.17A；开路电压（V_{oc}）的温度系数为 −0.28%/℃，最大功率（P_{max}）的温度系数为 −0.35%/℃。阳光 136kW 并网逆变器的最大直流输入功率为 149.6kW，最大直流输入电压为 1100V，启动电压为 250V，直流输入电压范围为 200 ~ 1000V，MPPT 电压范围 / 额定输入电压为 200 ~ 1000V/780V，满载 MPPT 电压范围为 550 ~ 850V，各组串最大输入电流为 26A。该地区历年极端气温为 0.2℃ 和 +38.7℃，考虑综合逆变器的总功率、直流工作电压以及直流工作电流等因素，根据 GB 50797《光伏发电站设计规范》计算求得 $6.08 \leqslant N_1 \leqslant 26.62$，$N_2 \leqslant 24.62$（$N$ 为光伏组件的串联数，需要同时满足两个条件），根据逆变器的额定功率输入值求得理论光伏组件串联片数为 $780V/34.56 \approx 22.57 < 24.62$ 片，考虑到电池板的数量、逆变器的 MPPT 额定输入电压和逆变器最大发电效率，实际功率会下降，因此电池板组件最佳的串联数量为 23。每个光伏阵列的峰值工作电压为 $23 \times 41.78 = 960.94V$，满足逆变器的工作电压范围。实际中综合考虑逆变器的容量及现场组件的布置，以及串联电流的不变性、逆变器的最大输入 14.17A、电缆线及电池板串联的损耗性，采用 20 ~ 23 块 270W$_p$ 电池组件串联一个电池串为宜。

1) 最优角度设计

为了与厂房屋面保持一致性，本项目建设于门式钢架彩钢瓦屋顶的光伏组件倾斜角度和朝向跟随原屋顶的倾斜角度和朝向；办公楼部分为保发电效率最大化，拟采用最佳倾角设计，正南安装，倾角为 15°。使用 PVsyst 软件进行发电量模拟得出最优方案，如图 9.11 所示。

2) 组件排列与方阵间距

在太阳能光伏设计中，电池阵列的布置非常重要。阵列间的距离对电站的输出功率和转换效率非常重要，错误的安装会导致后排的太阳光被前排遮挡。光伏阵列各排、列的布置间距应保证冬至当天 9：00 ~ 15：00 当地真太阳时段内前、后、左、右互不遮挡。

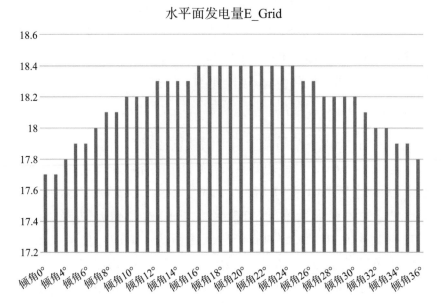

图 9.11 通过 PVsyst 软件模拟倾角为 0 ～ 36° 的发电量柱状图

组件为两块竖向布置，组件尺寸为 1903mm × 1086mm × 35mm，两块竖向组件长度为 3.826m，通过 PVsyst 软件得出间距（组件安装最高点到下一排组件安装最高点距离）为 5.12m，如图 9.12 所示。

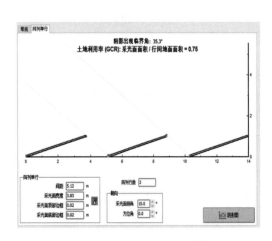

图 9.12 通过 PVsyst 软件
设计光伏方阵间距

由图 9.13 可知，在间距为 5.12m 时，贵港（北纬 23.1°，东经 109.61°）冬至日早上 9：00 ～ 15：00 光伏阵列各排、列无遮挡。

5．逆变器的选用要求

（1）防护等级 IP65，防水、防锈、防晒，完全满足户外安装使用要求。

（2）最高效率 99%，MPPT 效率 98.51%。

（3）宽直流电压输入范围，电池组串最大允许开路电压可达 1100V。

（4）逆变器本身带有漏电、过载、防雷及短路保护。

（5）逆变器具有 PID 调节功能，本项目通过光伏通信箱实现。

贵港, (Lat. 23.1000° N, long. 109.6100° E, alt. 50 m) 处的相互遮挡阴影图 - 法定时 (LT)

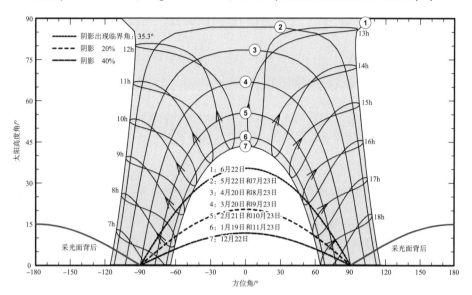

图 9.13 通过 PVsyst 软件检验光伏方阵间距 5.12m 效果图

6. 升压箱式变压器的选用设计

（1）防护等级 IP65，防水、防锈、防晒，完全满足户外安装使用要求。

（2）最多可接入 11 台 136kW 的光伏逆变器。

（3）低压抽头具备 10.5±2×2.5%/0.54 调整功能。

7. 光伏高压开关柜的选用设计

（1）防护等级 IP32，板材厚度 ≥ 2.0mm，电气设备采用一线品牌。

（2）内置电气设备与所安装的总容量匹配，最多可接入 1 台 1600kVA 箱式变压器。

（3）电气设备可监控实时电压、电流、功率、频率等参数。

（4）具备过流、速断、零序以及三摇功能。

8. 监控系统的设计

因本系统采用中压并网逆变器，为方便对各个逆变器的实时监控，设计时使用逆变器厂家配备的 PLC 光伏通信箱，主要设计要求是：通信箱安装于箱变低压侧总母排，通过 PLC 通信可同时采集到接入本项目低压侧母排的所有逆变器，并以有线形式上传到本地二次保护站的采集中心，统一监控管理。

相比以往的逆变器监控方案，使用了光伏通信箱后，不需要另外再敷设通信线至逆变器，减少通信箱的衰减影响，消除因通信箱故障导致逆变器失联的隐患。此外在通信箱内部增加光伏抗 PID 模块，可以很好地调节光伏组件 PID，增加光伏组件的抗衰减能力。

9．系统数据记录展示与传输部分

（1）系统各个数据采集装置：为数据记录通信装置提供环境数据（日照、温度、风力等）与电力数据（直流分列电压和电流、直流分组电压和电流、交流电压和电流及频率等）信息。

（2）数据记录通信装置：记录保存各种环境与电力信息同时将数据整理汇总以定义的格式提供给展示装置与外部电力监测中心。

（3）数据记录通信装置通过通信功能可以实时向远端提供系统运行状态以及各种历史数据，为远程快速售后服务提供便利。

10．主要设备配置清单

赛尔康（贵港）3.2485MW$_p$光伏发电项目主要设备配置清单如表9.10所示。

表 9.10　赛尔康（贵港）3.2485MW$_p$光伏发电项目主要设备配置清单

序　号	名　　称	型号规格	数　量
1	太阳能电池组件	晶科 270W$_p$	7300 块
2	并网逆变器	阳光电源 G136TX	19 台
3	升压箱式变压器	柳特 SCB14-1600kVA	2 套
4	10kV 汇流站	柳特 KYN28-12	2 套
5	二次保护装置	长园深瑞	1 套
6	监控软件	长园深瑞	1 套
7	环境监测系统	锦州阳光	1 套
8	系统的防雷和接地装置	国　标	1 套
9	系统辅材配件及杂项	国　标	1 套

图9.14 和图9.15 分别是赛尔康（贵港）3.2485MW$_p$光伏发电项目安装效果图。

图 9.14　门式钢架彩钢瓦屋顶组件安装效果图　　图 9.15　办公楼屋顶支架安装现场图

9.6 华润水泥（武宣）有限公司5.08MW_p 分布式光伏项目

华润水泥（武宣）有限公司 5.08MW_p 分布式光伏项目位于广西武宣县，主要利用华润水泥（武宣）有限公司的食堂附近闲置地面、二期堆棚、一期和二期传输皮带廊进行光伏电站的建设。项目直流侧总装机容量 5.08MW_p，交流容量 4040kW。拟布置单块容量为 540W_p 的单晶硅单面单玻 2044 块，双面双玻 7364 片，合计 9408 块；配置 110kW_p 额定输出 400V 逆变器 2 台，225kW_p 额定输出 800V 逆变器 16 台；低压 400V 并网计量柜 1 台；10kV 升压箱式变压器 S11-900kVA，$10.5 \pm 2 \times 2.5\%/0.8kV$ 一套，10kV 升压箱式变压器 S11-1600kVA，$10.5 \pm 2 \times 2.5\%/0.8kV$ 两套；10kV 高压并网柜、高压计量柜合计 3 套；所有光伏发电单元按"自发自用，余电上网"的原则分布式接入水泥厂的 400V、10kV 系统。

本项目具有传输皮带廊计算工程量大（传输带长且窄）、并网点多（3 个 10kV 高压和 1 个 0.4kV 低压）、安装类型多（有地面、地面停车棚、水泥屋顶、彩钢瓦屋顶及传送带桥面）的特点。

项目所在地太阳能开发利用资源条件较好，光伏既可以为屋顶、传输带、停车棚带来隔热层，降低棚下温度，又可以发电给予水泥厂设备使用，多余电量还能上网销售，该项目停车棚还配置了 60kW_p 快速充电桩 1 套，7kW_p 慢充电桩 2 套，一举多得，实现了光伏组件的建筑构件化，便于此类项目在类似地区得到进一步推广。电站效果如图 9.16 ~ 9.19 所示。

图 9.16 传输皮带廊安装效果图

图 9.17 停车棚加充电桩效果图

图 9.18 水泥屋顶安装效果图

图 9.19 彩钢瓦屋顶安装效果图

1. 光伏停车棚加充电桩部分

阵列发电经过逆变器将电源优先供给充电桩使用，多余电量再输送到其他用电器，当光伏发电电量不足时，其他电源就会补偿给充电桩使用，始终与市电保持着连接，风、光、储、充是目前清洁能源综合利用的应用方向，具有一定的代表意义。并网系统通过升压变压器接入10kV高压电网，升压并网系统应采用单独的上网变压器，向上级电网输电，10kV电网接入如图9.20所示。

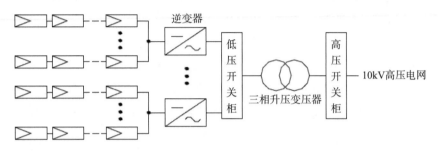

图 9.20　10kV 高压并网发电系统

高压并网发电系统应由供电部门进行接入系统的审批，高、低压开关柜应设有开关保护、计量和防雷保护装置，实际并网的发电量应在高压侧计量。

2. 电能计量

光伏电站接入电网前，应明确上网电量和用网电量计量点。计量点原则上设置在产权分界的光伏电站并网点。每个计量点均应装设电能计量装置，其设备配置和技术要求符合DL/T448《电能计量装置技术管理规程》，以及相关标准、规程要求。

电能表采用静止式多功能电能表，技术性能符合GB/T 17883《0.2S和0.5S级静止式交流有功电度表》和DL/T 614《多功能电能表》的要求。电能表至少应具备双向有功和四象限无功计量功能、事件记录功能，配有标准通信接口，具备本地通信和通过电能信息采集终端远程通信的功能，电能表通信协议符合DL/T 645《多功能电能表通信协议》。采集信息应接入电网调度机构的电能信息采集系统。

大型和中型光伏电站的同一计量点应安装同型号、同规格、准确度相同的主、副电能表各一套。主、副表应有明确标志。

3. 通信与信号

1）基本要求

大型和中型光伏电站必须具备与电网调度机构之间进行数据通信的能力。

并网双方的通信系统应以满足电网安全经济运行对电力通信业务的要求为前提，满足继电保护、安全自动装置、调度自动化及调度电话等业务对电力通信的要求。

光伏电站与电网调度机构之间通信方式和信息传输由双方协商一致后作出规定，包括互相提供的模拟和开断信号种类、提供信号的方式和实时性要求等。

2）故障信息

为了分析光伏电站事故和安全自动装置在事故过程中的动作情况，使电网调度机构能全面、准确、实时地了解系统事故过程中继电保护装置的动作行为，在大型光伏电站中应装设专用故障录波装置。故障录波装置应记录故障前 10s 到故障后 60s 的情况。故障录波装置应该包括必要数量的通道。

光伏电站故障动态过程记录系统大扰动如短路故障、系统振荡、频率崩溃、电压崩溃等发生后的有关系统电参量的变化过程及继电保护与安全自动装置的动作行为。

光伏电站并网点交流电压、电流信号需要接入光伏电站的故障录波装置。保护动作信号、电能质量监测装置触发输出信号可接入故障录波装置的外部触发节点。

华润水泥（武宣）有限公司 5.08MW$_p$ 分布式光伏项目发电主要供本公司的设备使用，电站首年发电量为 559.723 万 kW·h，平均每天发电量 1.53 万 kW·h，最优当天发电量 2.54 万 kW·h（使用 PVsyst 软件进行测算模拟），而华润水泥（武宣）有限公司平均负荷 11.5MW，每日所需电量远超光伏发电 2.54 万 kW·h。因此本项目无富裕的电量输送到电网上，消纳 100%，实际可理解为自发自用项目。

9.7 万升宽达光储充一体化充电站项目

9.7.1 工程概况

1. 项目名称

万升宽达光储充一体化充电站。

2. 建设地址

南宁市北湖路宽达生活广场。

3. 实施单位

广西阳升新能源有限公司，投资可再生能源应用的国家高新技术企业。公司产业涉及太阳能建筑一体化、光伏发电、储能、汽车充电等新能源领域。近年来公司致力于投资太阳能光伏发电项目，旗下已投资多个汽车光伏充电站、大型建筑屋顶光伏发电及个人住宅屋顶光伏发电项目。

4. 南宁市太阳能资源分析

广西位于中国的西部，日照充足，太阳能资源丰富，具有很大的开发潜力。广西总面积 23.76 万 km^2，年太阳总辐射为 3682.2 ～ 5642.8MJ/m^2，太阳能总储量为 1.03×10^{15}MJ。南宁市位于广西中部，居北回归线上，介于东经 107°45′ ～ 108°51′，北纬 22°13′ ～ 23°32′ 之间，属于南亚热带季风气候，历年平均温度 22.6℃，历年平均降雨量 1234.8mm，年平均日照量 1656.00h，日平均日照量 4.54h，常年太阳辐射 4278.20MJ/m^2。南宁市具有良好的太阳能资源开发价值，能有效优化当地电力系统能源结构，减轻环保压力。

经考察，南宁市北湖路宽达生活广场交通便利，人流量大，太阳能资源丰富，年平均日照时间长，新能源汽车普及较好，适合投资建立光储充汽车充电站。

经勘测计算，该项目占地面积约 319m^2，地势平旷，四周无遮挡物，适合建设车棚分布式充电站（"光伏 + 充电桩"组合）供来往新能源电车充电。

9.7.2 光伏充电站方案设计

1. 设计内容

项目拟建设 70.8kW$_p$ 车棚分布式并网光伏电站，系统配置太阳能并网混合储能装置，太阳能电池将日光转换成直流电，通过逆变器变换成三相 380V 交流电，并网供电。项目需要建设的内容如下：

（1）钢结构支架验算与设计。

（2）车棚分布式光伏电站并网接入系统设计。

（3）车棚结构荷载评估与鉴定。

（4）研究不同方位角、倾斜角度对发电量的影响。

（5）电站运行参数监测及远程数据传输和远程控制技术。

（6）车棚分布式并网光伏电站技术、经济、环境评价。

2．系统组成

光储充一体化充电系统将白天光伏棚发的直流电通过逆变器转化为交流电传递给充电桩和储能系统，充电桩会将电能快速充入电车中，从而实现电车的充电功能；当没有电车充电需求时将电能并入储能系统中存储下来。

在夜晚低谷电价时储能系统自动充满，供高峰用电使用，起到削峰填谷的作用，实现了两充两放的高效利用。

万升宽达光储充一体化充电站系统是在现有光储系统的 EMS（energy management system，能源管理系统）上进行通信开发，集成对充电桩的控制，设计采用"自发自用，余电上网"，低压 AC380V 电压等级并网方案。太阳能电池组件和并网混合储能逆变器是模块化的设备，光储充一体化充电站通过合理配置，搭配了 11 套汽车双向充电桩，高峰时可供 22 辆新能源车同时充电。

3．防雷设计

为防止被雷电击中使设备损坏，充电站安装了避雷器装置。配置一个 1 进 1 出的交流并网箱，即逆变器输出交流电缆接入配电箱侧，经过配电开关输出。

接入供电局的计量表箱具有以下特点：

（1）防护等级 IP65，防水、防锈、防晒，完全满足户外安装使用要求。

（2）输入开关最大允许电流可达 40A。

（3）具备明显开断点。

（4）能实现过压、欠压、过频、欠频、过载跳闸以及自动重新合闸功能。

（5）配有专用防雷保护器，$I_{imp} \geq 12.5kA$，$U_p \leq 2.5kV$。

4．主要设备配置清单

万升宽达光储充一体化充电站项目主要设备配置清单如表 9.11 所示。

表 9.11　万升宽达光储充一体化充电站项目主要设备配置清单

序　号	名　称	型号规格	数　量
1	太阳能电池组件	东方日升	166 块
2	光伏并网储能混合逆变器	首　航	1 台
3	充电桩	阳升	11 套
4	监控软件 APP	小　麦	1 套
5	防雷装置	国　标	1 套
6	系统配件及杂项	国　标	1 套

5．系统数据记录展示与传输部分

（1）系统各个数据采集装置：为数据记录通信装置提供环境数据（日照、温度、风力等）与电力数据（直流分列电压和电流、直流分组电压和电流、交流电压和电流及频率等）信息。

（2）数据记录通信装置：记录保存各种环境与电力信息同时将数据整理汇总以定义的格式提供给展示装置与外部电力监测中心。

（3）数据记录通信装置通过通信功能可以实时向远端提供系统运行状态以及各种历史数据，为远程快速售后服务提供便利。

（4）系统检测数据表：通过监控 APP 软件，可查看到万升宽达充电站的发电和用电情况。

9.7.3　系统配置详解

1．光伏组件设计要求

光伏棚是由多组单晶硅光伏组件组成的发电停车棚，其作用是满足停车需求的同时将光能转换为电能，满足部分充电需求。

图 9.21　光伏充电站（光伏棚）

光伏棚的面积尺寸总共 320m²，共铺设了 118 块光伏组件，每块光伏组件设计上使用单晶硅电池片 144 片。建设项目如图 9.21 所示，每块光伏组件尺寸为 2279mm × 1134mm × 35mm，每块功率约 600W。

考虑到光伏组件的力学性能，要通过 IEC61215 的检测，满足抗 130km/h（2400Pa）的风压和抗直径 25mm、速度 23m/s 冰雹的冲击。

1）温度控制

光伏组件在吸收太阳能发电的同时温度会不断升高，影响室内舒适度，所以用紧固件将光伏组件与铝镁锰合金面固定在一起，形成一个约 60cm 的空气流通通道，促进通道内空气与外界空气的交换，起到降温和保温的效果。

2）电池组件选择

在设计中选用转换效率为 21% 的光伏组件，保证光伏电站有较高的发电量。光伏组件的排布要根据阴影的动向进行，尽可能降低阴影对光伏组件的影响。

2. 电池组件阵列设计及安装

系统选用东方日升 600W_p 太阳能电池组件，其最佳工作电压为 42.20V，开路电压为 49.8V；最佳工作电流为 13.04A，短路电流为 13.94A。深圳首航 20kW 并网逆变器的直流工作电压范围为 140 ~ 1000V_{dc}，较好的直流电压工作点约为 650V_{dc}。经过计算：1000V/49.8V ≈ 20.08，得出每个光伏阵列最多采用 20 块电池组件串联。较佳效率为 650V/42.2V ≈ 15.4，考虑到串联总数的容量限制及其损耗，得出每个光伏阵列采用 16 块电池组件串联效率较好。每个光伏阵列的峰值工作电压为 16 × 49.8V = 796.8V，满足逆变器的工作电压范围。

1）电池组件阵列设计

考虑到逆变器的容量及其效率，采用 16 块 600W_p 电池组件串联，单独接入逆变器 MPPT 端子，每个 MPPT 端子最多接入 2 路直流组串，每个光伏组串的峰值工作电压为 675.2V，容量为 9600W，满足 20kW 逆变器的工作范围。整个 70.8kW_p 并网系统配置 16 × 7+6 = 118 块 600W_p 电池组件，共 8 个组串并联。

2）安装方位及角度

太阳能电池阵列的设计需要考虑许多方面的因素，如太阳辐射强度、气象条件、阵列本身的面积和倾角等。首先，查阅资料确定气象条件、日照时数和太阳辐射强度，进而计算太阳能电池阵列的方向；其次，考虑太阳能电池组件的倾角和方向，倾角取决于太阳能电池阵列的地理位置和日照时间，方向与太阳能电池阵列的经纬度和太阳能电池组件的面积有关。

太阳能电池方阵的方位角是方阵的垂直面与正南方向的夹角。经过数据计算，最优的安装方式为正南向安装，这样可获得一天最佳的太阳光照射，太阳能电池发电量最大。一般情况下，在偏离正南30°时，方阵发电将减少 10% ~ 15%；在偏离正南60°时，方阵发电将减少 20% ~ 30%。

太阳能电池方阵设置场所受到许多条件的制约，如果要将方位角调整到在一天中负载的峰值时刻与发电峰值时刻一致时，可参考下述公式：

方位角 = [一天中负载的峰值时刻 (24 小时制)–12] × 15+(经度 –116)

南宁市一天中负载的峰值时刻为 13 时，经度取 108°，则

方位角 = (13–12) × 15+(108–116) = 7（°）

所以偏离正南方向约 7° 最合适，但实际情况要根据已有车位朝向来调整，该车棚分布式光伏充电站为正西朝向。

在确定太阳能电池朝向后，另一个需要计算的是电池组件安装的倾斜角。一般在我国的南方地区，太阳能电池方阵倾角取当地纬度加10°～15°；北方地区倾角取当地纬度加5°～10°，纬度较大时，增加的角度可小一些。同时，为了太阳能电池方阵支架的设计和安装方便，方阵倾角常取整数。

组件的排列既要考虑降低以后的施工难度，又要考虑能最大化地利用安装面积，同时结合现场情况预留足够的维修空间。综合考虑，现场组件竖向1排布置为主要安装方式，太阳能发电板以正西向安装，安装倾角设置为5°，如图9.22所示。

3. 充电桩

配备6个160kW，5个120kW共22把枪的快充充电站，如图9.23所示，在白天光照时段光伏发电，配合市电，实现用户端自充自用。

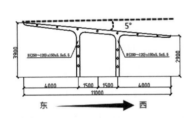

图 9.22　电池组件方位和倾斜角　　　　图 9.23　充电桩

4. 逆变器及储能系统选择

与传统的光储充系统不同的是，不再将光伏逆变器与储能系统分开选择使用，而是选用最新的光伏储能一体机逆变器，下面对其原理进行分开介绍。

1）光伏逆变器原理及分类

如图9.24所示，光伏逆变器是将太阳能电池组件产生的直流电转化为交流电，再由输出端的滤波电路滤除逆变过程中产生高频干扰信号，从而并入电网或者直接供应负载的装置设备。

光伏逆变器的作用是将太阳能电池发出的直流电转化为符合电网电能质量要求的交流电。它由电子元器件（IGBT、电容、电阻、电抗器、PCB等）、结构件（机柜、机箱等）和辅助材料组成，按具体功能可划分为光伏储能逆变器、组串式光伏逆变器、集中式光伏逆变器、集散式光伏逆变器等。

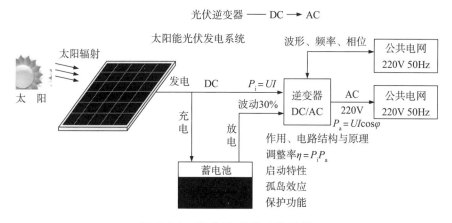

图 9.24　光伏逆变器工作原理

2）储能系统

储能系统是一种能够收集、存储和释放能量的设备，可以实现电力系统的平衡和优化调度，以满足能量需求的不断变化。

光伏储能系统一般使用电池储存电能。当太阳能电池片产生直流电后，电能需要被储存起来。这时，电能通过逆变器转换成交流电，并被存储在电池中。电池储存的电能可以在太阳能不足或夜晚使用，以满足家庭、企业或城市的用电需求。储能系统还可以通过电网进行双向交流，将多余的电能输送到电网，以便其他地区使用。

本系统配备的储能系统，将白天光伏发电储存起来供用电高峰使用，在夜晚低谷电价时储能系统自动充满，供高峰用电使用，起到削峰填谷的作用，每天实现两充两放的高效利用。电池组件的选用关系到电池效率的发挥和建筑功能的实现，以及系统安全、高效的运行。

3）光伏储能逆变器

光伏组件白天发电，将光伏发的直流电转换为交流电，在本系统中并网使用。为满足光储充一体化充电站的使用要求，本系统选用设备稳定工作电压 380V、额定功率 50kW 的逆变器——光伏并网混合储能逆变器，如图 9.25 所示，左侧白色组件为逆变器。

图 9.25　光伏并网混合储能逆变器

4）光伏并网混合储能逆变器参数

该机采用 PACK+ 系统 + 壳体隔热三重消防设计，独立继电保护，电芯级热监控，单点故障物理隔离，显著提升系统安全性。整机 IP54 防护等级，内循环强制风冷设计，独立热管理温控系统，满足大部分场景环境需求。另外采用单柜集成芯片、PACK、电池管理系统、PCS、热管理系统、消防系统于一体，系统高度集成。

该储能系统技术参数如表 9.12、表 9.13、表 9.14 所示。

表 9.12　技术参数表 1

型　号	EVO-P3-100-FHV215
规格参数	
额定能量 /kW·h	100
额定功率 /kW	20
电芯容量 /Ah	280
系统效率	＞ 90%
尺寸 /mm	1700 × 1000 × 800
重量 /kg	≤ 1300

表 9.13　技术参数表 2

交流侧面并网参数	
并网线制	3L+N+PE
额定电压 /V	380
额定频率 /Hz	50/60
功率因数	（−0.9）–（+0.9）
充放电转换时间 /ms	≤ 100

表 9.14　技术参数表 3

系统参数	
通　信	Ethernet/RS485/CAN/Modbus
灭火介质	可选配：气溶胶 / 七氟丙烷 / 全氟己酮
防护等级	IP55
安装方式	户外，落地安装
冷却方式	强制风冷
防腐等级	C4
使用寿命	≥ 10 年
认　证	IEC62619，UN38.3，CE，GB36276

5）电池匹配测试

（1）测试通信是否正常。高压协议的 5 帧数据（0x4210、0x4220、

0x4240、0x4250、0x4280）必须发送，且 5 帧数据需要在 1s 内完成发送，每组间隔 5s 内。

（2）充电过程。测试 BMS 是否有做降额处理，电池充满时 BMS 的充电电流限制应该为 0，且需要发送禁充标志。

（3）放电过程。测试电池是否有禁放标志或者强充标志，这两个指令最少应该有一个存在。

（4）电池电流（注意）。上传电池的实时电流（充电为正，放电为负）。

（5）逆变器根据电池上传的建议充电电压和建议充放电电流来给电池充电放电。

（6）在电池充电末端 BMS 上传的充电电流应该做降额处理（例如充电到 SOC 比较满时请求充电电流调整为其他更小的值上传，逆变器就会以更小的电流给电池充电）。

（7）电池充满后上传禁充标志，禁充之后禁充标志释放不能太快，否则会导致过充。

6）充放电优先级

蓄电池（储能系统）充放电优先级如表 9.15 和表 9.16 所示。

表 9.15　充电优先级表

充电电源优先级	当逆变器／充电器在工作、待机或故障模式下工作时，充电电源可以进行如下设置：	
	太阳能优先	太阳能作为优先级为电池充电；市电仅在太阳能不可用时为电池充电
	太阳能和市电（默认）	太阳能和市电将同时为电池充电
	仅用太阳能	无论市电是否可用，太阳能将作为唯一充电电源
	当逆变器／充电器在电池模式运作时，只有太阳能可以电池充电。太阳能可用且充足时，将会为电池充电	

表 9.16　放电优先级表

输出电源优先级	市电优先	市电作为优先级向负载提供电力；太阳能和电池电力将只在市电不可用时为负载提供电力
	太阳能优先（默认）	太阳能作为优先级为负载提供电力；如果太阳能电力不足以为所有所连负载同时提供电力，市电将同时为负载供电；电池仅在太阳能和市电不可用或太阳能不足且市电不可用时向负载提供电力
	SBU 优先	太阳能作为优先级向负载提供电力；如果太阳能不足以向所有所连负载同时提供电力，电池将同时向负载提供电力；市电只在电池电压下降到低水平警报电压或程序 12 的设置点时，向负载提供电力

7）研究拓展

本公司还研究开发智慧 UPS 锂电安全储能系统，采用安全性较高的磷酸铁锂电芯来做储电包，构建锂离子电池的电流、电压、温度采集模块、充放电控制及均衡模块和通信模块，实现锂离子电池过充过放以及均衡充放电的智能控制，实时读取锂离子电池的电流、电压、温度参数，通过通信模块传送给云服务器，采用人工神经网络模型来计算锂离子电池运行实时健康状态，将计算结果反馈给用户手机端，实现 UPS 智能远程控制、智能稳压、智能健康监测以及智能健康预警，有效消除用户对 UPS 锂离子电池安全隐患的心理阴影，推动智慧 UPS 锂电储能系统的广泛应用。

针对峰谷电价的用户，研发 UPS 锂电夜间用电低谷储能白天用电高峰供电系统，针对光伏发电用户，研发离 / 并网一体化屋顶光伏 UPS 锂电储能系统，实现 UPS 多功能应用。

5．光储充一体化电路图

光伏电池将太阳能转化成直流电，经过 DC SPD（直流浪涌保护器），在 MPPT（最大功率点跟踪）控制器调节下获得最大功率后有两种输出方式：

（1）在 AC SPD（交流浪涌保护器）保护下，直接经过 DC/AC 转换器，将直流电转换成交流电，直接供充电桩使用或者接入电网。

（2）先通过 DC/DC 转换器，将大小固定的直流电压变换成可调节的直流电压储存到电池（储能系统）中，该操作为电池（储能系统）充电过程。电池放电，在 AC SPD（交流浪涌保护器）保护下，直接经过 DC/AC 转换器，将直流电压转换成交流电压，直接供充电桩使用或者接入电网。

光储充一体化电路图如图 9.26 所示。

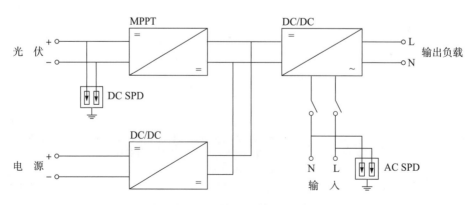

图 9.26　光储充一体化电路图

补充说明：

（1）MPPT：最大功率点跟踪，实时监测光伏阵列的电流－电压（$I\text{-}V$）特性，根据环境条件（如光照和温度）的变化，调整逆变器的工作参数，使光伏组件始终处于最大功率点（MPP）工作状态。

（2）DC SPD：直流浪涌保护器，用于保护光伏逆变器免受直流侧浪涌电压损害的装置。

（3）AC SPD：交流浪涌保护器，用于保护光伏逆变器免受交流侧浪涌电压损害的装置。

（4）DC/DC：将大小固定的直流电压转换成可调节的直流电压的装置。

（5）DC/AC：将直流电压转换成交流电压的装置。

9.7.4　光储充一体化充电站发电量及效益

1. 光伏系统发电效率

光伏系统发电总效率等于所有系统产品的效率乘积，一般光伏项目的发电效率为70%～80%。

（1）光伏温度因子：光伏电池的效率会随着其工作时的温度变化而变化。当它们的温度升高时，晶体硅光伏电池效率呈现降低的趋势。本项目所在地区多年极端最高气温40.4℃，极端最低气温－2.4℃，全年平均气温22.6℃，计算得到当地的温度折减2.5%。

（2）组件匹配损失：组件串联因电流不一致导致效率降低，根据电池组件出厂的标称偏差值，约有3%的损失。组件上的灰尘或积雪造成的污染会对发电量造成影响，为保证电池发电效率，需要定期及时对组件进行清洗，此项造成的年系统效率折减取3.2%。当辐照度过低时，会产生不可利用的低、弱太阳辐射损失。

（3）直流线路损失：光伏组件产生电量输送至汇流箱、直流配电柜、逆变器时，存在直流电路的线损，按3%计取。

（4）电气设备造成的效率损失：逆变器转换过程中也存在电量损失，此项折减取2.5%。箱式变压器的升压过程中，也会存在能量损失。

（5）光伏电站内线损等能量损失：电能由逆变器输出至箱式变压器，再送至开关站，交流线路会存在线损，按4%计取。

（6）系统的可利用率：虽然光伏组件的故障率极低，但定期检修及电网故障仍会造成损，按 2% 计取。

考虑以上各种因素，光伏电站系统发电总效率为：

$$\eta = 97.5\% \times 96.8\% \times 97\% \times 97.5\% \times 96\% \times 98\% \approx 84\%$$

2. 发电衰减预测

经测试，采用的太阳能电池组件首年衰减率为 2%，其余每年平均年衰减率（即光致衰退率）约为 0.55%，使用寿命长。

3. 发电量估算

南宁市的年光热辐射平均 4278.20MJ/m²，平均每日峰值日照时数为 1270.2h/365 = 3.48h，年峰值发电时间为 3.48×365×84% ≈ 1067（h），本项目装机总容量为 70.8kW$_p$，则第一年发电量为：

$$70.8 \times 1067 = 75543.6 \ (kW \cdot h)$$

理论上每年可发电 75543.6kW·h，根据光伏组件首年衰减 2%，其余每年平均衰减率约 0.55% 计算，得出 30 年内车棚分布式光伏充电站的发电量，如 9.17 表所示。

表 9.17　万升宽达光储充一体化充电站项目年发电量预测

年　份	发电量 /kW·h	年　份	发电量 /kW·h
第 1 年	75543.6	第 16 年	68531.6
第 2 年	74032.7	第 17 年	68154.6
第 3 年	73625.5	第 18 年	67779.8
第 4 年	73220.6	第 19 年	67407.0
第 5 年	72817.9	第 20 年	67036.3
第 6 年	72417.4	第 21 年	66667.6
第 7 年	72019.1	第 22 年	66300.9
第 8 年	71623.0	第 23 年	65936.2
第 9 年	71229.0	第 24 年	65573.6
第 10 年	70837.3	第 25 年	65212.9
第 11 年	70447.7	第 26 年	64854.3
第 12 年	70060.2	第 27 年	64497.6
第 13 年	69674.9	第 28 年	64142.8
第 14 年	69291.7	第 29 年	63790.0
第 15 年	68910.6	第 30 年	63439.2
30 年发电量总和	2065076.0	平均年发电量	68835.9

4．储能系统充放电效益

充电站每天晚上从南方电网低价购入 100kW·h 的电量储存到储能系统中，白天供新能源电车充电以赚取差价，一年可赚取 36500kW·h 的电量差价。

5．监控 APP 电量显示

电脑终端使用小麦智电监控充电站电量产生和流动情况，图 9.27 是充电站发电量流动图。整装机容量 70.8kWp，储能电池容量 100kW·h，此时的发电功率为 37.5kW。

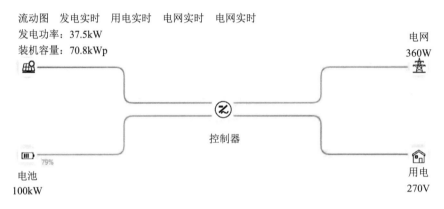

图 9.27 发电量流动图

6．环境影响评价

该光储充一体化充电站项目落地，打造了绿色、环保、舒适的电动汽车充电环境，为市民提供了方便的电车充电场所。

项目建成后，平均每年节约 27.8t 标准煤，同时减少 67.3t CO_2 排放，有利于改善城市环境，降低健康成本，提高市民生活质量，对于促进经济的发展有着重大意义。

万升宽达光储充一体化充电站项目可带来的环境效益如表 9.18 所示。

表 9.18 万升宽达光储充一体化充电站项目环境效益转换表

类 别	换算数值	年均发电量 /kW·h	年均 /t
替代标准煤 /（kg/kW·h）	0.404		27.8
减少烟尘排放量 /（kg/kW·h）	0.272		18.7
减少 CO_2/（kg/kW·h）	0.997	68835.9	67.3
减少 SO_2/（kg/kW·h）	0.03		2.1
减少 NO_x/（kg/kW·h）	0.015		1.03

9.8 其他类型太阳能光伏电站项目案例

9.8.1 天等县驮堪乡牛舍光伏项目

装机容量最大，直流侧规模 65MW$_p$，发电与畜牧相结合，棚顶上面安装光伏项目，棚底下养殖经济牛类，有效地利用了屋顶可用面积，节省了土地资源；安装维护简便，可随雨水自动清洗组件表面灰尘；采用 BIPV 的结构模式，起到防雨隔热的效果，可降低牛舍室内温度，节约了风机使用次数，节能减排；使用 320kW 大功率组串式并网逆变器，降低了整体造价。天等县驮堪乡牛舍光伏项目实景图如图 9.28 所示。

图 9.28 天等县驮堪乡牛舍光伏项目实景图

9.8.2 绿港工业园屋顶3.3MW$_p$分布式光伏发电工程

利用绿港集团旗下 11 个工业园区，合计 17 栋厂房闲置屋顶，建设"自发自用，余电上网"光伏项目，采用分块建设、就地并网的方式，选用交流低压400V 输出的 36kW、60kW 以及 110kW 组串式并网逆变器，每个并网点单独计费，避开了供电局大工业、非居、非工等不同收费性质电价的问题，减少并网点改造的投入。光伏支架采用配重水泥墩子 + 支架相结合的模式，安装时屋面无穿孔，不会破坏原有屋面结构，不影响屋面的安全和使用功能，这样既可以作建材，又可以发电，进一步降低了光伏发电的成本，绿港工业园屋顶 3.3MW$_p$分布式光伏发电工程实景图如图 9.29 所示。

9.8.3 广西中伟一期屋顶分布式光伏项目

直流侧装机容量 33.95MW$_p$，利用钦州中伟产业园约 35 栋建筑厂房屋顶建设常规光伏项目，98 亩空地建设光伏停车棚项目。屋顶布置光伏组件后可有效保护彩钢瓦，增加彩钢瓦的使用年限；具有一定的隔热作用，可降低内部温度

图 9.29 绿港工业园屋顶 3.3MW$_p$ 分布式光伏发电工程实景图

5℃~8℃，减少了空调的使用；不占用土地指标，节省了土地资源，降低电站建设成本；光伏停车棚建设解决了停放车辆暴晒的窘境；项目涉及的建筑物多，区域大，使用320kW组串式并网逆变器，拆分项目为4个10kV高压并网，在一定的程度上降低了电缆的损耗，但也增加了部分一次设备。广西中伟一期屋顶分布式光伏项目实景图如图9.30所示。

图 9.30 广西中伟一期屋顶分布式光伏项目实景图

第 10 章 光伏光热系统Polysun 设计软件的使用

Polysun 是一款可再生能源系统设计软件，包含太阳能光热系统、光伏系统和热泵系统 3 个模块，本章主要描述其主要特点及功能、界面菜单、使用操作、仿真结果分析、光伏发电系统和光热热水系统安装设计示例等。

10.1 行业常用软件简介

行业常用的光伏光热系统设计软件有绿建斯维尔日照分析 Sun、PVsyst、Candela3D、Polysun 等。这些软件可以帮助设计者进行光伏光热系统的设计、计算和模拟分析等。

1. 绿建斯维尔日照分析 Sun

绿建斯维尔日照分析 Sun 是基于 AutoCAD 平台建构的，可为建筑规划布局提供日照分析、绿色建筑指标分析及太阳能利用分析。可直接利用日照模型完成太阳能利用倾角分析、辐射分析、集热需求及经济分析等方案设计参数的计算及图形输出。

2. PVsyst

PVsyst 是一款光伏系统仿真模拟软件，用于指导光伏系统设计以及对光伏系统进行发电量的模拟计算。提供了光伏发电系统仿真初步设计工具、工程设计工具等。它可以对光伏发电系统进行建模仿真，分析影响发电量的各种因素，并最终计算得出光伏发电系统的发电量。

3. Candela3D

Candela3D 是一款由坎德拉自主研发的基于 SketchUp（草图大师）开发的新一代光伏电站三维设计软件，适用于复杂地形、平坦地形光伏电站的建设项目；同时适用于可研、初设、施工图、项目运营等多个阶段。Candela3D 在多个方面形成了技术 + 软件的结合，突破了国产光伏设计软件无法导入 PVsyst 仿真的难题，基于草图大师开发，真正的全三维设计，简单易上手，一键完成光伏方阵布置图二维转换为三维模型，可不改变原有设计流程，根据地形快速得出"倾角 – 朝向"的最优方案。

4. Polysun

Polysun（中文名"博日胜"）是用于建筑、住宅和商业区能源系统设计、模拟和优化的软件，包含太阳能光热系统（太阳能热水、采暖、泳池加热、工业加热）、光伏系统（并网系统、离网系统、电动汽车）和热泵系统 3 个模块，内嵌多个工作系统模板，以满足电力、供暖和制冷需求，设置和辨识能源系统的变量比较方便。图 10.1 为 Polysun 的界面。

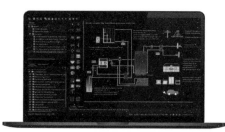

图 10.1 Polysun 的界面

10.2 Polysun的主要特点及功能

1. 系统简易图绘制

软件中的系统部件采用图形方式，通俗易懂，便利的模块单元结构组合不同系统组件简便，可以按要求改变部件中的设置参数。

2. 模拟系统种类

软件可以创建不同的太阳能系统进行模拟计算，软件目录中收集了国内外大量常用的光热系统、光伏发电系统、热泵系统、太阳能空调系统和种类众多的部件（都是通过专门的检测机构认证，比如中国则通过北京、武汉或昆明太阳能热水器检测中心检测认证），供组建系统使用，用户可以选择相应的部件组成所需要的系统。

软件的特点是可对单一的光热、光伏系统进行模拟，还可以对复杂的综合系统进行模拟计算，比如太阳能与热泵结合提供热量用于太阳能生活热水加热、采暖和空调等。

3. 动态建筑模拟

软件中采用多种动态建筑模拟，针对不同的建筑、不同时间段进行模拟计算，考虑到建筑所有相关的参数，包括几何结构、方位和热质。

提供隔热数据，同时软件在计算中，由定位坐标和地平线共同确定太阳的位置，每四分钟更新一次太阳的位置。因此可以专门针对某小时、某天或者某段时期内的太阳能系统进行模拟计算。图 10.2 所示为某时间段方位角太阳热量数据图。

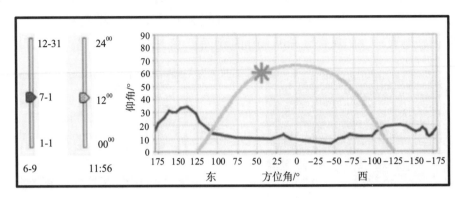

图 10.2 某时间段方位角太阳热量数据图

4. 设定部件参数

软件可以根据用户的使用方式设定不同的部件参数，以太阳能光热系统为例：

（1）用户可以根据使用方式的不同，对系统中的热水水温、单位小时用水量进行设定。

（2）可对太阳集热器的数量、倾角、方位角、有无跟踪等进行设定。

（3）可对水箱的体积、高度、材料、保温等进行设定。

（4）可对水泵型号、运行控制方式等进行设定。

图 10.3 所示为集热器参数图。

5. 气象数据

Polysun 软件所提供的气象数据来自 8000 多个不同气象站，而软件数据库之外具体地区的气象数据也可以根据精确的数据运算法则计算获得，且数据准确。

软件支持两种不同地点输入方式：

（1）现有数据库直接选择，以中国为例，国内 100 多个大中城市收录其中。

（2）联网的情况下可采用地图定位的方式，目前已精确到街道和建筑。另外，Polysun 允许用户输入自己的气象数据作为计算数据，非常灵活。

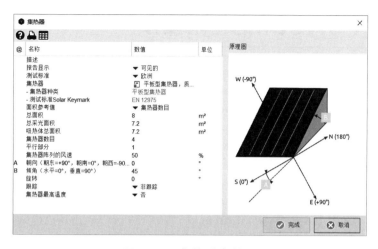

图 10.3　集热器参数图

6. 报告输出

提供几种不同数据形式的输出报告，能够充分、全方位地了解系统和产品部件的运行情况（每小时、每天、每周、每月以及一整年）；提供系统的能量平衡和分期付款周期等计算；提供多个使结果可视化的工具，可将结果以图表等形式展现给用户。

7. Polysun 的界面菜单

Polysun 的界面菜单简洁，其主界面菜单如图 10.4 所示。

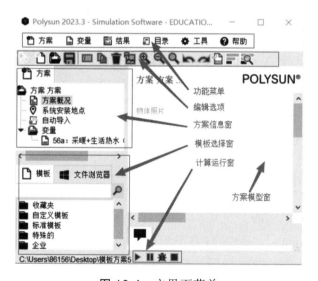

图 10.4　主界面菜单

10.3 Polysun的使用操作

10.3.1 创建方案

（1）点击功能菜单的"方案"选项，选择向导对话框，如图 10.5 所示。在对话框中可编辑方案名称、评论等内容，可以根据系统数据库的属地选择地点，也可以通过连接地图选择相应的地点直接定位。

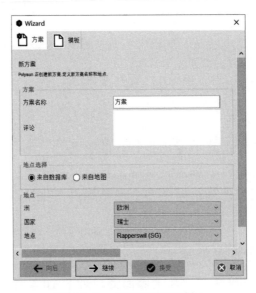

图 10.5 方案创建对话框

（2）点击对话框左下角"继续"选项，进入模板设置选择框，如图 10.6 所示，根据实际设计的系统要求，在对话框左侧对能源供应商、用户 / 负荷、系统说明等选项进行选择。根据选择的设备和功能，在对话框右侧可以筛选出对应的模板。

（3）双击所要选择的模板，进入模板系统设备参量设置，如图 10.7 所示。

10.3.2 编写方案概况

通过点击功能菜单的"方案"，再选择"新方案"，即可创建一个空白方案。在空白方案中，您可以手动编写方案概况，也可以设置系统安装地点，还可以手动创建变量或者自动导入所需的配置文件。

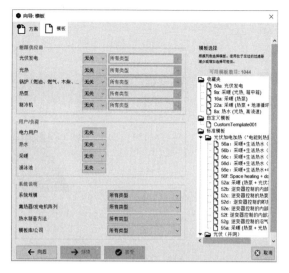

图 10.6 模板设置选择框

图 10.7 模板参数选择

10.3.3 变量创建

点击功能菜单的"变量",再选择"创建一个新变量",即可创建一个新的系统图,如图 10.8 所示,在系统图中,通过点击窗口右侧的工具栏切换选择模式,或者通过拖动系统部件将其加入到系统图中。

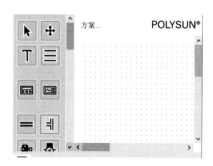

图 10.8 系统图编辑窗口

在将系统部件拖入系统图后，通过双击该系统部件调整其参数，如图 10.9 所示。

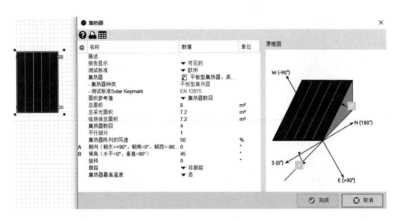

图 10.9　系统部件参数编辑窗口

不同的部件之间一般可通过两种方式连接：

（1）通过点击对应系统部件进行连接。对于部分系统部件，通过点击该系统部件中的白色小方块以连接到不同的系统部件，如图 10.10 所示。

（2）通过设置系统部件的参数进行连接。对于部分系统部件，您可以通过双击鼠标左键进入到该部件的参数编辑窗口，再设置其连接对象，如图 10.11 所示。

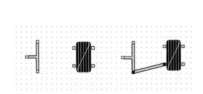

图 10.10　连接系统部件示意图　　图 10.11　通过调整部件参数连接不同部件

10.4　Polysun仿真结果分析

10.4.1　计算运行结果分析

在完成一个系统设计图之后，可以在计算运行项中对设计的系统图进行仿真模拟。

以"56a：采暖＋生活热水（光伏＋热泵）"为例，通过▶直接获取该系统图的预模拟结果，选择不同的选项来查看不同的统计项目，如图 10.12 所示；也可以通过▓模拟仿真尺度下不同时间段中系统的运行状况，如图 10.13 所示，系统会根据选择的时段，自动在系统图中展示对应时间段系统运行的状况。

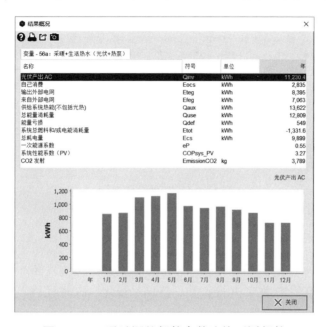

图 10.12　通过调整部件参数连接不同部件

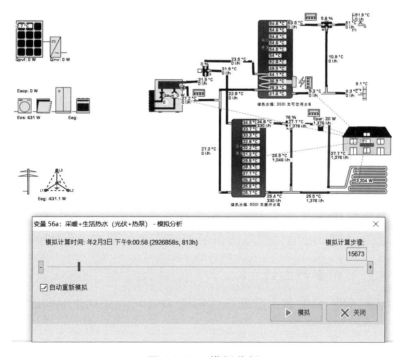

图 10.13　模拟分析

10.4.2　功能菜单结果分析

在完成系统图的设计之后，通过功能菜单中的“结果”选项对仿真模拟结果数据进行其他的统计分析，也可以将统计结果导出，如图 10.14 所示。

名称	符号	单位	年	1月	2月	3月	4月	5月	6月	7月	8月	9月	10月	11月	12月
温度		°C	22.3	23.3	22.2	20.5	21.2	22.1	23	23.4	23.1	22.4	21.3	21.4	23.3
流量		l/h	866	864	865	865	864	0	0	0	0	0	0	871	865
最小值		l/h	860	860	860	860	862	0	0	0	0	0	0	860	860
最大值		l/h	1,144	878	878	878	868	0	0	0	0	0	0	1,144	883
现在进口温度		°C	22.7	24.8	23.3	20.8	21.2	22.1	23	23.4	23.1	22.4	21.3	22.3	24.8
现在回程温度		°C	22.2	23	22	20.4	21.2	22.1	23	23.4	23.1	22.4	21.3	21.3	23
设计流量		l/h	172	172	172	172	172	172	172	172	172	172	172	172	172
入口温度设定		°C	40	40	40	40	40	40	40	40	40	40	40	40	40
返回温度设定		°C	22.2	23	22	20.4	21.2	22.1	23	23.4	23.1	22.4	21.3	21.3	23
所有组件标称流量		l/h	1,720	1,720	1,720	1,720	1,720	1,720	1,720	1,720	1,720	1,720	1,720	1,720	1,720
来自/供给加热/制冷组件的净能量		kWh	6,085	1,777	1,177	365	7.3	-0.2	-0.1	-0.01	-0.3	0.6	0.4	967	1,791

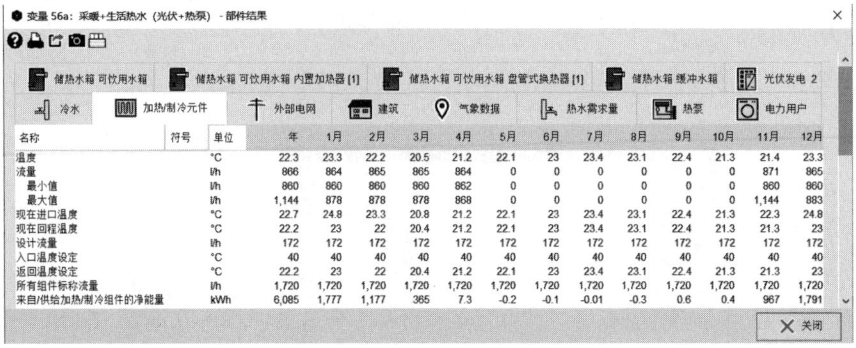

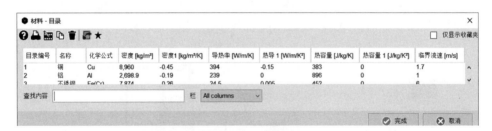

图 10.14　部件分析结果

10.4.3　设置目录

通过选择功能菜单的“目录”中的子选项，对包括方案、系统图和系统部件在内的多种对象的参数库进行查找、新增、删除、修改操作，如图 10.15 所示。

目录编号	名称	化学公式	密度 [kg/m³]	密度1 [kg/m³/K]	导热率 [W/m/K]	热导 1 [W/m/K²]	热容量 [J/kg/K]	热容量 1 [J/kg/K²]	临界流速 [m/s]
1	铜	Cu	8,960	-0.45	394	-0.15	383	0	1.7
2	铝	Al	2,698.9	-0.19	239	0	896	0	1

图 10.15　材料目录

10.5　太阳能光伏发电系统安装设计示例

1. 方案设计图

方案 - 变量 50f：电池储能光伏系统图的创建如图 10.16 所示。

2. 组件方案和参数设计

太阳能光伏组件方位和参数的设计如图 10.17 ~ 图 10.22 所示。

光伏发电：光电组件
组件数：20
总额定功率发电机磁场：3.6kW
朝向（朝东 = ± 90°，朝南 = 0°，朝西 = −90°）：0°
倾角（水平 = 0°，垂直 = 90°）：45°

电池：Hoppecke 24 OpzS 3000
电池数量：1
标称容量：6kW·h

电力消耗概况数：1
消耗概况1：家用概况
总消耗概况：3500kW·h

外部电网：三相（230V/400V，51Hz，Y形）
当地电网电压：400V
上网功率限制：否
最大有功功率：70%

图 10.16 某太阳能光伏发电方案设计图

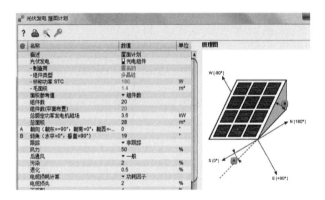

图 10.17 光伏组件方位选择

图 10.18 光伏组件参数 – 温度系数设计

标称功率 STC [W]	宽度 [m]	长度 [m]	厚度 [m]	重量 [kg]	毛面积 [m²]	输出电压 MPP-STC [V]
180	-	-	-	-	1.4	24
170	-	-	-	-	1.311	23.3
175	-	-	-	-	1.311	23.6

图 10.19 光伏组件参数 – 标称功率设计图

光伏发电 - 目录
输出电流 MPP-STC [A]
输出电压 MPP-500W/m2 [V]
输出电流 MPP-500W/m2 [A]
7.5 0 0
7.3 0 0
7.42 0 0

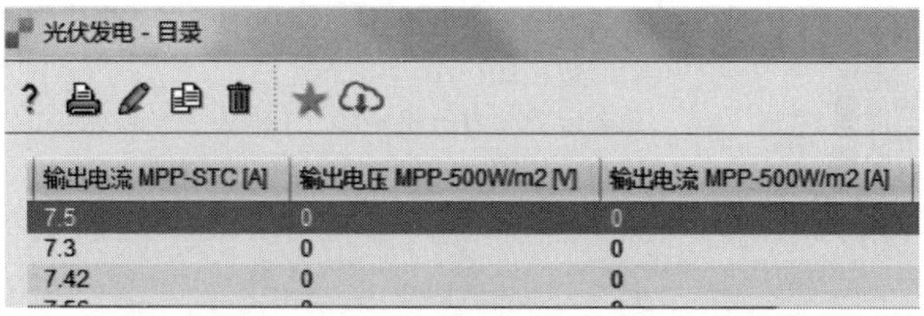

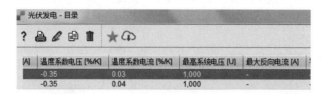

图 10.20　光伏组件参数 – 输出电流设计

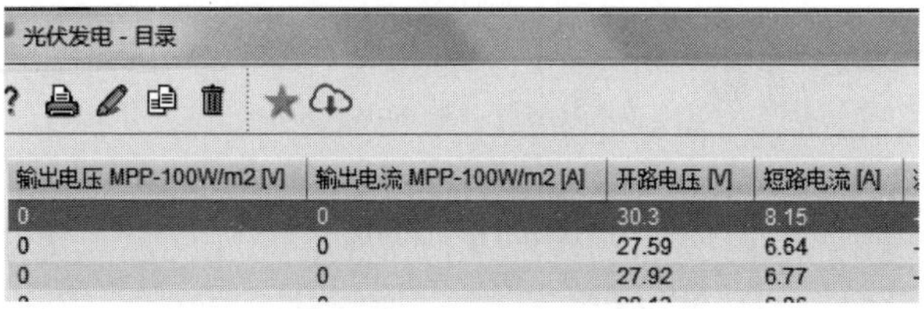

光伏发电 - 目录
输出电压 MPP-100W/m2 [V]
输出电流 MPP-100W/m2 [A]
开路电压 [V]
短路电流 [A]
0 0 30.3 8.15
0 0 27.59 6.64
0 0 27.92 6.77

图 10.21　光伏组件参数 – 开路电压设计图

光伏发电 - 目录
[A]
温度系数电压 [%/K]
温度系数电流 [%/K]
最高系统电压 [U]
最大反向电流 [A]
-0.35 0.03 1,000 -
-0.35 0.04 1,000 -

图 10.22　光伏组件参数 – 最高系统电压设计

3. 光伏组件安装设计

光伏组件的安装设计如图 10.23 和图 10.24 所示。

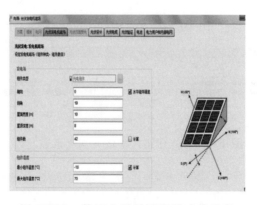

图 10.23　使用向导设计安装光伏组件

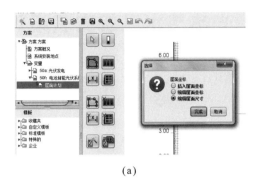

(a)

(b)　　　　　　　　　　　　　　　(c)

图 10.24　手动设计安装光伏组件

4. 结果模拟统计

光伏产出仿真模拟结果统计如图 10.25 所示。

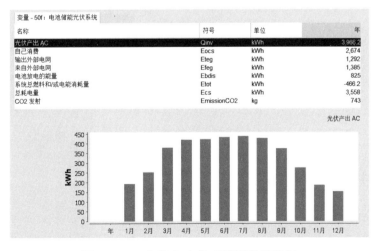

图 10.25　光伏产出仿真模拟结果统计

10.6　太阳能光热热水系统安装设计示例

下面，以该软件自带的模板"方案 – 变量 8a：（热水、高流速）"为示例进行介绍。

10.6.1　系统概述

太阳能光热 + 燃气 + 电力热水系统是常见的混合加热方式的热水供应系统模型，如图 10.26 所示。本示例模型的基本逻辑为：通过太阳能循环回路水泵控制器和两个辅助加热控制器来控制集热器、燃气锅炉和电力加热器对冷水进行加热，从而保证该系统每日有 200L 的 50℃热水供应。其中，太阳能循环回路水泵控制器通过检测水箱底层水温和太阳能集热器的出水口水温，进一步决定下一级设备是否启动。当水箱底层水温低于集热器出水口水温时，则太阳能循环回路水泵控制器会启动循环水泵进行水流循环，从而达到提高水箱底部水温的目的。燃气锅炉加热与电力辅助加热这两种加热方式是否启动，则取决于水箱中层水温是否与设定的需求水温相同，当水箱中层水温低于设定的热水温度时，则启用燃气或电力来加热水箱中的冷水；若水箱出水口处水温高于设定的温度，则混合阀控制器会适当放入一些冷水，最终使出水口水温下降至设定的温度。

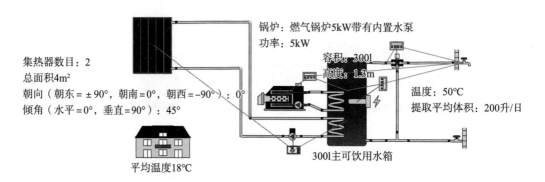

图 10.26　"方案 – 变量 8a：（热水、高流速）"模板图

10.6.2　主要部件及参数

1. 集热器

在本系统中，集热器即为通常的太阳能光热热水系统中通过收集太阳能进行热水加热的太阳能集热板，在一个太阳能光伏或光热系统中，其关键参数

除了集热器本身的材质工艺外一般也包含集热器的安装面积以及安装方位等。Polysun 也将这些属性作为集热器的主要参数，如图 10.27 所示。

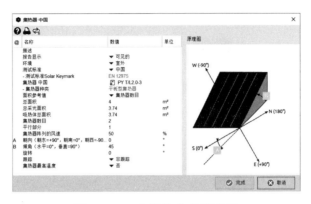

图 10.27　太阳能集热器参数

2. 燃气锅炉

通常，由于天气、季节、时间等因素，一般的太阳能光热光伏系统都不能保证太阳能的收集效率可以在全时间段保持恒定，而且外部对系统的电能、热能需求也可能由于各种因素而发生波动，在单纯太阳能并不能满足外部需求的情况下，便需要一些其他的部件来对需求缺口进行补充。本系统便采用燃气锅炉来补充某些时间段中单纯太阳能无法满足的部分热水缺口。由图 10.28 可知，Polysun 中锅炉的主要参数除了锅炉本身的属性外，还有系统设计时锅炉的能量来源、能量输入输出以及能量转换效率。

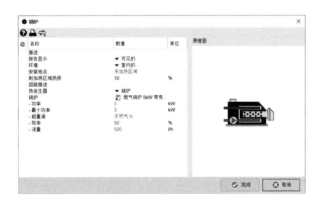

图 10.28　燃气锅炉参数

3. 水　箱

通常太阳能光热系统中水箱主要起到储存和供应热水的作用。系统通过水箱储存由太阳能转化来的热能，并在有热能需求的时候及时将热能输出。一般而言，在设计水箱的主要参数时（图 10.29），要考虑与材质相关的容积和隔热性能等，例如本系统的水箱便附带有电能加热功能，在部分情况下也可以进行辅助加热。

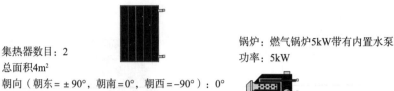

集热器数目：2
总面积4m²
朝向（朝东=±90°，朝南=0°，朝西=−90°）：0°
倾角（水平=0°，垂直=90°）：45°

锅炉：燃气锅炉5kW带有内置水泵
功率：5kW

图 10.29　水箱参数

10.6.3　系统搭建步骤

（1）确定主要加热部件。本系统中的主要加热部件即为集热器和燃气锅炉，如图 10.30 所示。

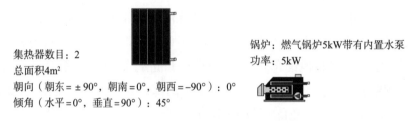

集热器数目：2
总面积4m²
朝向（朝东=±90°，朝南=0°，朝西=−90°）：0°
倾角（水平=0°，垂直=90°）：45°

锅炉：燃气锅炉5kW带有内置水泵
功率：5kW

图 10.30　选定主要加热部件

（2）绘制水箱，如图 10.31 所示。

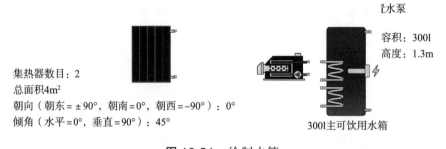

集热器数目：2
总面积4m²
朝向（朝东=±90°，朝南=0°，朝西=−90°）：0°
倾角（水平=0°，垂直=90°）：45°

水泵

容积：300l
高度：1.3m

300l主可饮用水箱

图 10.31　绘制水箱

（3）管道铺设。需要注意的是，在连接不同的部件时，要使用合适的管道种类，如图 10.32 所示。

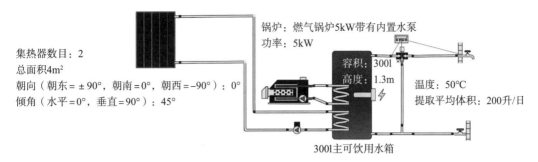

图 10.32　绘制管道以及冷热水供应

（4）加入太阳能循环回路水泵控制器。该控制器即为通过检测水箱内水温以及集热器出水口处水温控制水箱与集热器进行水流交换的装置，如图 10.33 所示。

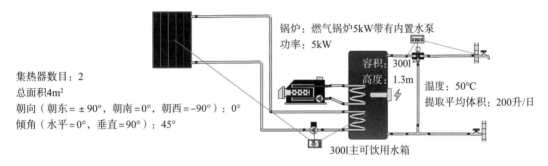

图 10.33　绘制太阳能循环回路水泵控制器

（5）加入辅助加热控制器 1、2，如图 10.34 所示。

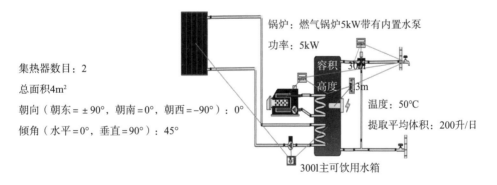

图 10.34　绘制辅助加热器

（6）设定系统使用环境，如图 10.35 所示。

平均温度18℃

图 10.35　绘制系统主要的使用环境

（7）安装地点设置。该步骤主要是为该系统提供对应安装地点的地理与气候数据，确保模拟结果更为精确，如图 10.36 所示。

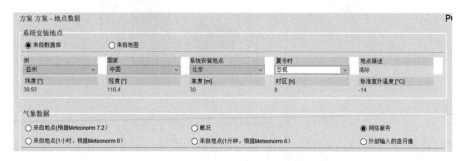

图 10.36 设定系统安装地点数据

10.6.4 仿真模拟结果统计

1. 太阳能保证率

模拟结果如图 10.37 所示，该系统全年可收集太阳能 69.1% 的理论值供该系统利用，可见该系统对太阳能的利用效率较高。

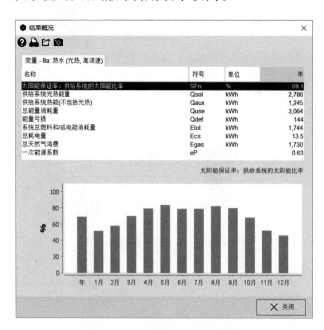

图 10.37 系统太阳能保证率

2. 供给系统的光热能量

由图 10.38 可知，本系统每年可以供给系统约 2786kW·h 的光热能量，效果良好。

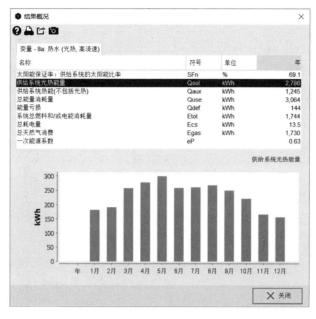

图 10.38 系统的光热能量

3. 系统总燃料和电能消耗能量

由图 10.39 可知，本系统中消耗的总燃料和电能合计 1744kW·h，在太阳能较为充沛的季节每月消耗量更是低至 100kW·h 左右，可见该系统可以有效节约燃料和电能消耗。

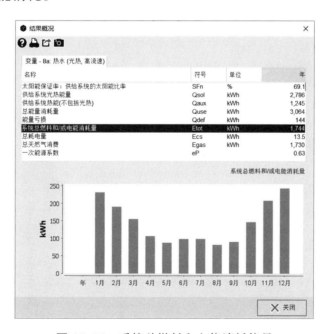

图 10.39 系统总燃料和电能消耗能量

4. 总　结

从上述系统的仿真模拟结果统计分析来看，该系统可以在安装地点确保 69.1% 的太阳能保证率，即供给系统的热量中有 69.1% 都由太阳能提供。从系统总燃料和电能消耗能量方面看，在太阳能较为充沛的季节，该系统可以有效节约燃料和电能的消耗。

本章习题

（1）请列举 Polysun 内置的三种主要工作模板分类。

（2）如何通过 Polysun 对系统图进行仿真模拟分析？在获得模拟数据后如何获得结果分析？

（3）在 10.6 节的示例中，本书没有详细介绍各个部件、控件之间是怎么进行连接的，请参照 10.3 节思考出 / 入水口、水管口、阀门之间是怎么进行连接的，控制器又是怎么和控制输入部分和控制输出部分进行连接的。

（4）请参照本章内容自行设计一个简单的系统，并对其进行仿真模拟，最后分析其模拟结果。

第11章 Ecotect操作指南及实践教程

本章主要介绍 Ecotect 软件的相关知识，包括 Ecotect 界面讲解、气候分析工具（Weather Tool）、Ecotect 的建筑模型建立和实战案例等。

11.1 行业常用软件简介

常用的气候环境分析软件有 NASA、Meteonorm、SolarGIS、Ecotect 等。

1. NASA

NASA 气象数据库是美国国家航空航天局（NASA）提供的一种气象数据，可以作为光伏系统设计的默认气象数据库。它提供了全球范围内的气象数据，包括气温、降水量、风速、风向等信息，是设计系统的关键数据。

2. Meteonorm

Meteonorm 是一款气象数据查看软件，为 PVsyst、PVsol 等光伏设计软件的默认气象数据库。数据库的资料来自于全球 8325 多个气象站以及五颗地球同步卫星，数据库中用户可以查询到精确地点的每日气象数据。

3. SolarGIS

SolarGIS 是一款由瑞典的 SolarGIS 公司开发的太阳能资源评估软件，它可以提供全球范围内的太阳能资源数据，包括太阳辐射量、气象数据等。SolarGIS 主要提供四种具有交互特点的软件工具：iMaps、climData、pvPlanner 和 pvShot。iMaps 为高分辨率的互动式太阳辐射地图，包含长期太阳辐射和温度的平均值，可以作为光伏建站的可行性研究、选址和优化工具；climData 提供了全球范围内的气温、风速、气压等气象数据；pvPlanner 和 pvShot 则是两款光伏电站设计软件，可以帮助用户进行光伏电站的设计和性能评估。

4. Ecotect

Ecotect 是生态建筑设计软件，可分析范围很广，从太阳辐射、日照、遮阳采光、照明到热工、室内声场、室内外风场（需借助一些插件）都可以进行模拟，基本涵盖了热环境、风环境、光环境、声环境、日照、经济性及环境影响与可视度等建筑物理环境的 7 个方面。

Ecotect 同时也是一款功能全面的可持续设计及分析工具，其中包含应用广泛的仿真和分析功能，能够提高现有建筑和新建筑设计的性能。该软件将在线能效、水耗及碳排放分析功能与桌面工具相集成，能够可视化及仿真真实环境中的建筑性能。用户可以利用强大的三维表现功能进行交互式分析，模拟日照、阴影、发射和采光等因素对环境的影响。

Ecotect 的模型可以存成多种主要的专业分析软件格式，以便输出进行精确的模拟分析。开放性的结构也使其成为当前主流物理环境分析软件和建筑学院建筑环境模拟的教学软件的主要原因。

11.2　Ecotect界面讲解

Ecotect 具有友好的三维建模设计界面，并提供了用途广泛的性能分析和模拟功能。拥有良好的操作界面，与多种辅助设计软件具有较好的兼容性，例如 SketchUp、AutoCAD、Revit Architecture、ArchiCAD 等，都基本可以做到单项的无缝链接，便于进行建设模型的导入，为后续模拟分析提供了极大的便利性。Ecotect 可以将分析结果进行图示化显示，把通常复杂枯燥的图表结果用多种多样的色彩图形灵感地表达出来，大大提高了分析结果的可读性，也更加符合建筑师的习惯。

Ecotect 里鼠标的左右键以及滚轴的设置如表 11.1 所示。

表 11.1　鼠标按键功能

鼠标按键	Unmodified	Shift+	Ctrl+
左　键	选择物体 / 节点	加　选	减　选
中　键	在三维视图中平移		
右　键	在三维视图中旋转，在二维视图中平移	视图缩放	平　移
滚　轴	视图缩放		

第一次启动软件后，默认的界面主要由主菜单、主工具条、区域 / 指针工具条、捕捉工具条、查看工具条、页面选择器、状态栏以及控制面板选择器组成，如图 11.1 所示。

1. 主菜单

主菜单由 11 项组成，如图 11.2 所示，包括 Ecotect 中的大部分常用命令。

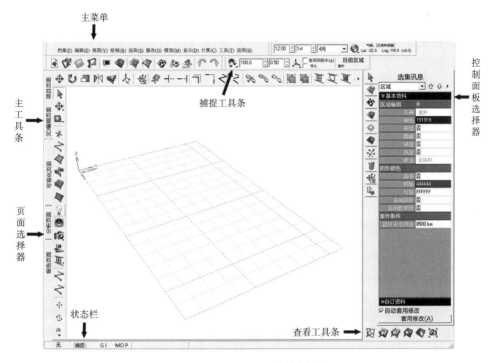

主菜单

捕捉工具条

主工具条

3D编辑页面

项目页面

可视化页面

分析页面

报告页面

页面选择器

状态栏

控制面板选择器

查看工具条

图 11.1　Ecotect 默认界面

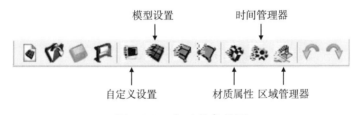

图 11.2　主菜单界面

2. 主工具条

主工具条界面如图 11.3 所示，包含部分 Windows 标准命令以及 Ecotect 中的一些全局设置对话框的启动命令。

模型设置　　　　　　时间管理器

自定义设置　　　材质属性　区域管理器

图 11.3　主工具条界面

其中部分 Ecotect 特有的命令主要有：

（1）自定义设置（preferences）：这一命令将启动自定义设置对话框，其也可以从文件菜单中调用。自定义设置对话框用于配置软件的全局初始设置和参数。

（2）模型设置（model settings）：这一命令将启动模型设置对话框，其也可以从模型菜单中调用。模型设置对话框用于配置模型中相关的设置和参数。

（3）材质属性（material properties）：这一命令将启动材质管理器对话框，其也可以从模型中调用。材质管理器对话框用于设置和调整材质以及构造做法的相关属性。

（4）时间管理器（schedule editor）：这一命令将启动时间表编辑器对话框，其也可以从模型菜单中调用。时间表编辑器对话框用于建立和调整时间表，这种时间表由 365 天组成，并可以逐时进行调节，其主要用于控制人员、设备的活动和行状况。

（5）区域管理器（zone management）：这一命令将启动区域管理器对话框，其也可以从模型菜单中调用。区域管理器对话框用于建立和管理模型中的各个区域。

（6）区域 / 指针工具条：此工具条用于设置日照、遮阳等热工计算用的日期、时间、地理经纬度和加载当地气象数据等，同时其右上角将显示当前设置的地理经纬度等信息，如图 11.4 所示。另外在绘制模型状态下，区域 / 指针工具条变成物体的坐标数据输入框。

图 11.4　地球经纬度设置界面

3. 捕捉工具条

此工具条提供了捕捉距离、角度以及控制点的快速调整通道，如图 11.5 所示，另外通过它还可以调整原点设置和显示当前操作区域。

图 11.5　捕捉工具条界面

4. 查看工具条

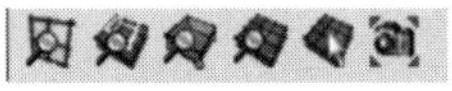

图 11.6　查看工具条界面

此工具条中提供了缩放、窗选等与视图相关的操作命令，如图 11.6 所示。

5. 页面选择器

页面选择器用于不同视图页面间的切换，Ecotect 中有 5 种视图页面显示形式，在不同的页面中提供不同的数据信息，并且在页面上的工具也随之有所不同。

（1）项目信息视图（PROJECT）：主要用来记录和显示项目基本情况，例如项目名称/所在地点以及气象数据文件等，如图 11.7 所示。在开始一个新项目之前，就是在这里输入项目的详细信息。

图 11.7 项目信息视图界面

（2）三维编辑视图（3D EDITOR）：主要用于建立几何模型，如图 11.8 所示，建模和修改操作是在该页面中完成的，在页面左侧以及上侧拥有建模和修改工具条，工具条涵盖大部分经常用到的建模和修改命令。

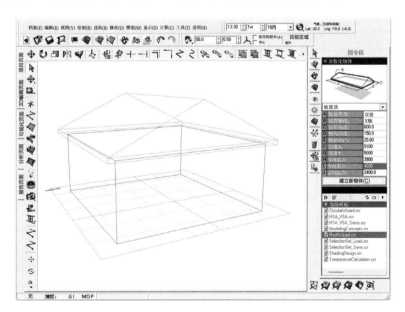

图 11.8 三维编辑视图界面

（3）可视化视图（VISUALISE）：主要通过操作系统的 OpenGL 图形数据库来实时绘制模型及数据信息，如图 11.9 所示，其显示功能较三维编辑视图要强大得多，通常用于最终效果的展示。在可视化视图右侧包含了详细的页面操作命令。

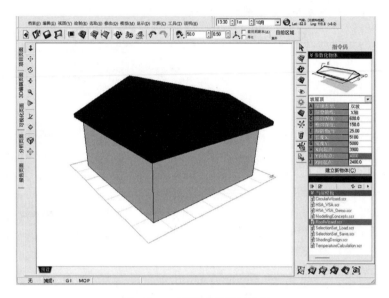

图 11.9　可视化视图界面

（4）分析视图（ANALYSIS）：这一视图页面主要用来显示和控制 Ecotect 中的各项计算和分析，如图 11.10 所示。为了便于对照分析结果与计算模型，分析页面也可以以浮动的形式独立于主界面之外。

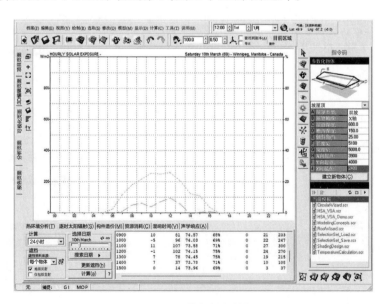

图 11.10　分析视图界面

（5）报表视图（SUMMARY）：该页面可以以表格、网页等形式显示模型中各对象物体的详细参数和信息，如图 11.11 所示，它可以清晰地列表显示各类物体的详细信息。

图 11.11 报表视图界面

6. 状态栏

状态栏位于用户界面最下方，它可以显示当前捕捉选项、命令执行状态以及操作物体几何坐标等信息。

7. 控制面板选择器

在用户界面右侧一共排列有 11 个控制面板，用户可以通过它们对模型进行快速的操作和设置，控制面板选择器用于在上述面板中进行切换。需要注意的是部分面板命令在菜单中是没有的，如图 11.12 所示。

（1）选集信息面板（selection information pancl）：所选物体的各种几何信息和相关数据，例如目标物体的类型、位置、面积和长度等数据都可以通过选集信息面板进行查询。

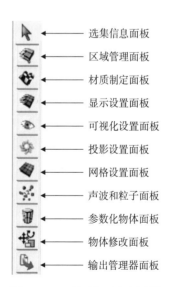

选集信息面板
区域管理面板
材质制定面板
显示设置面板
可视化设置面板
投影设置面板
网格设置面板
声波和粒子面板
参数化物体面板
物体修改面板
输出管理器面板

图 11.12 控制面板选择器

（2）区域管理面板（zone management panel）：修改管理区域及其属性，在这里可以对区域进行删除、锁定、隐藏、冻结等操作，区域的操作非常类似于 AutoCAD 中的图层的操作。

（3）材质指定面板（material assignments panel）：对指定模型中当前物体的元素类型和材质进行编辑。

（4）显示设置面板（display settings panel）：这一面板中的内容与模型设置对话框中的内容是基本相同的，在面板中可以对模型的各种显示选项进行调整和设置。

（5）可视化设置面板（visualisation settings panel）：此面板主要用于控制可视化视图中的各种显示设置，例如可以在这里设置可视化页面中的背景色、线宽、草图以及雾化等效果。

（6）投影设置面板（shadow settings panel）：此面板用于调整与太阳投影相关的各种设置和选项，例如可以隐藏或打开太阳投影、调节投影时间范围以及设置投影动画等。

（7）网格设置面板（analysis grid panel）：此面板用于管理和编辑分析网格的各种属性以及调整其显示方式和状态，例如可以在这里设置分析网格的位置、单元大小以及数据的颜色和级差等。

（8）声波线和粒子面板（rays and particles panel）：此面板用于调整模型中声波线和粒子的显示状态和效果，其中包括声波线和粒子的数量、发射方式以及状态等选项。

（9）参数化物体面板（parametric objects panel）：此面板用于参数化构建各种形式的物体，其中包括坡屋顶、空间螺旋线以及球面等。

（10）物体修改面板（object transformation panel）：此面板用于对物体施加各种参数化可控修改操作，其中包括移动、旋转、镜像和阵列等。与工具条中的修改命令所不同的是，此面板中的命令可以进行更加精确的参数控制。

（11）输出管理器面板（export manager panel）：此面板用于向其他 Ecotect 所支持的软件输出相应的兼容数据文件，用户可以通过这一面板将当前模型数据输出到 Radiance、EnergyPlus、Espr 等软件中。

11.3　气候分析工具(Weather Tool)

11.3.1　Weather Tool的作用

建筑是人类为了抵御自然气候的不利影响而建造的"遮蔽所"，遮风避雨、防暑避寒，使室内微气候适合人类的生存。建筑必然受到气候的影响，气候作用于建筑有三个层次：

（1）气候因素（日照、降水、风、温度、湿度等）直接影响建筑的功能、形式、围护结构等。

（2）气候因素影响水源、土壤、植被等其他地理因素，并与之共同作用于建筑。

（3）气候影响人的生理、心理因素，并体现为不同地域在风俗习惯、宗教信仰、社会审美等方面的差异性，最终间接影响建筑本身。

对于太阳能建筑而言，气候同样至关重要。Weather Tool 是 Ecotect 内置的气候分析软件，可以为太阳能建筑的前期设计提供一系列的气象数据，有助于对太阳能建筑进行优化设计。

Weather Tool 具有以下作用：

（1）Weather Tool 可以读取并转换包括 TMY、TMY2、TRY 和 DAT 等在内的一系列常用气象数据格式。

（2）Weather Tool 可以将枯燥的气象数据的数字信息以图表的可视化方式表达出来，以帮助建筑师直观地认识建筑基地所处地区的气象资料。

（3）Weather Tool 可以将气象数据表达于焓湿图中。通过焓湿图可以使建筑师了解到当地的热舒适性区域，并在焓湿图上分析各种基本被动式设计手段对热舒适性的影响。

（4）Weather Tool 通过对太阳辐射的解析，可以对比分析各朝向立面上的全年太阳辐射情况；根据全年中过热期和过冷期的太阳辐射的热量计算本地的相对最佳建筑朝向。

（5）Weather Tool 不仅可以分析而且可以编辑逐时气象数据。

从 Weather Tool 的以上功能可以看出，Weather Tool 是一个建筑前期设计的软件工具，可以为太阳能建筑提供一些被动式设计策略应用的方向，帮助在众多的被动式策略中进行取舍，从而选择最有效的策略。

11.3.2 气象数据的获取与分析

启动 Weather Tool 后，其工作界面如图 11.13 所示，包含菜单栏、分析面板、查看工具栏、气象数据管理面板与显示区域等几部分。

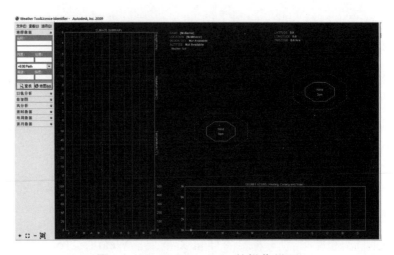

图 11.13　Weather Tool 的操作界面

如图 11.14 所示，Weather Tool 在载入气象数据信息后，即可以进行日轨分析、焓湿图、风分析、逐时气象数据分析、逐周气象数据分析、逐月气象数据分析等，操作便利，获取方便，可以为太阳能建筑提供所需要的气象信息。

本节以南宁地区的气象数据为例，介绍如何利用 Weather Tool 对太阳能建筑常用的日轨、逐时气象数据、逐周气象数据、逐月气象数据等气象信息进行分析。

（a）分析内容　　（b）日轨分析下拉菜单

图 11.14　Weather Tool 日轨分析

1. 日轨分析

点击图 11.14（a）中"日轨分析"，点击后出现图 11.14（b）所示的界面，此时可以获取太阳运动轨迹、太阳辐射、最佳朝向等类型的气象数据。

太阳运动轨迹的分析结果如图 11.15 所示，最外圆圈代表赤道，其数值代表经度；内部的圆圈代表纬度，越靠近圆心，纬度越高。蓝色的线条则代表一年中太阳的运动轨迹，黄色的圆点则代表当前太阳的所处位置，黄色线条则代表当前日期，太阳一天的运动轨迹。

继续点击"太阳辐射"，即可查看当前日期下，所处地理位置的太阳辐射信息，如图 11.16 所示，蓝色区域代表一年中最冷的 3 个月，红色区域代表一年中最热的 3 个月，而黑色区域则代表其他月份。黄色粗线条代表平均太阳辐射值，细线条则代表全年的逐时辐射数据。

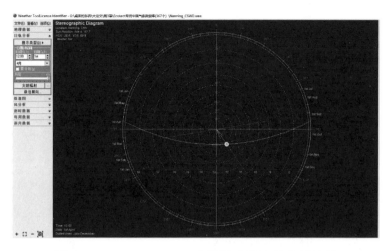

图 11.15　Weather Tool 太阳运动轨迹的分析结果

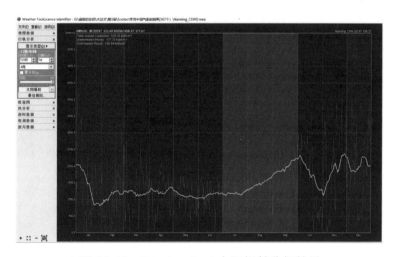

图 11.16　Weather Tool 太阳辐射分析结果

点击图 11.14（b）中"最佳朝向"，得到的分析图如图 11.17 所示，黄色的箭头代表南宁地区最佳的朝向，这一分析结果可以为太阳能建筑的光伏组件的布置朝向提供重要的参考信息，从而实现发电效率的最大化。

2. 逐时气象数据分析

点击图 11.14（a）中"逐时数据"，得到图 11.18 所示的分析结果。

逐时气象数据包含"日平均""干球温度""湿球温度""相对温度""直射辐射""散射辐射""逐时降雨量""云量"等气象参数信息，如图 11.19 所示，在分析时，可根据实际需要，点击相应的选项，可获得相应的仿真分析结果。

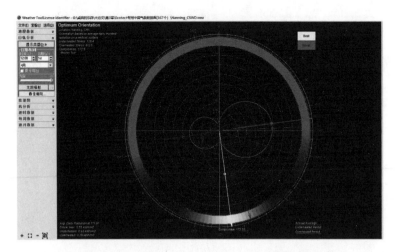

图 11.17　Weather Tool 最佳朝向分析结果

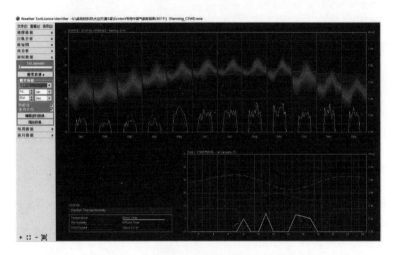

图 11.18　Weather Tool 日平均逐时气象数据分析结果

图 11.19　逐时气象数据的概要数据内容

3. 逐周气象数据分析

点击图 11.14（a）中"每周数据"，即可进行每周气象数据的分析，主要包含平均趋势、表面遮挡、表面填色、等值线等不同类型的数据图，如图 11.20 所示。

逐周气象数据包含"平均温度""最高温度""最低温度""相对湿度""直射辐射""散射辐射""风速""云量""日降雨量"等气象参数信息，如图 11.21 所示。

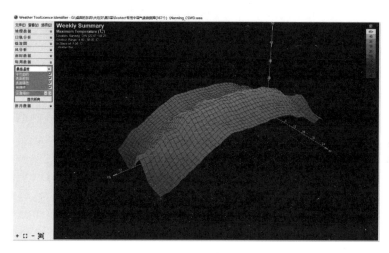

图 11.20　Weather Tool 逐周气象数据分析结果图

图 11.21　逐周气象数据可分析内容

4. 逐月气象数据分析

点击图 11.14（a）中"逐月数据"，可进行逐月气象数据的分析，如图 11.22 所示，在 Weather Tool 中进行逐月气象数据的分析时，可以分析"降雨量""相对湿度""相对温度""平均温度""最高温度""最低温度""温度标准差""等效自然采光时间""日太阳辐射""采暖度指数""空调度指数""太阳度指数""风速"等多达 13 种不同类型的气象数据，并生成相应的数据结果图。

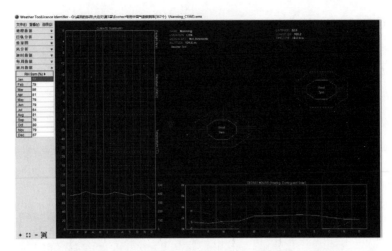

图 11.22 Weather Tool 逐月气象数据分析结果图

11.4 Ecotect建筑模型的建立

为了说明 Ecotect 的建模过程，本节通过一个小型坡屋顶的例子来介绍 Ecotect 中建模的一般过程和主要特点。

11.4.1 默认高度的修改

首先在"档案"菜单中点击"使用者设定"打开自定义设置对话框，如图 11.23 所示，从其中选择"建模"选项卡，在此选项卡中可以设置模型首层区域的高度，我们确定此模型首层区域的基本高度为2800mm，所以将其中的"预设区域高度"改为 2800mm。

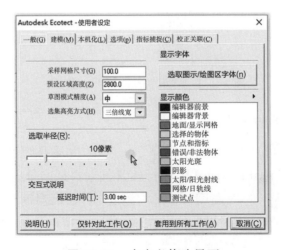

图 11.23 自定义修改界面

11.4.2 模型区域的建立

（1）在建模工具栏点击"区域"进入区域绘制功能，在区域／指针工具条中输入坐标 dX = 15400，dY = 8000，dZ = 0，输入后可以看见 dX，dY 和 dZ 下方的选择框变为临时锁定状态（灰色对勾选择）。坐标输入完毕后回车，第一点就绘制成功了，此刻选择框变为永久锁定状态（空白选择），如图 11.24 所示。

图 11.24 区域／指针工具条

绘制第二点、第三点、第四点的步骤同上，分别输入 dX = −3500，dY = 0，dZ = 0；dX = 0，dY = 6800，dZ = 0；dX = 3500，dY = 0，dZ = 0。最后在绘图区点击鼠标右键选择"结束"命令，第一个区域绘制完成，如图 11.25。此时，系统将提示为这个区域输入名称，在这里输入 Room。

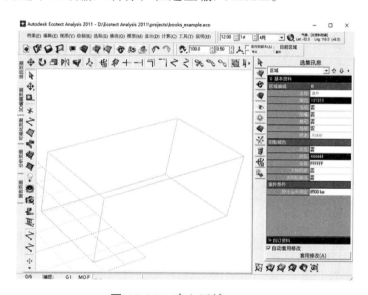

图 11.25 建立区域 Room

默认状态下，为了便于区分观察模型，系统将赋予每个新创建的区域以不同的随机色，不同计算机中的颜色可能有所不同。房间这个区域已经初步建立起来了，接下来绘制双坡顶。

（2）双击东侧墙体进入节点编辑模式，点击建模工具条中的"新增节点"按钮，在此墙体的顶端线段任意一点单击鼠标左键添加一个新节点，在区域／指针工具条中输入 dX = 15400，dY = 11300，dZ = 4511，然后回车。同样，在西侧的墙体上插入一个新节点，在区域／指针工具条中输入 dX = 11900，dY = 11300，dZ = 4511，回车，得到图 11.26 的形状。

（3）选中此区域中现有屋顶平面按"Delete"键删除。点击建模工具条中的"平面"按钮沿刚才插入的两个节点和南侧墙体顶端的两个节点绘制南侧的坡屋顶，然后以同样的方法沿相应节点创建北侧的坡屋顶，绘制完成的坡屋顶如图 11.27 所示。

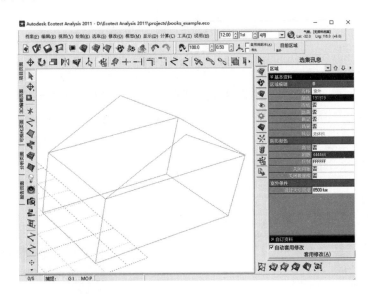

图 11.26　添加新节点

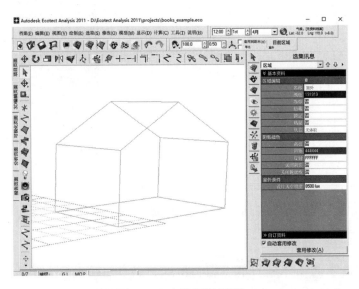

图 11.27　绘制坡屋顶

（4）选择南侧的墙体，单击鼠标右键选择"插入－插入子物体"命令，在插入子物体对话框中,选择插入窗户,宽度和高度均为 1200,窗台高度为 900,其他采用默认设置,点击"确定"按钮后在南墙的中心位置将插入一个 1200×1200 的窗户,如图 11.28 所示。

(5)选中屋顶,把材质指定面板中的元素类型由天花板(CEILING)改为屋顶(ROOF),同时将它们的首选材质和可选材质均改为 Clay Tiled Roof,如图 11.29 所示。

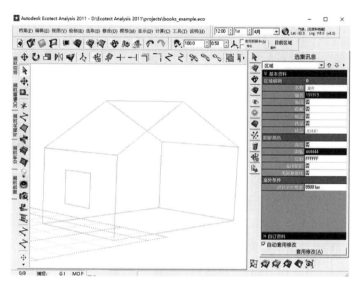

图 11.28　插入窗户后的效果

图 11.29　修改材质

至此，一个简单坡屋顶房间就建立起来了。为了方便观察建模效果，可通过按住鼠标右键移动的方法从不同角度观察模型，如图 11.30 所示。

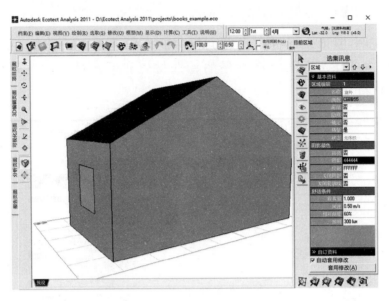

图 11.30　可视化界面显示

11.4.3　材质颜色的调整

在不同应用场景下，有时候需要调整材质颜色以达到不同的展示效果，接下来介绍材质颜色的调整。在主工具条中点击"材质库"按钮打开材质管理器对话框，从左侧列表中的屋顶类下选取 Clay Tiled Roof 材质，点击右下角反射属性框中的颜色区，将其改为 R = 192，G = 192，B = 192。这是一种淡灰色，其他材质颜色的调整同理。材质库图如图 11.31 所示，颜色编辑如图 11.32 所示。

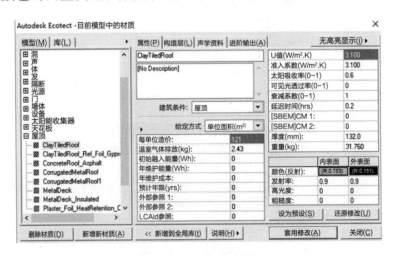

图 11.31　材质库图

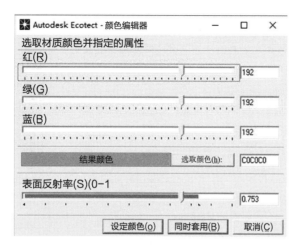

图 11.32　颜色编辑

至此，模型基本搭建完毕。Ecotect 简单的建模工具经过组合使用依旧可以搭建出较为复杂的模型。

11.5　Ecotect实战案例

在 11.3 节介绍建筑模型建立方法的基础上，本节将通过 Ecotect 的实战仿真案例，来详细介绍如何利用 Ecotect 对光伏建筑进行太阳日照、太阳日轨、太阳阴影遮挡、各立面太阳辐射量等的模拟与分析。

11.5.1　太阳日照分析

太阳在天空中的位置因时、因地时刻都在变化，正确掌握太阳相对运动的规律，是处理建筑环境问题的基础。Ecotect 可提供太阳轨迹图来分析建筑的遮挡情况，太阳轨迹图可以精确地分析全年的日照和遮挡时间，此功能以图表显示为主。

（1）在进行仿真前，需先建立或导入建筑模型，如图 11.33 所示。

（2）点击"计算"按钮，在下拉菜单中选择"时均太阳辐射与日照分析"，即可出现图 11.34 所示界面，该界面提供了入射太阳辐射、吸收 / 透过的太阳辐射、天空系数和光合有效辐射（PAB），以及投影、遮挡和日照时间、前后对比分析等不同的分析类型。

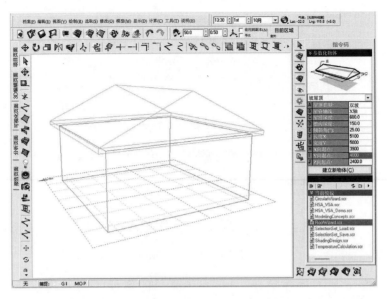

图 11.33 太阳日轨的建筑模型

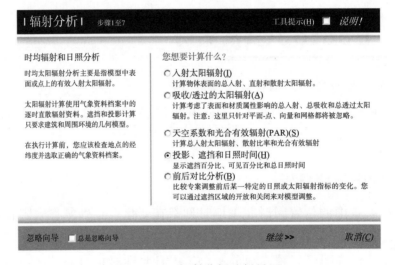

图 11.34 辐射分析选择界面

（3）选择"投影、遮挡、日照时间"，并点击"继续"按钮，得到图 11.35 所示的弹窗，在分析时，可对计算的时间类型进行选择，分别是日前日期和时间、目前日期、指定日期时间段等 3 种类型。

（4）点击"目前日期"，而后点击"继续"按钮，得到图 11.36 所示的界面，在时间处理方式的界面中，可以选择以累计值、日平均值、小时平均值、峰值四种时间数据的计算方式。

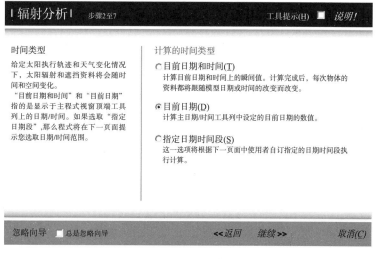

图 11.35 计算时间类型选择界面

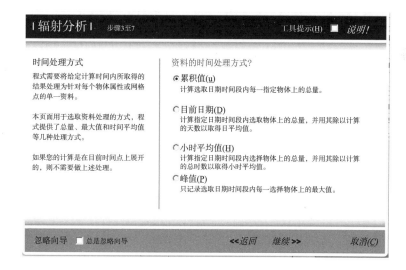

图 11.36 时间处理方式选择界面

（5）点击"累计值"，然后点击"继续"，得到图 11.37 所示的界面，在计算时需要对计算的目标物体进行选择确认，计算的目标可以是模型中的物体，也可以是以分析网格的形式进行计算。

（6）点击"模型中的物体"，然后点击"继续"，得到图 11.38 所示的界面，此界面主要是为了在计算时，对物体的遮挡类型进行选择，从而便于 Ecotect 对模型中的物体进行遮挡计算。

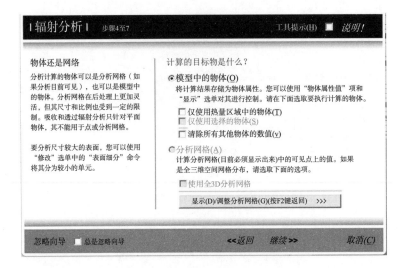

图 11.37 计算目标物体选择界面

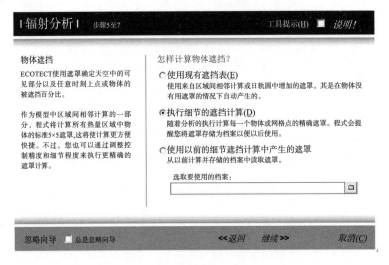

图 11.38 计算物体遮挡选择界面

（7）点击"执行细节的遮挡计算"，然后点击"继续"，得到图 11.39 所示的界面，此界面主要是为了在计算时，对物体的遮挡计算精度进行选择，从而便于 Ecotect 对模型中的物体进行遮挡计算。

（8）在表面采样中选择"全部：网格"，在天空细分中选择"中："，并勾选"使用快速计算方法"，最后点击"继续"，得到图 11.40 所示的界面。

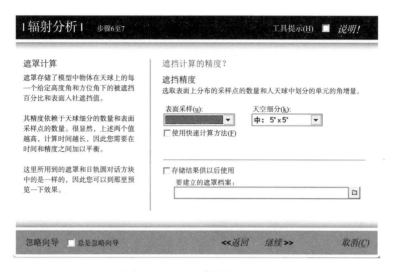

图 11.39　遮挡计算精度选择界面

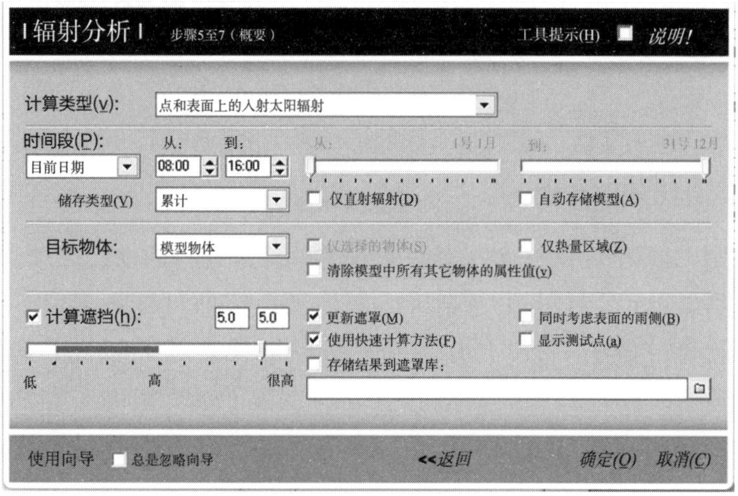

图 11.40　遮挡计算精度选择界面

在计算类型中选择"点和表面上的入射太阳辐射"，计算时段设置为8：00 ～ 16：00，最后点击"确定"开始进行仿真的模型计算，得到图 11.41所示的分析结果，建筑物上的颜色代表了不同区域的日照时间，右侧有各个颜色代表的日照时数，通过太阳日照图可以清晰地看出建筑物各个立面的太阳日照时数，可分析出建筑物日照时数最大的立面，便于布置光伏组件，从而提高光伏发电效率。

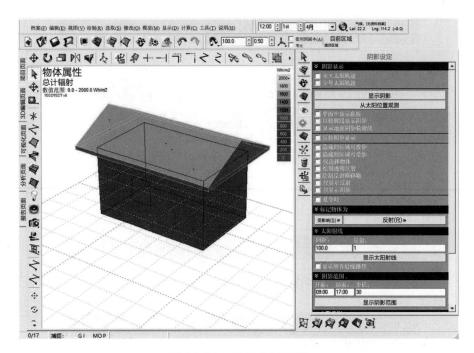

图 11.41　日照分析结果

11.5.2　太阳日轨分析

太阳的运动轨迹会导致太阳日照时数的变化，因此在图 11.41 的基础上，在右侧的"阴影设定"中点击"全天太阳轨迹"，即可查看当前日期下，全天太阳的运动轨迹，如图 11.42 所示，黄色的线条代表了太阳全天的运动轨迹，自西向东的各个时间段，太阳的所处位置均一目了然，粗的实心圆则代表太阳当前所处的位置。在 Ecotect 中，还支持手动调整太阳的位置，从而分析太阳光的入射方向。

除了全天太阳轨迹，在图 11.41 日照分析结果中，点击"全年太阳运动轨迹"还可查看太阳一年的运动轨迹，如图 11.43 所示，太阳轨迹图显示了太阳在天穹上的轨道，从东至西的粗线代表太阳在一年中每个月某一日的轨道，垂直于太阳路轨道的线表示一天的每个小时，图形里从中间向外面发射的细线代表太阳方位角，同心圆表示太阳高度角。

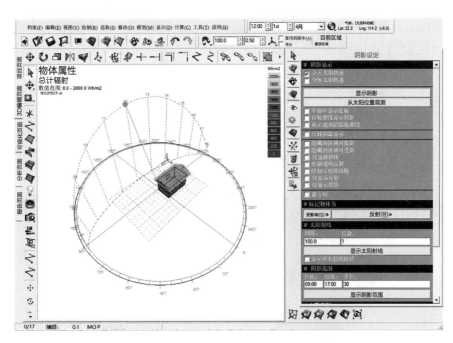

图 11.42 全天太阳运动轨迹分析结果

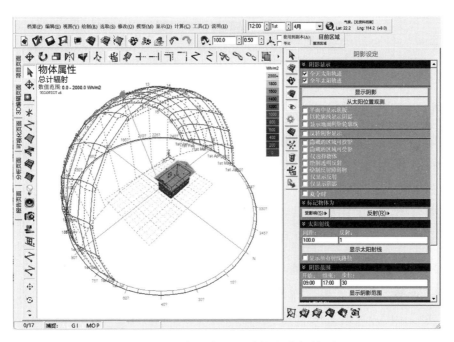

图 11.43 全天太阳运动轨迹分析结果

11.5.3 太阳阴影遮挡分析

由于太阳运动轨迹的改变，在建筑上形成的投影也会随之发生变化，因此，通过太阳日轨图，可以进行阴影遮挡的分析。

在图 11.41 中，以东侧立面为分析立面，点击"计算"，在下拉菜单中选择"日轨图"，得到图 11.44 所示的东侧立面太阳阴影遮挡图，在太阳日轨图的基础上，黑色的区域则代表太阳被遮挡的时间段，白色区域则代表存在太阳光的照射。通过图 11.44 即可清晰地看出东侧立面全面的太阳日照时段与太阳阴影遮挡时段。

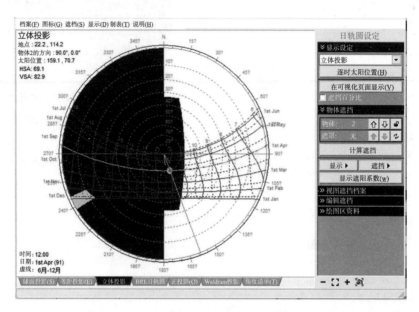

图 11.44 东侧立面太阳阴影遮挡分析结果

11.5.4 太阳辐射分析

太阳是离地球最近的一颗恒星，是太阳系的中心天体。太阳以灿烂的光芒和巨大的能量给人类以光明、温暖和生命。地球上人类所用的能源，除了原子能、地热能和火山爆发的能力外，包括煤炭、石油、天然气、风能和水力等都直接或间接来自太阳。太阳能是一种巨大而无污染的可再生能源，随着人类的出现，便开始了利用太阳能的漫长过程。

太阳以辐射形式发射出的功率称为辐射功率，也就是辐射通量，常用 φ 表示，单位是 W。投射到单位面积上的辐射能量称为辐射照度，常用 E 表示，单位为 W/m^2。单位面积上接受到的辐射能称为曝辐射量，常用 H 表示，单位为 J/m^3。太阳辐射分为直接辐射、散射辐射、总辐射三大类：

（1）直接辐射（direct radiation）：接收到的、直接来自太阳而不改变方向的太阳辐射。

（2）散射辐射（diffuse radiation）：接收到的、受大气层散射影响而改变了方向的太阳辐射。

（3）总辐射（total radiation）：接收到的太阳辐射总和，等于直射辐射加散射辐射，总辐射的概念有时用来表示太阳光谱在整个波长范围内的积分值。

在图11.33中，点击"计算"按钮，在下拉菜单中选择"时均太阳辐射与日照分析"，即可出现图11.45所示界面，选择"入射太阳辐射"，其余步骤与11.5.1节中（3）～（8）的步骤一致，当完成相关的设置后，仿真结果如图11.46所示。

如图11.46所示，通过太阳辐射分析图，可直观地看出建筑物各个立面接收到的太阳辐射量，而太阳辐射量与光伏组件的发电量息息相关，因此太阳辐射图可为太阳能光伏建筑在设计阶段提供重要的设计参考依据。

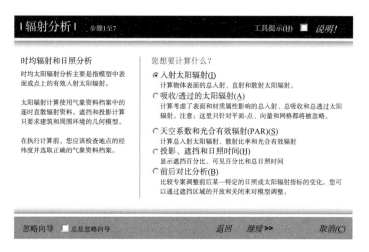

图 11.45　太阳辐射计算选择界面

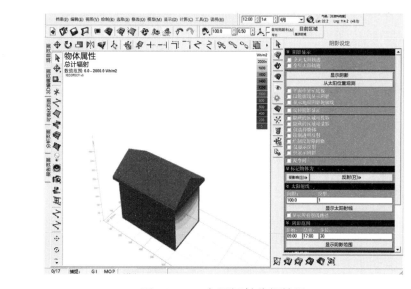

图 11.46　太阳辐射分析结果

本章习题

（1）Ecotect生态建筑设计软件可分析范围有哪些方面？

（2）Ecotect的气候分析工具Weather Tool的作用是什么？

（3）请在Ecotect的内置环境中建立斜屋面建筑模型，并将其导出。

（4）利用Ecotect对斜屋面建筑模型进行日照时数分析。

（5）利用Ecotect对斜屋面建筑模型进行太阳日轨分析与阴影遮挡分析，并对该建筑模型在太阳运动轨迹下的日照方面、阴影变化轨迹等进行分析。

（6）利用Ecotect对斜屋面建筑模型各立面进行太阳辐射量分析，通过相关数据的对比分析，确认接收太阳辐射量最大的立面。

参 考 文 献

［ 1 ］ 海涛 , 何江 . 太阳能建筑一体化技术应用 [M]. 北京：科学出版社 , 2015.

［ 2 ］ 徐燊 . 太阳能建筑设计（第 2 版）[M]. 北京：中国建筑工业出版社 , 2021.

［ 3 ］ 丁国华 . 太阳能建筑一体化研究、应用及实例 [M]. 北京：中国建筑工业出版社 , 2007.

［ 4 ］ 王真等 . 住区规划与城市住宅层数发展策略研究 [J]. 城市建筑空间 , 2022

［ 5 ］ 史洁 . 高层住宅建筑太阳能系统整合设计 [M]. 上海：同济大学出版社 , 2012.

［ 6 ］ 郑瑞澄 , 袁莹 . 太阳能热利用与建筑一体化 [M]. 北京：中国建筑工业出版社 , 2014.

［ 7 ］ 杨洪兴 , 周伟 . 太阳能建筑一体化技术与应用 [M]. 北京：中国建筑工业出版社 , 2009.

［ 8 ］ 郝国强 , 李红波 , 陈鸣波 . 光伏建筑一体化并电站的应用与发展 [J]. 上海节能 , 2006(6).

［ 9 ］ 李文婷 . 建筑一体化光伏并网发电的应用和前景 [J]. 青海科技 , 2004(3)

［ 10 ］ 李雪平 . 建筑玻璃幕墙的节能设计研究——以西安地区为例 [D]. 西安建筑科技大学 , 2006. 05.

［ 11 ］ 诸亚珺 . 建筑太阳能利用的适应性与湖州地区的应用探讨 [D]. 浙江大学建筑工程学院 , 2008.

［ 12 ］ 普拉萨德（Prasad, D.）, 斯诺（Snow, M.）. 太阳能光伏建筑设计 [M]. 上海科学技术出版社 , 2013.

［ 13 ］ 陈慧玲 . 浅谈独立光伏电站防雷与接地装置 [J]. 青海科技 , 2005(03): 17-19.

［ 14 ］ 袁茂荣 , 孙忠欣 , 邬铭法 . 光伏建筑一体化防雷设计 [J]. 太阳能 , 2012(01): 42-45.

［ 15 ］ 蔡然 . 光伏电站防雷技术研究 [D]. 南京信息工程大学 , 2012.

［ 16 ］ 陈宏铭等 . 物联网低功耗广域网络技术及芯片综述 [J]. 中国集成电路 , 2022, 31(03): 12-25.

［ 17 ］ 胡昌吉等 . 太阳辐射数据分析及其在光伏系统设计中的应用 [J]. 广东电力 , 2019.

［ 18 ］ 周猛 , 周义君 , 刘好 . 工程应用中的光伏组件输出功率衰减率评估 [J]. 太阳能 , 2022(02): 58-61.

［ 19 ］ 吴鑫 . 户用独立光伏发电系统设计 [D]. 华北电力大学 , 2018.

［ 20 ］ 赵文飞 . 家用型光伏发电系统的设计 [D]. 广西大学 , 2016.

［ 21 ］ 吴晨红 . 基于 Modbus 通信协议的信号采集系统 [D]. 合肥工业大学 , 2021.

［ 22 ］ 李梅芳 , 金忠伟 . Java Web 云应用开发 [M]. 北京：人民邮电出版社 , 2017.